Making Number Talks Matter:

Developing Mathematical Practices and Deepening Understanding, Grades 4-10

# 15분의 기적

캐시 험프리 · 루스 파커 지음
김희정 · 손지원 옮김

수학 수업이 즐거워진다

수학 수업의 혁명

15분 넘버토크

수학 시간이 달라진다

KM 경문사

# 옮긴이의 말

미국에서 연구실 생활을 막 시작했던 시절, 이 책의 저자 중 한 명인 캐시 험프리Cathy Humphreys 교사의 유명한 수업 — 학생들과 함께 모눈종이에 제시된 사각형을 보고 각 변을 나타내고 있는 작은 단위 사각형을 세지 않고, 다양한 사고 전략을 통해 사각형의 둘레를 찾는 수업Border Problem — 비디오를 처음으로 보게 되었다. 대학원 동료들과 수업 분석을 할 때였는데 너무 놀라웠다. 그 당시 한국에서였다면 답을 구한 후 바로 끝났을 문제인데, 이 수업에서는 한 문제를 중심으로 다양한 학생들의 생각을 공유하도록 요구되고, 답이 맞든 틀리든 학생들의 생각이 모두 존중받으며, 다양하고 자유롭게 의견을 나누는 모습이 생소했다. 한편으로 이런 수업이 한국에서 가능할까 하는 의문이 들기도 했다. 그러나 대학원생으로 미국 내 다양한 초·중·고등학교 수학 수업을 비디오 카메라를 들고 다니며 녹화하고 수업 분석을 해보면서, 미국 내의 많은 수학 교사들도 어떻게 이러한 방식으로 수학 수업을 할 수 있을지에 대한 많은 고민을 갖고 있다는 사실을 깨닫게 되었다. 넘버토크Number Talks에 관한 이 책은 미국 전역의 많은 수학 교사들이 갖고 있는 이러한 고민에 조금 더 다가가 실천적인 방법을 제시해주는 책이다. 넘버토크는 현재 미국의 수학 수업을 변화시키려는 많은 교사들과 교사 연수자, 교사 교육자들이 활발하게 논의하고 수업에 적용하고 있는 수업 실태 중 하나로, 우리는 이러한 다양한 수학적인 전략과 아이디어들이 한국의 수학 수업에서도 존중받고, 학생들이 정답만 빨리 풀어내는 것에만 몰두하지 않고 진정한 수학적 사고 계발과 배움이 살아있는 수업을 경험할 수 있기를 바라는 마음에서 이 책을 번역하게 되었다.

번역이라는 작업은 항상 원서의 미묘한 어감을 살리기 위해 직역하는 것과 한국의 상황에 맞춰 자연스럽게 의역하는 것 사이의 딜레마가 존재하는 것 같다. 이 책은 최대한 직역을 살리되 우리나라 교사들과 학부모들에게 조금 더 친근하게 다가갔으면 하는 역자들의 마음에 어느 정도 의역한 부분이 있음을 밝힌다. 또한 이 책에 나오는 학생들의 이름은 국내 독자들에게 친숙하게 다가가기 위해 한글 이름으로 변경했으며, 책의 저자인 캐시Cathy와 루스Ruth가 발췌록에 있는 경우에는 그대로 사용하였다. 또한 미국의 교육 상황을 모르면 잘 알 수 없을 것 같은 단어나 문구가 나왔을 경우 각주로 설명을 추가하였고, 국문으로 번역하였을 때 의미가 많이 달라지는 경우에는 영어를 병기하였다.

이 책의 원문에서는 미국에서 중학교와 고등학교 수업을 대상으로 쓰였다고 저자들이 밝혔으나, 넘버토크를 위한 예시 문제들이 한국의 중고등학교 상황(특히 고등학교)에는 맞지 않는다고 느낄 독자들이 많을 것이라 예상한다. 그러나 우선 이 책을 통해 넘버토크를 조금씩 연습해보면서 교사들과 우리 학생들이 수학에 대한 다른 시각을 갖고, 모든 학생들의 수학적으로 다양한 사고 및 전략이 존중받을 수 있는 변화를 시작하기를 바란다. 단순히 전통적인 공식과 형식적인 문제풀이에 의해 답만을 찾아왔던 수업과 달리, 교사나 학생 모두 넘버토크를 경험하며, 진정으로 수학을 한다doing mathematics는 것의 의미를 찾기를 바란다. 특히 단순히 하나의 해결전략만 찾는 것이 아니라 다양한 문제 해결방법을 찾아보고, 해결방법 간의 연결성을 찾아보고, 설명하며, 정당화하고, 증명하는 과정을 통해 수학 공동체를 형성할 수 있기를 바란다. 원 저자들은 넘버토크를 매일 5분~15분씩 하는 것을 권하고 있으며, 교실 상황에 따라 짧게는 5분, 길게는 15분을 통해 학생들에게 수학에 대해 생각할 수 있는 기회를 제공하기를 권하고 있다. 역자로서 우리는 이러한 변화가 시작되면, 수업해야 할 수학 단원 중 상당한 부분을 넘버토크처럼 진행할 수 있을 것이라 믿는다. 실제로 역자들이 한국 대학교 학부 수업 및 교수법 수업을 통해 고등학교 이상의 수준의 다양한 수학적 내용을 넘버토크의 원리를 이용해 수업을 진행하기도 하였고, 미국 대학교 학부 수업뿐 아니라 대학원 수업에서도 교수법 수업의 일환으로 넘버토크에 관한 수업을 진행하기도 하였다. 역자들은 미국 상황뿐 아니라 한국 상황에서도 예비교사인 학생들이 학습자로서 경험했던 넘버토크와 교수자로서 배웠던 넘버토크의 교수법을 이용하여 실제로 본인의 수업 실연에 적용하여 수업 역량을 멋지게 키워나가는 것을 지켜보았다.

이 책에서 권하는 넘버토크는 수학 교사들뿐만 아니라 예비 수학 교사를 양성하고 현직 교사의 연수를 맡고 있는 교사 교육자, 그리고 수학을 공식적으로 그리고 비공식적으로 가르치는 학부모를 포함한 모든 사람들이, 학생들 혹은 자녀들과 쉽게 적용할 수 있을 것이라 생각한다. 부디 이 책이 미국뿐 아니라 한국에서도, 교사들과 학생들이 수학 시간에 진정으로 수학을 사고하는 것에 즐거움을 느끼고, 모든 학생들이 수학을 실제로 생각할 수 있고, 할 수 있다는 자신감과 즐거움을 키우는 데 도움이 되기를 바란다.

# 머리말

## 넘버토크의 경이로움

**조 볼러**
**스탠퍼드 수학교육과 교수**

넘버토크Number Talks는 어떤 내용의 수학 수업이든 간에 수업을 시작할 때 이용하기에 매우 적합하다. 넘버토크는 내가 알고 있는 어떤 교수법과도 다르다. 대부분의 경우 단 한 시간의 수업을 위해 몇 시간의 수업 계획이 필요하지만, 넘버토크는 다르다. 정말 짧은 시간(5분에서 15분 정도) 동안 교사는 학생들에게 아주 훌륭한 수학적 기회를 제공할 수 있는데, 이 기회는 수학에 대한 생각을 바꾸게 해주고, 수 감각을 가르쳐주고, 수학 능력을 길러주고, 동시에 창의적이고 열린 수학을 할 수 있도록 해준다. 나는 온라인 강좌(www.youcubed.org)에서 4만 명의 교사들에게 넘버토크를 가르쳤다. 그 이후로, 교사들은 학년에 상관없이 넘버토크가 학생들의 많은 것을 바꾸어 놓았다고 말했다. 내가 만난 사람들 중 누구보다도 깊은 수학 학습에 대한 지혜를 가진 캐시 험프리Cathy Humphreys와 루스 파커Ruth Parker가 같이 팀을 꾸려서 이 책을 썼다는 것이 얼마나 환상적인지 모른다.

1990년대 초에 루스 파커와 캐시 리처드슨은 넘버토크를 창안했지만 소수의 사람들만이 이 사실을 알았다. 캐시 험프리는 넘버토크를 중·고등학교의 수준으로 확장하는 데 중요한 역할을 했으며, 스탠퍼드 대학교의 대학원생은 물론 고등학생들과 함께 그 사용법을 연구했다. 캐시와 루스는 넘버토크를 모든 학년의 학생들에게 가르치는 가장 좋은 방법에 대한 놀라운 지식을 개발했다. 이 책은 그러한 지식을 읽기 쉬운 형태로 제시하고 있다.

넘버토크가 중요한 이유는 학생과 성인을 포함한 모든 사람들에게 수학에 대한 완전히 다른 시각을 제공한다는 데 있다. 이는 미래의 학습에 아주 중요한 관점이다. 최근 몇 년 동안 나는 여름학교라는 다소 어려운 환경에서, 스탠퍼드의 대학원생과 함께 7~8학년 학생들을 가르쳐왔다(Boaler, 2015). 학생들 대부분은 수학을 싫어했으며, 그들이 경험한 수학 학습은 연습 문제를 조용히 계산하는 것이어서 수학이라는 과목 자체를 싫어했다. 우리는 여름학교 동안 매일 넘버토크로 수업을 시작했고, 그 날의 특정 문제를 풀기 위한 다양한 전략들을 수집했다. 학생들은 하나의 수학 문제, 특히 27×12와 같은 순수한 연산 문제를 여러 가지 방법으로 해결할 수 있음을 전에는 전혀 알지 못했기 때문에 이러한 경험은 학생들에게 큰 변화로 다가왔다. 우리와 함께 하는 동안 학생들은 수학이 개방적이고 시각적인 과목이라는 것과, 모든 수학 문제는 다른 전략과 방법을 사용하여 해결할 수 있다는 것을 배웠다. 이 새로운 관점은 학생들의 모든 것을 바꿔놓았고 우리는 넘버토크 없이는 이러한 중요한 변화를 만들 수 없었을 것이다.

루스와 캐시로부터 넘버토크를 배운 이후, 여러 가지 다른 상황에서 넘버토크를 이용해 보았다. 스탠퍼드의 학부생, 수학에 어려움을 겪고 있는 학생들과 주요 기업의 CEO와 완전히 똑같은 문제를 가지고 넘버토크를 진행해보았다. 이러한 과정을 통해 울프람알파 Wolfram Alpha 및 유다시티Udacity 같은 기업에서 일하는 사람들을 포함한 고차원의 수학 사용자들조차도 단순한 수 문제가 창의적이고 시각적으로 나타낼 수 있는 해결 방법을 가지고 있기에 개방적이라는 사실을 몰랐다는 것을 깨닫게 되었다. 18×5라는 문제를 해결하는 여러 가지 방법을 보여주었던 나의 책, 《What's Math Got to Do with It?》의 한 독자는 수 문제가 다른 방법을 가지고 있다는 것을 알았지만 창의적이고 유연한 해결 방법들은 수학에 있어서 '규칙들에 어긋난다'고 생각했다고 한다.

사람들의 수학적 견해를 바꾼다는 넘버토크의 힘은 아무리 강조해도 지나치지 않지만, 넘버토크를 통해 달성할 수 있는 또 다른 중요한 목표가 있다. 수 감각은 학생들이 가질 수 있는 가장 중요한 기초이자 수준 높은 수학을 위한 기초가 된다. 학생들이 대수에서 실패한다는 것은, 대수가 정말로 어려운 과목이기 때문이 아니라, 학생들이 수 감각의 기초가 없기 때문이다. 많은 교사들이 이 사실을 알고 있지만, 학생들이 어떻게 수 감각을 개발하는지 모르고, 종종 수에 관련된 사실과 절차에 대한 단순 암기를 장려함으로써 수 감각을 개발하는 것과는 상반된 방법으로 가르치는 경우가 많다(Boaler, 2014). 어떤 교사가 나에게 "수 감각을 개발하려면 어떻게 해야 되나요?"라고 묻는다면, 내 대답은 아주 간단하게 "넘버토크."이다. 넘버토크는 학생들에게 그들이 알아야 할 수학적 사실뿐만 아니라 수학을 이해하는 데 매우 중요한 수들 간의 관계를 이해하도록 가르친다. 또한 학생들이 그들의 생각을 공유하도록 권장하는 교실을 만들고, 교사는 학생들의 생각을 듣는데 능숙하도록 도와준다. 이는 모든 수학 교실에서 가장 중요한 목표들 중 일부이다.

넘버토크는 매우 배우기 쉽고 교사들이 즐겁게 실행할 수 있지만, 가장 효과적으로 구현하는 방법에 대해 알아야 할 중요한 사항이 있다. 처음에 교사들은 넘버토크를 하는 전문가 교사의 비디오를 보고, 매우 쉬워보여서 가르치기가 쉬울 거라고 생각한다. 그러나 넘버토크를 직접 가르치기 시작하면 많은 질문들이 생긴다. 학생들이 틀린 답을 공유하거나 실수했을 때 뭐라고 해야 할까? 학생들이 공유하지 않는다면 교사는 어떻게 해야 할까? 넘버토크에 사용할 수 있는 가장 좋은 문제를 어떻게 알 수 있을까? 중·고등학생을 위한 넘버토크 사례는 어디에서 찾을 수 있을까? 이러한 질문들을 포함한 그 밖의 많은 질문들이 이 책에서 다루어졌다.

실제 교사들이 교수법에 관련하여 쓴 책들은 매혹적이다. 나는 가르침의 복잡한 특징들에 관한 책과 교사들이 학생들의 학습을 지원하도록 내리는 결정에 대한 책을 읽는 것을 좋아한다. 이 책은 가르침에 깊이 관여하고, 아주 어려운 수학 수업에서 사용될 수 있는 수학 전략을 비롯하여 학생들의 수학적 전략과 다양한 교수 전략을 설명하기 때문에 나에게 매우 특별한 즐거움을 준다. 캐시와 루스가 이 책을 통해 보여주고 있는 풍부한 지식은 수십 년간의 경험을 통해 얻은 아주 값진 것이다. 이 책의 즐거움과, 이 두 명의 훌륭한 교사들로부터의 배움, 넘버토크의 경이로움에 학생들이 참여할 수 있도록 여러분을 초대한다.

**참고문헌**

Boaler, Jo. 2014. "Fluency Without Fear: Research Evidence on the Best ways to Learn Math Facts." http://youcubed.org/teachers/wp-content/uploads/2014/10/FluencyWithoutFear.pdf.

_________. 2015, *What's Math Got to Do with It?: How Teachers and Parents Can Transform Mathematics Learning and Inspire Success*. New York: Penguin.

# 글을 시작하며

고학년을 가르치는 대부분의 교사들은 학생들의 수학적 이해가 부족하다는 것을 알고 있다. 그들은 종종 비밀리에 (또는 비밀이 아닐 수도 있지만) 이전의 수업에서 학생들이 무엇을 했는지 궁금해한다. 4학년, 5학년 또는 심지어 10학년일 때에도 곱셈에 관한 사실을 모르는 이유는 무엇인가? 왜 몇몇의 학생들은 계산할 때 여전히 책상 아래에 손가락을 숨기고 있는가? 왜 그들은 분수에 많은 어려움을 겪고 있는가? 전국 각지의 여러 교실에서 이런 일이 발생한다는 사실은 학생의 실패, 혹은 교사들의 실패를 뜻하는 것이 아니라 최선의 의도로 해마다 수학을 어떻게 가르쳐왔는지를 여실히 보여주는 것이다.

수량과 수치 관계를 이해하는 것은 학생 스스로에게 달려 있지만, 대부분의 학생들은 그것을 깨닫지 못하고 있다. 학생들은 수업시간에 수학을 두려워하고 피하려고 하며, 더 나아가서 본인들은 수학을 못한다고 생각한다. 절차를 올바르게 사용하는 것이 수학 학습에 가장 중요하다고 믿고 있기에 많은 학생들은 과정을 이해할 수 있는지의 여부에 관계없이 올바른 답을 얻는 데에만 중점을 두고 있다. 이런 학생들은 수학은 전혀 의미가 없다고 생각하며, 결과적으로 학생들은 스스로 생각하고 추론하는 것을 배우지 못하고, 심지어는 자신의 생각을 믿지 못하게 된다.

이 책은 넘버토크라고 하는 15분의 짧은 시간 동안 문제를 생각하고 푸는 매일의 활동을 통해 학생들이 자신의 생각에 대한 권한authority을 되찾도록 도와주는 방법에 대한 책이다. 이 책은 학생들이 수학적 실행Mathematical Practices에 능숙하게 하는 동시에 수의 양과 연산의 의미에 대한 이해감각을 개발할 수 있는 일과를 교사들이 쉽게 배울 수 있도록 하는 것이다.

좋은 소식은 넘버토크가 가르치는 학년에 관계없이 이 보람 있는 길에서 여러분을 지원할 수 있는 예측 가능한 구조를 가지고 있다는 것이다. 나쁜 소식은 따라야 할 경로라고 불리는 것이 없다는 것이다. 우리는 여러분에게 정확히 무엇을 해야 할지 말할 수 없으며, 만약 우리가 할 수 있다고 해도 그렇게 하지 않을 것이다! 학생들이 수 추론을 하는 과정은 문제 해결 여행(학생들의 생각을 배우고 그들의 생각을 중심으로 수업을 하면서 학생들과 함께 배울 수 있도록 도움이 되는 탐구)으로 생각하기를 바란다.

## 저자들의 말 – 캐시와 루스

넘버토크는 지금껏 해온 수업 관행의 큰 변화를 나타낸다. 우리는 학생들이 혼란스럽지 않도록 가르쳐야 하고, 수업이 체계적이어야 하고, 명확히 설명해서 학생들이 단지 무엇을 해야 하는지를 알려주어야 한다고 배워왔다. 그러나 인지 부조화가 학습 과정에서 가치가 있으며, 심지어 필요한 부분이라는 것을 알게 된 후, 많은 수준에서 우리의 교수 관행을 면밀히 살피게 되었다. 그리고 그 결과는 엄청났다. 학생들이 본인이 가치 있는 수학적 아이디어를 가지고 있음을 알게 되었을 때, 학생들은 수학적 논증으로 자신의 앎의 방식을 설명하는 것을 배우고, 서로의 말을 경청하는 것에 대한 가치를 배우고, 동료들의 아이디어를 구축하는 가치를 배웠을 때, 수학 수업 문화가 풍부하게 향상되었다.

그렇다. 이 책은 넘버토크에 중점을 두고 있지만, 또한 우리는 교수 학습의 원리를 탐구하였다. 이 책에서 설명한 원리에 따라 매일 모든 수학 수업이 실현되는 것을 보고 싶다. 넘버토크는 아이들에게 하루에 5분에서 15분 동안 수학적 아이디어의 '주체자'가 될 수 있는 아주 작은 혁신적인 공간을 제공함으로써 아이들이 수학과의 관계에서 학습자로서 스스로를 바라보는 신념을 근본적으로 바꾸게 해준다. 궁극적으로 학생들이 자신을 믿기 시작하게 되면 세상을 바꿀 수 있을 것이다.

다음은 각 장의 개요이다. 이 책 자체가 여러분에게 동기를 부여하고 도움이 되기를 바라지만, 독자들은 이미 넘버토크에 관한 다양한 경험을 가지고 이 책을 읽고 있다는 것을 알고 있다. 넘버토크를 처음 사용하는 사람들을 위해, 우리는 교실에서 넘버토크를 시작할 준비가 될 정도로 충분한 세부 사항을 제공하려고 노력했다. 넘버토크에 관해 많은 경험을 가진 사람들을 위해서는 넘버토크가 학교생활의 한 부분으로 강건히 자리잡을 수 있도록 도울 수 있는 방향으로 제시하려고 하였다. 다음 각 장의 개요는 독자 여러분이 이 책의 어디부터 시작할지 결정하는 데 도움이 될 것이다.

### 1장 넘버토크란 무엇일까? 왜 중요할까?

넘버토크는 수학에 대한 관심과 기쁨을 교실로 가져오도록 도와준다. 짧고 일상적인 넘버토크를 어떻게 하면 수업의 정기적인 일상 활동으로 만들 수 있을지를 보여주기 전에 먼저 넘버토크가 왜 진실로 필요한지 검토한다.

### 2장 넘버토크 시작하기

때로는 '수학 대화'math talks라고 불리는 넘버토크가 현재의 문헌과 전국의 많은 학급에서 두드러지고 있지만, 이 용어는 사람마다 각각 다르게 받아들여지고 있다. 이 장에서는 넘버토크가 의미하는 바를 제시하고, 이를 교실 수업의 일과로 설정하는 방법을 설명한다. 또한 교사들이 넘버토크를 수업에 적용하는 데 성공할 수 있도록 여러 교수 전략과 아이디어를 제시한다.

## 3장 넘버토크 실행을 위한 지도 원리

몇 가지 핵심 신념은 넘버토크를 하는 동안 교사의 교수학적 의사결정을 하는 데 중요한 역할을 한다. 우리는 이러한 '넘버토크 실행을 위한 지도 원리'가 교사 여러분의 수업의 일부가 되기를 바란다.

### ▮수 연산으로 넘버토크 시작하기

특정 연산을 깊이 있게 살펴보기 전에, 4장에서 7장까지의 장이 어떻게 구성되어 있는지 설명한다. 또한 넘버토크의 '새로운 기본 사항'으로 생각되는 세 가지 아이디어를 소개하고 덧셈, 뺄셈, 곱셈 및 나눗셈을 아우르는 공통된 이슈를 제시한다.

## 4장 학년을 아우르는 뺄셈

이 장에서는 넘버토크를 시작하는 데 뺄셈이 왜 좋은 지점인지 논의한다. 학년 전반에 걸쳐 뺄셈의 복잡성이 심화됨에 따라 뺄셈에서 효율적으로 적용이 되는 주요 전략에 관해 설명하고, 어떤 문제 대신 다른 문제를 선택하는 것이 왜 좋은지 고려하는 데 도움을 준다.

## 5장 학년을 아우르는 곱셈

이 장에서는 초기 곱셈에서부터 두 자리 수 이상의 정수와 유리수의 곱셈, 대수적 문자식의 곱셈까지 다루고 있다. 또한 대수로의 변환에서 특히 강력한 기하학적 표현에 더 주의를 기울인다.

## 6장 학년을 아우르는 덧셈

이 장에서는 학년이 올라갈수록 복잡성이 심화됨에 따라 덧셈에서 효율적으로 적용이 되는 주요 전략에 관해 설명하고 전략을 개발한다. 이전 장들과 마찬가지로, 학생들이 문제를 해결하는 전략과 관련되어 있는 연산 법칙을 탐구한다.

### 7장 학년을 아우르는 나눗셈

넘버토크는 불필요한 양의 수학 수업 시간을 소비하면서 오랫동안 많은 학생들을 혼란에 빠뜨려왔던 전통적인 나눗셈 알고리즘을 가르치는 것에 대한 신선한 대안을 제공할 수 있다. 이 장에서는 학생들이 나눗셈을 개념적으로 이해할 수 있는 방법, 정수와 유리수를 효과적으로 나누는 방법, 그리고 나눗셈에서 합리적인 어림셈을 하는 방법에 관해 논의한다.

### 8장 분수, 소수, 퍼센트 이해하기

많은 중·고등학생들의 학습내용은 분수 개념과 아무 관계도 없어 보이지만, 분수에 대한 이해의 부족은 중·고등학교의 수학 수업에서의 성공을 가로막는 걸림돌이 된다. 이 장에서는 넘버토크를 통해 분수, 소수 및 백분율을 이해하는 데 도움이 되는 문제와 아이디어를 제공한다.

### 9장 탐구를 이끌어내는 넘버토크

넘버토크를 약 15분으로 제한하는 것이 중요하지만, 때로는 넘버토크 중에 추가적인 탐구를 하는 것이 좋을 때가 발생한다. 이 장에서는 넘버토크에서 제기된 아이디어가 어떻게 원래의 수학 수업으로 이어질 수 있는지 설명한다.

### 10장 넘버토크에 대한 Q&A

넘버토크가 학생들에게 중요하다고 생각하는 만큼, 조심스럽게 계획했을지라도 모든 것이 원활하게 진행되는 것은 아니다. 교사와 학생들은 함께 배워 나가기 때문에 험난한 여정이 될 것이다. 그러나 이러한 피할 수 없는 힘든 지점은 학습을 위한 매우 좋은 기회를 제공한다. 이 장에서는 우리가 받았던 어려운 질문들을 소개하고, 넘버토크에서 직면했던 공통적인 어려움 중의 일부를 해결하기 위해 교사가 할 수 있는 것에 대한 아이디어를 공유한다.

### 11장 더 나아가서

이 장에서는 교사가 변화 가능한 교실 실천이라고 믿는 것을 유지하도록 영감을 주기를 바라면서 우리의 비전으로 되돌아간다.

# 감사의 말

수년 동안 우리에게 영감을 준 많은 동료, 교사 및 학생들의 도움을 받아 개발한 교수 학습에 대한 깊은 신념을 이 책을 통해 구현할 수 있었습니다.

교사들과 함께 작업한 것을 뿌리 내리고, 설계하고 도와주었던 진정한 동료인 패티 로프그렌Patty Lofgren보다 더 좋은 동반자는 없었습니다. 우리가 스스로를 믿기도 전에 우리를 믿어주고, 수업 핵심을 온전히 이해할 수 있도록 도와주었던 메릴린 번스Marilyn Burns에게 많은 빚을 졌습니다. 또한, 우리가 길을 잃고 문제를 제기할 때마다 마술을 보여주고, 아이들이 온전히 이해하도록 도와주었던 조안 칼슨Joan Carlson에게도 너무 감사합니다. 교사와 학생들을 수학적 아이디어에 참여하도록 지혜를 주고, 우리에게 영감을 불어넣어주었던 보니 탱크Bonnie Tank에게 특히 감사드립니다.

토비 고든Toby Gordon, 우리에게 글쓰기를 권유하고, 어떻게 진행하고 있는지 부드럽게 체크해주고, 우리의 요청이 비합리적인인 경우에도 "예"라고 대답해주어서 고마워요. 당신은 우리가 뭘 하려는지 잘 알고 우리가 할 수 있도록 도와주었어요. 우리에게 당신보다 더 훌륭한 편집자와 멘토는 없습니다.

댄 토빈Dan Tobin, 우리가 했던 넘버토크를 세상에 내보내게 도와주었던 당신의 노력에 무한히 감사합니다.

마지막으로, 우리는 "서둘러서 책을 쓰세요"라고 말해주었던 많은 교사들과 동료들에게 감사드립니다.

### 캐시의 말

오랫동안 내 영웅이었고 많은 점에서 저에게 영감을 불어 넣었으며, 넘버토크에 대해 처음 알게 된 루스Ruth와 함께 이 책을 쓰게 되어서 너무 영광입니다. 이런 경험을 해서 너무 자랑스럽고 루스가 이러한 중요한 아이디어를 더 많은 교사들에게 소개시켜주어서 너무 기쁩니다.

많은 사람들이 제가 전문가로서의 길을 가는 데 영향을 주고 영감을 불어넣어주었습니다. 이 책에서는 멜리사 존슨Melissa Johnson과 타라 페리아Tara Perea에게 특히 감사합니다. 이 두 분에게서 많은 고등학생들이 배웠지만 이해는 하지 못했던 모든 수와 연산 분야를 온전히 이해할 수 있도록 도울 수 있는 방법을 알아내기 위해 함께 비디오를 보면서 넘버토크를 어떻게 가르칠 수 있을지를 배웠습니다. 몇 년이 지난 후에도 많은 질문과 이메일에 친절하고 정중하게 대답해주셔서 두 분에게 감사드립니다. 스탠퍼드 대학의 교사 교육 프로그램의 타라와 멜리사의 협력 교사들인 제시카 위Jessica Uy와 데이비드 하인케David Heinke 선생님, 우리에게 선생님의 학생들로부터 배울 수 있는 공간과 시간을 주셔서 감사드립니다.

그리고 신Sean과 아리엘Arielle — 너희들은 나에게 온 세상을 의미한단다!

### 루스의 말

제 친한 친구이자 동료인 캐시 리처드슨Kathy Richardson에게 감사합니다. 우리가 산책을 하면서 나눈 매우 많은 시간 동안의 대화를 통해, 캐시가 결국 "넘버토크"라고 명명하게 되었지요. 특히, 1년 동안 저를 수업에 초대해주었던 캐시 영Cathy Young 선생님께 감사드립니다. 그녀가 29명의 학생들과 함께 수에 대한 추론과 모든 수학을 우리 삶으로 가져오는 방법을 찾기 위해 함께했던 작업은 제가 하고 있는 일에 변화를 주었습니다.

캐시, 당신이 없었다면 이 책을 결코 쓰지 못했을 거라고 말하는 것만으로는 감사를 표현하는 데 부족합니다. 당신의 똑똑함과 온유, 지혜, 작가로서의 뛰어남, 그리고 끊임없는 격려 덕분에 우리는 완벽한 공저자가 되었어요. 나는 당신과 일한 것을 영광으로 생각합니다. "당신은 이 책을 써야만 하고, 나는 당신과 함께 쓸 것입니다."라고 말해주고 그 약속을 지켜주어서 고마워요.

마지막으로, 아도니아Adonia와 이안Ian, 너희들은 내 인생을 밝혀주는 놀라운 손주들이란다. 너희들은 내가 일을 할 수 있는 시간과 공간이 있다는 것을 존중해주면서 곁에 있어주었단다. "고마워"라는 표현으로는 부족한 것 같구나. 사랑한다.

# 차례

CHAPTER

# 1 넘버토크란 무엇일까? 왜 중요할까?

최근 미국의 많은 수학교사들이 수학 수업을 극적으로 변화시키는 방법으로 넘버토크Number Talks를 이용하고 있다. '넘버토크'란 학생들이 암산으로 계산 문제를 해결한 후, 그 전략에 대해 서로 이야기하는 간단한 일상 연습이다. 이러한 넘버토크를 통해서 학생들은 스스로 자신만의 방식으로 수학을 이해하고, 수학적으로 설득력 있는 논증을 만들고, 또래 친구들의 생각을 토대로 비평하면서 수학을 학습하게 되는데, 이때 놀라운 일이 발생한다. 학생들이 수학을 하는 것에 매우 흥미진진해하면서 아이디어 공유를 원하고, 절차적 풀이과정이 왜 그렇게 되는지 깊이 파고들면서, 점점 수학을 좋아하게 되고 수학을 이해할 수 있다는 것을 알게 된다. 중학생이나 고등학생은 초등학생에 비해 그만큼의 열정을 공공연하게는 보여주지 않을지라도, 넘버토크가 의미 있고 재미있는 것으로 느끼곤 한다. 교사가 수업을 할 때 넘버토크를 하지 않으면, 학생들이 그걸 상기시켜주기도 한다. 즉, 학생들은 넘버토크를 빼먹는 것을 원치 않는다는 사실!

이는 대부분이 경험해왔던 수학 교실과는 매우 거리가 멀며, 많은 교사들이 수년 동안 가르친 전통적인 수학 교실의 모습과 아주 다르다. 전통적인 수학 교실에서는 학생들이 책상에 엎드려 있거나, 교사가 이름을 부를까봐 교사와 눈맞춤을 피하거나, 혹은 교실에서 다루고 있는 수학 내용을 이해하지 못할 때 말썽을 피우기도 한다. 또한 교사들은 학생들이 수학 공식을 암기해도 잘 기억해내지 못하는 것 등의 일반적인 실수가 매년 반복되는 것을 알고 있다.

지난 20년 동안 수학을 가르치는 많은 교사들 및 학부모들은 학생들이 공식 암기보다는 이해가 중요함을 알고 있으면서도 시험에 필요한 공식과 절차 위주로 가르치라는 매우 실질적인 압력을 느껴왔다. 그러한 압박 속에서 매우 많은 교사들이 가르치는 것에 대한 진정한 기쁨을 잃어버렸다. 이제 그 기쁨을 수학 교실에 다시 가져올 때이다. 넘버토크는 이를 할 수 있도록 도와주는 훌륭한 수단이 될 것이다.

이 책을 통해 교사는 학생들이 넘버토크를 중요하게 여길 수 있도록 도와줄 것이다. 즉, 학생들이 수와 사칙 연산에 관해 유연하게 대처할 수 있도록 하고, 미래의 수학 학습을 위한 확실한 토대와 자신감을 갖도록 도와줄 수 있다. 또한 교사와 학생 모두 수학적으로 생각할 수 있도록 힘을 실어줄 것이다.

넘버토크를 해왔던 이 책의 저자인 우리조차도 어떠한 한 문제를 해결하는 데에 다양한 방법이 있다는 사실을 암과 동시에 그것을 뛰어넘는 중요한 무엇인가에 대해서 배워야 한다고 생각한다. 학생들이 수를 배울 때, 유연성과 자신감을 기르도록 어떻게 도울 수 있을까? 학생들이 미래의 수학 학습을 위한 견고한 토대를 구축하도록 어떻게 도울 수 있을까? 학생들이 중요한 수학적 아이디어를 이해하는 데 도움이 되는 질문은 무엇일까? 교실에서 최적의 학습 문화를 구축하기 위해 교사는 어떤 결정을 내리는가? 탐구 정신과 지식에 대한 갈증을 가장 증진시킬 수 있는 방법은 무엇인가? 이러한 질문들을 포함한 더 많은 질문들이 이 책에서 우리가 함께 고민할 것들이다.

그러나 이 책은 넘버토크를 어떻게 이용할지에 대한 단계별 설명서를 제공하는 것은 아니다. 넘버토크가 의미 있는 것은 넘버토크가 본질적으로 유기적이기 때문이다. 즉, 문제를 신중하게 선택하여 각 넘버토크를 계획할 수는 있지만 문제에 대한 토론과 그 토론이 어디로 갈지는 전적으로 학생들이 어떻게 생각하느냐에 달렸다.

교실에서 넘버토크를 시행하는 방법을 살펴보기 전에, 이 변화가 왜 필요한지 검토하여 수학교사가 동료, 관리자, 학부모 및 학생과의 대화를 준비할 수 있도록 할 것이다.

## ▌왜 넘버토크가 필요한가?

중·고등학교 수학을 가르치고 있는 많은 사람들은 학생들의 연산 기술 부족에 대해 한탄하곤 한다. 이것은 전혀 새로운 것이 아니다. 수십 년에 걸친 연구 결과에 따르면 미국의 전통적인 교육 과정과 교수법은 학생들에게 취약한 기술과 얕은 이해를 안겨주었다(Hiebert, 1999). 그리고 교사들은 학생들이 이해 없이 기계적으로 적용하는 암기 절차에 의존하는 것을 일상적으로 보게 된다. 불행히도 이와 같은 예는 일반적이다.

$$\begin{array}{r} 17 \\ -\ 9 \\ \hline 8 \end{array}$$

이 풀이는 잘못된 것이 아니다. 이 알고리즘은 정확하며 답도 올바르다. 그러나 이 학생이 먼저 문제에 대해 생각하지 않고 이 풀이법(알고리즘)을 바로 도출했다는 것이 다소 불안하다. 그 학생이 이렇게 했다면, 그 풀이법을 따르는 것이 어쩌면 아무것도 얻지 않았다는 것을 깨달았을 수도 있다.

초등학교 중후반 학생들에게서 흔하게 볼 수 있는 다른 예는 다음과 같다.

$$\frac{1}{3} + \frac{1}{3} = \frac{2}{6} = \frac{1}{3}$$

이 학생은 분수에 대한 규칙을 뒤섞었다. 그러니 더 혼란스럽다. 왜 이 답이 무언가 잘못 됐다고 깨닫지 못했을까? $\frac{1}{3}+\frac{1}{3}=\frac{1}{3}$는 전혀 말이 되지 않는다. 이것은 기억에 남는 어떤 수업 관찰을 떠올리게 한다.

> 잘못 가르친 수의 연산에 대한 우울하고 실망스러운 점은 그것이 아이의 지성을 파괴하고, 아이의 성실함까지도 어느 정도는 파괴한다는 것이다. 아이들이 수의 연산에 대해서 배우기 전에는 이해되지 않는 것이나 말이 되지 않는 것에 동의하지 않으려고 하지만, 결국엔 아이들은 그렇게 될 것이다(Sawyer, 1961).

수의 연산에 대한 법칙을 기억해야 할 일련의 규칙과 절차로 가르치는 것이 여기에서 가장 큰 원인이다. 그러나 이 말이 절차적 풀이법 혹은 알고리즘의 중요성을 부정하는 것은 아니다. 하이맨 배스Hyman Bass가 지적했듯이 알고리즘은 주목할 만한 도구이다. 알고리즘은 신뢰할 수 있고 효율적이며 모든 수에 적용된다. 문제는 알고리즘의 압축성이 "관련된 단계의 의미와 복잡성을 숨기는 것"이다(2003, p. 323).

예를 들어, 63－27에 대한 한 학생의 설명을 생각해보자.

> 3에서 7을 뺄 수 없다. 그래서 6으로부터 1을 빌려오고,
> 6을 5로 만든다. 3에 1을 두어서 13으로 만든다.
> 13에서 7을 빼서 6을 얻는다.
> 그리고 5에서 2를 빼서 3을 얻는다.
>
> $$\begin{array}{r} {}^{5}\not{6}{}^{1}3 \\ -\ 27 \\ \hline 36 \end{array}$$

이러한 전통적인 빼기 풀이법은 효율성을 제공하지만, 자릿값의 개념을 숨기고 있다. 학생들은 10의 자리를 자릿값의 중립적 수로 대함으로써 정답을 얻는다. 그리고 지금까지 10의 자릿값을 배경으로 둠으로써 양적인 관계가 상실되었다. 숫자 6은 60을 나타내지만 학생들은 정답을 얻으려면 이것을 알 필요가 없다. 그리고 우리는 단순히 '6을 5로 만들' 수 없다. 학생들이 단순히 수를 '바꿀' 수 있다고 생각하게 하는 것은 잘못된 것이다. 이렇게 아이디어가 뒤죽박죽되면서 50+13이 63이라는 사실은 길을 잃게 된다.

그리고 여기서 또 다른 오개념이 탄생하게 된다. 학생들이 언제 '빌려야' 하는지를 알도록 하기 위해, 우리는 종종 "3에서 7을 뺄 수 없다"라고 말한다. 사실 3에서 7을 뺄 수 있고 답은 당연하게도 −4이다. 2학년 때 무언가를 배우고 7학년 때 그것이 진실이 아님을 알게 되면, 수학 규칙이 제멋대로인 듯 보인다. 우리는 종종 학생들이 우리에게 "~해도 되나요?"라고 묻도록 만들었다. 마치 수학적 절차가 허가의 문제인 것처럼 말이다.

수의 연산에 대한 학생들의 얕은 이해는 잘못된 것을 바로잡기 힘든 시기인 중학교와 대수 수업으로 이어지게 된다. 그리고 아이러니하게도 대수*(그리고 그 이상)에서의 성공은 알고리즘에 숨겨진 개념 자체를 이해하는 데 달려 있다. 고등학교 교사는 정기적으로 다음과 같은 종류의 오류를 보게 된다.

$$(a+b)^2 = a^2 + b^2$$

$$\frac{x + \not{3}}{\not{3}} = x$$

이 부분을 명백히 하고 싶다. 이 슬픈 상황에 대해 교사들을 비난하고자 하는 것이 아니다. 대부분의 교사는 교사가 가르침을 받아왔던 방식으로만 수학을 어떻게 가르치는지 알 뿐이다. 우리가 관행을 바꾸려고 할 때조차도 우리가 만들고 싶었던 변화에

---

* 미국에서는 각 주마다 교육과정이 다르지만 캘리포니아 등의 주요 주에서는 중학교 3학년 즈음에 대수 과목이 개설되어 있다.

반대하는 시스템 안에 있는 것을 종종 발견하곤 한다.

미국의 새로운 교육과정격인 공통 핵심 규준Common Core State Standards의 수학적 실천 규준(NGA/CCSSO, 2010)은 새로운 기회를 제공한다. "양의 의미에 주의를 기울이고, 단순히 그 양을 계산하는 방법이 아닌, 연산과 대상의 다른 성질을 알고 융통성 있게 사용함"(MP2; 수학적 실천원리 2)에 중점을 두는 이 규준은 수학에 대한 온전한 이해를 교수의 최우선에 두었다. 물론 학생들은 유연하고 효율적이며 정확하게 계산할 수 있어야 한다. 그러나 또한 학생들은 본인의 추론을 설명할 수 있어야 하고, 그들이 사용하고 있는 아이디어와 그들이 얻은 결과가 합리적인지를 판단할 수 있어야 한다. 그리고 결정적으로 볼러(Boaler, 2008)가 지적한 바와 같이 학생들은 또한 이것이 수학 수업에서 항상 해야 할 일이라고 믿을 수 있어야 한다. 왜냐하면 이것이 바로 수학이 의미하는 것이기 때문이다.

학생들은 넘버토크를 통해서 연산을 이해하게 된다. 예를 들면, 학생들이 63 − 27을 해결한 몇 가지 방법과 교사가 기록한 방법이 있다.

나는 63에서 30을 빌려와서 33이 남았다. 그리고 3을 다시 더했는데, 너무 많이 가져왔기 때문이다. 그리고 33 + 3 = 36이다.

63 - 27

63 - 30 = 33
  + 3
  36

27에 3을 더해서 30을 얻었고, 63에 3을 더해 66을 얻었다. 그리고 66 − 30은 36이다.

63 - 27

27 + 3 = 30
63 + 3 = 66
66 - 30 = 36

전통적인 풀이법과는 대조적으로 넘버토크는 학생들의 온전한 이해sense-making에 달려 있다. 넘버토크는 지금까지 사용해본 어떠한 교수관행보다도 더 효율적으로 학생들이 자신감을 가지는 수학적 사고자mathematical thinkers가 될 수 있도록 도와준다. 정답을 빨리 얻지 못하기 때문에 수학을 못한다고 느끼는 학생들이 너무나 많다. 그러나 넘버토크를 하게 되면, 학생들은 수학을 할 수 있다고 믿기 시작한다. 복잡한 문제를 해결할 때 점점 더 인내심을 가지려고 한다. 본인들이 가치 있는 아이디어를 가지고 있다는 것을 깨닫게 될 때, 자신감이 생기게 된다. 학생들이 이런 식으로 느끼면 수업의 문화가 바뀔 수 있다.

넘버토크는 학생과 학생들 간의 사고방식에 관한 것이다. 그러나 많은 교사들은 수업의 중심에 학생들의 생각을 어떻게 가져와야 할지 모른다. 이 책은 교사인 당신이 이러한 목표를 달성하는 데 도움을 주는 방식으로 넘버토크를 시행하는 법을 배울 수 있도록 고안되었다.

CHAPTER

# 2 넘버토크 시작하기

자, 이제 시작해보자! 넘버토크에 관해 초보자이든 경험자이든 상관없이 이 장에서 제시하는 지도 원리와 가이드가 관행처럼 해온 수학 수업을 더 보람 있게 하는데 도움을 줄 것이다. 이 책은 따라야 할 일련의 문제를 제공하지 않는다. 대신, 문제를 선택하는 방법과 왜 그 문제를 선택했는지에 대한 이유를 제시하기에 각각의 학생들에 맞춘 넘버토크를 할 수 있다. 그리고 같은 종류의 문제를 반복해서 제안하는 것으로 보이겠지만, 사실은 그렇지 않다. 학생들의 이해를 돕고, 확장하는 것 사이를 왔다 갔다 할 것이다. 이러한 것은 교사가 넘버토크를 할 때마다 학생들에 대해 배우는 것에 기반이 된다. 이것은 실제로 실행하는 교사의 반응적 교수*가 될 것이다!

다음 설명은 넘버토크에 대한 레시피라 할 수 있다. 각 단계에는 논리적인 이유가 있다. (**참고**: 교실이 학생을 반원으로 모으기에 충분히 큰 경우 — 연필을 두고 집중하기가 더 쉬운 경우 — 가 아니라면, 대부분의 교사는 학생이 일반 책상에 앉아 있는 동안 넘버토크를 한다.)

1. **학생들은 종이와 연필을 멀리 두고**(강조할 필요가 있음), **준비되었다는 것을 교사에게 보여주기 위해 주먹을 가슴에 조심스럽게 올려놓는다.** 이것은 학생들의 주의를 소그룹 활동 및 필기 활동에서 스스로 생각할 수 있는 활동으로 이동하게 한다.

---

* 원문에는 형성평가(formative assessment)라고 제시되어 있으나, 국내에서의 형성평가는 원문에서의 의미가 다르고, 비슷한 의미를 가진 '반응적 교수'(김희정 외, 2017)의 용어가 더 적합하여 반응적 교수로 번역하였다.

2. **교사는 칠판이나 OHP 필름 등이 놓여 있는 종이에 문제를 쓴다.** 일반적으로 암기된 절차적 풀이 과정(공식/알고리즘)을 사용하지 않게 하기 위해 수 연산 문제를 세로가 아닌 가로로 작성한다.

3. **교사는 학생들이 속으로 문제를 풀고 생각할 충분한 시간을 가진 후, 엄지손가락을 올리는 것을 지켜본다.** 학생들이 생각할 시간을 충분히 제공하는 것은 정답을 빨리 맞추는 것만이 수학을 잘한다고 여겨지는 생각을 바꾸는 데 매우 효과적이다. 또한, 얼마나 빨리 (또는 느리게) 엄지손가락이 올라오는지 확인하는 것은 문제의 난이도를 나타내는 좋은 지표이다. 여분의 시간을 가진 학생들은 문제를 다른 여러 방법으로 해결하도록 권장될 수 있으며, 이는 다른 사람들의 생각을 방해하지 않도록 손가락의 수를 조용히 늘리는 것으로 몇 가지 방법으로 풀었는지 확인할 수 있는 지표가 되기도 한다.

4. **대부분 학생들이 엄지손가락을 위로 올리면 교사는 답을 발표할 사람이 있는지 묻는다. 교사는 발표된 답을 평가하지 않고 답만을 칠판에 기록하고, 또 다른 답이 있는지 묻고 발표된 답을 계속해서 기록한다.** 그러는 동안 학생들은 주어진 답에 동의하는지 또는 동의하지 않는지 어떤 식으로든 나타내지 않도록 해야 한다. 답에 투표하는 것은 수학적 담화에서 중요치 않다(10장 참조). 학생들이 여러 가지 답을 제안할 때 가장 생산적인 넘버토크가 이루어진다는 것을 알게 될 것이다.

5. **더 이상 다른 대답이 없다고 생각될 때, 그 문제를 어떻게 풀었는지 설명할 사람이 있는지 물어본다.** 절차적 단계를 설명하는 것만으로는 충분하지 않고, 학생들은 자신의 과정이 왜 합당한지를 설명할 수 있어야 한다. 이 질문을 하는 방법에는 여러 가지가 있다. '올바른' 방법은 없지만, 자주 사용하는 두 가지 질문은 다음과 같다.

   - 누가 전략을 발표해볼까요?
   - 여러분이 어떻게 풀었는지 다른 사람을 납득시킬 수 있도록 누가 발표해볼까요?

6. **학생 발표자들이 각 전략을 공유하기 시작할 때, 먼저 자신이 설명하고 있는 답변**(다른 답들이 있다고 가정했을 때)**이 무엇인지 우선적으로 확인한다.** 그런 다음 학생들이 전략을 공유할 때, 교사는 각 학생의 생각을 기록한다.(4~8장에 이

러한 기록의 예가 많이 있다.)

7. **학생 발표자들의 전략을 공유한 후에, 교사는 그 학생의 생각에 대한 몇 가지 질문을 한다.** 이것은 까다로운 부분이며, 다시 언급하지만 '옳은' 단 하나의 질문이란 없다. 전반적인 목표는 학생들이 보다 명확하게 의사소통하고, 또 그들의 전략에 대한 특정 요소를 강조하도록 돕는 것이다.

   - ______에 관해 질문하고 싶은 사람 있나요?
   - ______에 대해서 더 말해볼래요?
   - ______의 방법을 자기만의 언어로 설명할 수 있는 사람이 있나요?
   - 우리가 얘기해본 방법 사이에 어떤 연결성이 있는지 알아챘나요?

   보다시피 넘버토크의 '루틴'은 일상적인 것이다. 교사가 토론 중에 학생들에게 어떻게 반응할지에 대해 더 생각할 수 있도록 우리는 엘함 카제미와 올리슨 힌츠(Elham Kazemi & Allison Hintz, 2014)의 《International Talk: How to Structure and Lead Productive Mathematical Discussions》을 읽어볼 것을 권한다.

8. **넘버토크는 15분 후에 자연스럽게 끝나지 않는다. 종종 훨씬 더 오래 걸리기도 한다. 그리고 때로는 더 오래 지속되기를 원하기도 한다.** 어느 쪽이든 자신의 전략을 공유하고 싶은 학생이 있다면 넘버토크를 끝내기 위해 무엇을 말할 것인지, 미리 생각해두는 것이 유용하다. 일반적으로 어떤 학생들은 아직도 공유할 전략을 가지고 있고, 시간이 더 없다는 것에 아쉬움을 표현하기도 하며, 내일은 발표할 기회를 얻지 못한 학생들이 공유할 것이라고 언급해주기도 한다.

## 시작에 앞서서

넘버토크는 수학 수업에서 학생의 역할을 뒤바꿔 놓는다. 이제 학생들은 수업 중에 따라야 할 단계들을 제공받는 것이 아니라, 무언가를 스스로 알아내도록 기대된다. 이제 학생은 교사가 설명하기만을 기다리는 것이 아니라, '학생 본인이' 생각하는 것을 설명해야 한다. 학생은 또한 '왜', 과거에 알고 있는 '방법'이 충분한지 설명해야 한다. 이제 학생들은 실수를 통해 새로운 아이디어를 시험해보도록 기대된다. 학생들은 틀린 대답이 수학적 자부심의 결점이 아니라 배움의 기회가 될 수 있다고 믿어야 한다. 이제 정답은 더 이상 중요하지 않다. 이는 학생에게 매우 큰 변화이다.

그러나 이는 교사에게는 더 큰 변화일 수 있다. 학생이 이러한 태도를 계발하도록 돕는 것은 '교사의' 역할 또한 뒤바뀜을 의미한다. 전통적으로 교사의 역할이 아이디어를 명확하게 설명하는 것이라고 배워왔기에 특히 처음에는 넘버토크를 매우 불편하게 느낄 수 있다. 어떤 교사는 우리가 배워왔던 모든 면에서 가르친다는 것의 '의미'가 이상하다고 느낄지도 모른다. 설명을 통한 가르침은 교사가 버려야 할 문화적 DNA의 일부이다. 따라서 넘버토크를 함에 있어, 교사가 먼저 학생들에게 보여주고 그것이 왜 맞는지 설명하지 않는다면, 학생이 새로운 전략을 어떻게 받아들일지 궁금해하는 것은 당연하다. 학생이 문제해결을 위해 그들 스스로 수학적으로 타당한 방법을 알아낼 수 있다고 믿게 되는 것은 우리의 가르침에 대한 해방이자 변화가 될 것이다.

**넘버토크는 학생이 자신의 수학적 아이디어를 이해하는 것에 관한 것이다.** 교사가 설명 위주의 수업을 한다면, 사고자로서 학생의 자율성과 아이디어를 빼앗는 것이다. 이는 본질적으로 교사가 학생들을 대신하여 생각을 하는 것이고, 학생들 스스로 하는 생각을 강탈하는 것이다. 그래서 15분 동안만이라도 교사가 학생을 대신하여 생각하는 습관을 깨야 한다.

이러한 넘버토크의 특성은 다음 장에 나오는 전략들이 전통적인 의미의 '가르침'을 뜻하지 않는다는 것을 의미한다. 학생들에게 모방하고 연습하는 전략 목록을 제공하는 대신, 학생들이 이미 가지고 있는 수학적 이해를 새롭게 생겨나게 하고, 그것을 바탕으로 하는 전략들을 만드는 데 도움이 되는 문제를 선택해야 한다. 학생들은 수업 중에 넘버토크를 통해 공유된 모든 전략을 배울 필요는 없다. 단지 학생들이 이해하고 '학생들 스스로에게 효율적'인 전략을 찾고, 이를 통해 수에 관해 유연하게 추론할 수 있도록 하는 것이 중요하다.

## 넘버토크 계획하기

각 넘버토크는 목적을 가져야 한다. 학생들이 어디쯤 위치해 있고, 어떤 전략을 이용하거나 이용하지 않거나 하는 것을 고려하는 것은, 교사가 학생들에게 필요한 것과 학생들이 다른 문제에 어떻게 접근할 수 있는지 생각하는 데 도움이 될 것이다. 무엇을 왜 할 것인지 생각하는 데 도움이 되는 수업 계획 템플릿을 첨부했다(부록 A: 넘버토크 계획하기 참조).

## ▌시작하기: 도트 카드

어떤 학년을 가르치든 상관없이 심지어 고등학교에서도 '도트 카드'(점으로 수의 양을 나타내는 카드; 점이 없을 수도 있음)는 학생들이 수학적 추론을 하도록 유도하는 좋은 방법이 될 수 있다(부록 C의 도트 카드 문제 선택 참조). 왜냐하면 도트 카드는 학생들이 자신의 경험을 이용하여 수를 보게 하고, 여러 가지 다른 방식으로 같은 양과 수를 볼 수 있는 기회를 제공하기 때문이다. 반면에 수만으로 구성된 연산 문제를 통해 처음으로 넘버토크를 제시하는 것은 많은 학생들에게 정서적으로 부담을 줄 수 있다. 수를 가지고 하는 넘버토크를 소개하기 전에 도트 카트를 사용한 도트토크dot talks를 하는 것이 다음의 문화적 규범을 형성하는 데 도움이 된다.

- 어떤 문제든 보는 방식이나 풀 수 있는 방법이 다양하다.
- 모든 학생들은 다른 사람들이 이해할 수 있도록 자신의 생각을 분명히 의사소통할 책임이 있다.
- 모든 학생들은 다른 사람들의 생각을 이해하려고 노력해야 할 책임이 있다.

도트토크를 시작하려면, 학생들에게 여러 가지 방식으로 배열된 점 모양의 카드를 보여준 뒤 다음과 같이 말하자. "그 카드를 보고, **하나씩 세지 않고**, 얼마나 많은 점들이 있는지 알아내보세요." 학생들에게 점의 개수를 파악한 뒤, 점의 개수를 파악했다는 것을 나타내기 위해 주먹을 쥐고 엄지손가락만 편 채 가슴에 올려야 한다고 말하자. 그런 다음 도트 카드를 보여준다. 카드를 단 몇 초 동안만 보여주고 숨길 필요는 없다. 학생들이 계속 볼 수 있도록 두어도 된다.

대부분의 학생들이 가슴에 엄지손가락을 올리면, 몇 개의 점이 있는지, 누가 발표할지 손을 들도록 한다. 학생들이 발표하면, 답을 모아서 칠판에 적는다. 고등학교에서조차도 다른 답을 얻을 수도 있다! 대답 옆에 학생의 이름을 쓰지 말고, 답이 맞는지 틀린지를 어떤 식으로든 나타내지 않도록 한다. "다른 답이 있나요?"를 재차 확인하고 기다린다. 모든 답변을 얻은 후에 누가 설명할 의향이 있는지 물어본다.

다음은 고등학교 기하학 수업에서 학생과 교사 모두 처음 해보는 넘버토크를 글로 옮긴 것이다. (이것은 교사가 사용한 도트 카드이다.)

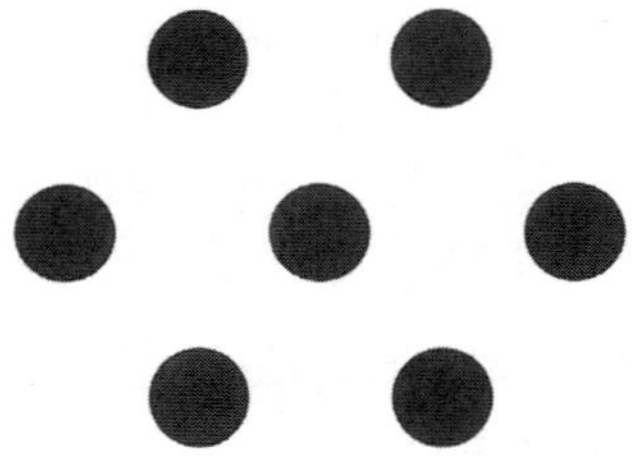

필립 교사: (학생들에게 정답을 말하지 말 것을 상기한다.) 좋아요, 거의 모든 사람의 엄지손가락을 볼 수 있네요. 얼마나 많은 점들을 보았는지 말해줄 사람 손들어 볼까요?

상혁: 7이요.

필립 교사: (7을 칠판에 적는다.) 누구 다른 숫자 나온 사람 있나요? 우리는 때때로 다른 대답을 얻으려고 하지요. 그래서 다른 숫자가 있다면, 발표해볼까요?

지용: 8이요.

필립 교사: 우리는 7, 8을 얻었네요… 다른 숫자는? 어떻게 셌는지 손을 들어 설명해줄 사람 있나요? 혜리?

혜리: 저는 점이 만들어낸 육각형을 보았고, 중앙에 있는 하나의 점을 세었어요.

필립 교사: 혜리 학생, 우선 어떤 답에 관해서 설명했는지 말해볼까요?

혜리: 7이요.

필립 교사: 좋아요, 혜리는 육각형을 봤네요. 육각형에 몇 개의 변이 있나요?

혜리: 6이요.

필립 교사: 그러면 육각형에는 몇 개의 점이 있나요?

혜리: 6개요. 그리고 중앙에 있는 점을 더했어요.

필립 교사: 다른 방법으로 한 사람 있나요? 정민이?

정민: 저는 바깥에 있는 2개의 점들로 했어요. 둘씩 세는 것처럼요.

필립 교사: 어느 것이 바깥인가요?

정민: 육각형의 바깥쪽이요.

필립 교사: 그럼, 여기 2개, 여기 2개 그리고, 여기 2개? 그리고 중간에 이것이죠? 어떻게 이걸 생각해냈나요?

정민: 저는 2를 3배 해서 6이 나왔고, 거기에 가운데 점 1개를 더했어요.

이 시점에서 필립 교사는 정민이와 혜리의 방법을 기록한다.

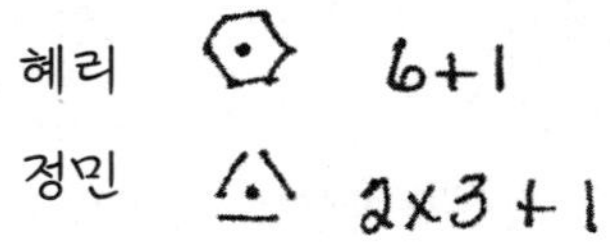


필립 교사: (교실을 향해 돌아서) 이 방법들이 비슷하지만, 약간 다른 걸 눈치챘나요?

시원: 혜리는 6개를 한꺼번에 셌지만 정민이는 6개를 부분들로 나누었어요.

필립 교사: 좋아요! 다른 전략은? 지선이?

지선: 짝수 개의 면이 있었기 때문에, 저는 그것을 대칭선으로 생각했어요. 이쪽에 3개, 다른 쪽에 3개… 그래서 3 더하기 3은 6이고, 중간에 있는 1개를 더해 7이에요.

필립 교사: (지선이의 생각을 칠판에 나타낸다.) 지선이가 말한 것을 시각화한 게 이것인가요?

지선: 네.

필립 교사: 대칭선은 어디에 있다고 보았나요?

지선: 가운데요.

필립 교사: (육각형에 손으로 가상의 수직선을 그린다) 이렇게요?

지선: 네.

필립 교사: 다른 방법이 있나요?

상우: 행이나 열을 추가했어요. 2 더하기 3 더하기 2를 했어요.

필립 교사: 상우가 어떤 지점을 보고 2+3+2을 생각했는지 생각한 사람 있나요?

시원: 상단을 가로 지른 것, 그리고 중간, 그 다음에 하단이요.

이제, 칠판은 이렇게 되어 있을 것이다.

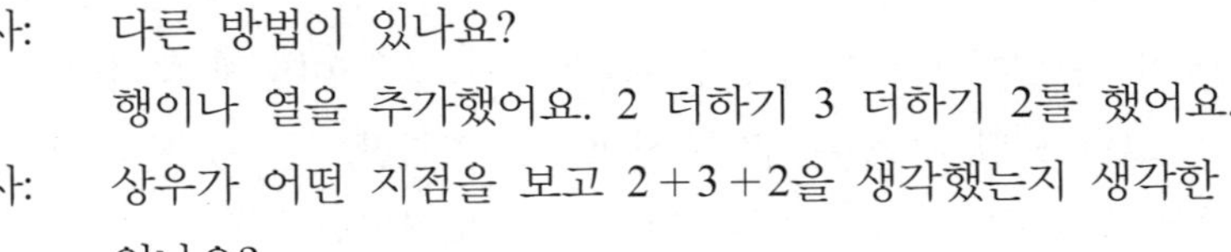

| | |
|---|---|
| 필립 교사: | 상우 학생, 이게 맞나요? (상우가 고개를 끄덕인다.) 상우는 줄을 봤군요. 이제, (답이) 8개를 설명할 사람 있나요? (아무도 자원하지 않는다) 그럼, 어떻게 8개의 점이 있다고 생각했을까요? |
| 지용: | 저는 2개의 평행사변형을 봤어요. 그래서 4 더하기 4는 8이에요. 그런데 중간의 것을 두 번 세었다는 것을 깜박 잊었어요. |
| 필립 교사: | 답이 틀렸을지라도 지용이가 어떻게 생각했는지 기꺼이 공유해 준 것은 훌륭한 일입니다! (교실을 향해 돈다.) 우리가 실수를 할 때에는 그럴 만한 이유가 있으며, 잘못했던 곳을 찾아내는 것은 재미있을 수 있어요. 고마워요, 지용 학생. 이 육각형에 대한 많은 다른 방법들이 있어 보이지만, 오늘은 여기까지 하도록 해요. 방법들을 공유해줘서 모두 고마워요. |

이 발췌록은 어떻게 도트토크가 펼쳐질 수 있는지를 보여준다. 그러나 우리가 필립 교사의 넘버토크를 '관찰'하는 동안 그녀는 눈에 잘 보이지 않는 여러 가지를 효율적으로 진행했다. 필립 교사는 누가 발표하는지에 주목하고, 각자의 의견을 신중히 수렴하여 각각의 방식을 어떻게 기록할지 고려하면서 학생들의 사고를 조심스럽게 따라가고, 학생들이 어떻게 그들이 본 방식을 숫자에 연결시켰는지 면밀히 살펴보며(예를 들면, 정민이는 $2 \times 3$ 또는 $2+2+2$을 할 수 있었음), 학생들이 보고 있는 것을 (그들이 설명하지 않아도) 교사 본인이 안다고 가정하지 않으려고 열심히 노력했으며, 학생들이 명확하게 의사소통을 할 수 있도록 도움이 되는 발문에 대해 생각하고 있었다. 그녀는 또한 이 첫 번째 넘버토크에서 지용이의 오답을 어떻게 처리해야 할지를 고심했을 것이다. 그녀가 할 수 있는 많은 선택이 있었지만, 꼭 '옳은' 방법이란 없다. 학생들의 의견을 경청하면서 가르치는 것이 바로 도전이면서 즐거움이다.

## 성공적인 넘버토크를 위한 고려사항

도트 카드를 보듯 넘버토크를 시작하기에 '올바른' 때와 장소는 없다. 교사가 어떤 연산이나 문제를 선택하는 데는 각각 다른 이유가 있다. 넘버토크를 하기로 결정했다면, 이 여정에 대해 생각해야 할 몇 가지 사항이 있다.

1. **학생들의 대답을 기다리는 시간**wait time* **에 대해 편안해지도록 하자.** 기다림의 중요성을 아무리 강조해도 지나치지 않다. 최소 10초(1부터 10까지 천천히 연습해보자. 우리는 할 수 있다!)를 기다리려고 노력한다. 연구에 따르면 기다림에는 두 유형이 있다. 교사가 질문을 한 후, 그리고 학생이 대답한 후에 다시 한 번 기다려야 한다는 사실이다(Rowe, 1986). 넘버토크에서는 누군가에게 발표와 공유를 해달라고 할 때마다 기다리고, 기다리고 또 기다려야 한다. 학생들에게 생각과 용기를 모을 수 있는 기회를 주기 위해 더 많은 시간을 기다린다. 학생들이 느긋하게 기다리는 것처럼 보일지 모르지만, 그들 중 일부는 생각을 나누는 것보다 침묵을 더 불편해할 것이다. 때로는 침묵이 어색하여 멋쩍게 웃기도 할 것이다. 그건 좋은 일이다. 그게 학생들을 더 나아가게 할 수 있다. (기다림을 지지하는 연구에 대해 더 배우고 싶다면, 메리 버드 로Mary Budd Rowe의 획기적인 연구인, 《기다림의 시간: 감속이 가속의 방식일 수 있다(Wait Time: Slowing Down May Be a Way of Speeding Up, 1987)》를 참조하기 바람).

2. **'점진적으로 발문하기'**graduated pressing** **를 연습하자.** 넘버토크의 기본 지침 중 하나는 교사들이 학생들에게 그들의 전략이 왜 타당한지를 설명하도록 격려하는 질문을 하는 것이다(3장 참조). 이런 종류의 질문은 종종 개념적 설명을 위한 '압박하기'pressing라고 불린다(Kazemi, 1998). 그러나 학생들은 교사가 자신의 생각을 면밀히 조사하는 것에 익숙하지 않고, 명확하게 설명하는 것은 연습을 통해 익힐 수 있는 기술이라는 것에도 익숙하지 않다. 넘버토크를 시작할 때 너무 압박하는 것이 오히려 비생산적일 수 있다. 경험이 거의 없으므로 학생들은 종종 자신의 생각을 말로 표현하는 데 어려움을 겪고, 절차의 모든 단계를 압박하다 보면 수렁에 빠져 넘버토크에 너무 오래 시간을 사용하여 다른 전략들을 위한 시간이 남지 않을 수 있다. 다른 부작용으로는, 아이디어를 공유하는 것이 교실

---

* 미국을 비롯한 많은 교수법 연구에서 이 기다림의 시간에 대한 중요성이 대두되어 wait time이 하나의 어휘로 통용되고 있으나, 국문으로는 문장의 부드러움을 위해 풀어서 '학생들의 대답을 기다리는 시간'이라 번역하였다.

** 원문은 graduated pressing이라는 용어를 이용하였다. 이는 교수법과 교사교육의 연구 등에서 많이 통용되는 용어인 pressing을 이용한 것으로 학생들의 수학적 개념 형성을 위해 교사가 지속적으로 학생의 생각을 집요하게 조사하는 형식으로 질문하고 학생들은 이에 대한 대답을 하는 형태로 본인의 생각을 설명하면서 수학적 개념을 형성한다는 연구에서 나왔다. 그러나 본문에서도 이를 조급하게 이용하게 되었을 때의 부작용을 언급하면서, 넘버토크에서는 점진적으로 단계적인 발문을 하는 형태로 제안하였기에, '점진적 발문하기'로 번역하였다.

의 규범적 문화가 되기 전까지는 그렇게 집요하게 질문한다는 점이 위협적일 수 있고, 학생들의 수업 참여를 방해할 수 있다. 그리고 만약 학생들이 암기한 절차에 대해서만 생각할 수 있다면, 왜 그러한 절차가 맞는지 힘들게 고민하지 않는 편이 나을 수 있다. 10장에서는 학생들이 단순 암기에서 이해적 사고로 변화하는 것을 어떻게 도울 수 있는지에 대한 아이디어를 공유할 것이다. 도트 카드는 **학생들이 보는 것을 정확하게 설명하는 것을 즐거워하기 때문에** 예외이다. 그러나 연산은 많은 학생들에게 정서적으로 부담이 되어서, 실제 숫자로 넘버토크를 시작할 때 가벼운 접근으로 질문하는 것을 추천한다. 학생들이 무엇을 했는지 — 즉, 완전히 절차적인 설명 — 만을 말하는 것은 충분하지 않다. 그러나 이러한 초기 넘버토크에서는 왜 그 절차가 맞는지에 대한 한두 가지 질문으로도 충분하다 (5장의 호 교사의 수업 발췌록 참조). 그런 다음 '이유를 설명하는 것'이 교실의 규범이 되는 동안, 우리는 점차적으로 점점 더 깊이 탐구하면서 학생들이 이해할 수 있고, 정확하게 소통하고, 실행 가능한 논쟁을 만들고, 다른 사람의 추론을 비판할 수 있는 수업 환경을 조성하는 목표에 주력하게 될 것이다. 이는 수학적 실천에 대한 규준 1, 2, 3, 6에 해당된다(NGA/CCSSO, 2010).

3. **함께 생각하도록 하자.** 넘버토크를 처음 시작하는 경우, 아무리 오랜 시간 기다려도, 학생들은 문제를 해결할 수 있는 한 가지 방법만 생각할 것이다. 이것은 충분히 예상되는 것이다. 대부분의 학생들은 수를 가지고 생각하는 경험이 거의 없으므로 그들이 이미 알고 있는 것에 의지하는 것이 당연하다. 그리고 그들이 문제를 해결할 올바른 방법이 하나 존재한다고 믿는다면, 새로운 것을 시도하는 것을 꺼리게 된다. 이런 일이 발생하면 "누가 다르게 생각해보았니?"라는 질문보다는 "우리가 어떻게 생각할 수 있을까?"라고 질문할 수 있다.

   "우리가 어떻게 생각할 수 있을까?"라는 질문은 넘버토크를 학생들이 함께 해결하고자 하는 퍼즐로 전환하게 한다. 점차적으로 학생들은 자신의 방식으로 문제를 이해할 수 있게 되고, 교사가 '올바른' 정답이 되기보다는 학생들의 다양한 방법을 더 가치 있게 여긴다고 생각하게 할 것이다.

4. **경청하는 것을 배우자.** 학생들은 교사가 자신들의 풀이법에 대해 잘 알고 있다고 생각해 설명을 명확하게 하지 않을 것이다. 그러나 넘버토크는 교사가 진정한 호기심을 갖고 학생들이 어떻게 생각하는지에 대해 질문하고, 학생들이 설명하는 내용을 진정 이해하는지를 알 수 있는 기회를 준다. 학생들이 의미하는 바에 성

급한 결론을 내리거나 곡해하지 않도록 노력해야 한다. 학생들의 설명이 명확할 때, 교사의 역할은 학생들이 말한 것을 기록하는 것이다. 그러나 각각의 의견이 다를 때는 학생들이 말한 것을 재해석해서 다시 말하거나, 다른 학생들이 그 전략을 이해할 수 있도록 계속해서 질문할 수도 있다.

5. **넘버토크를 정기적으로 하자.** 띄엄띄엄 1년간 열 번의 넘버토크를 하는 것보다 2주간 매일 넘버토크를 한다면 학생들은 더 빨리 자신의 수학적 아이디어를 개발할 것이다. 수학적으로 중요한 것을 더하기 위해서 넘버토크는 **서로의 아이디어를 기반으로 구축되어야** 한다. 그러나 일주일에 한 번 또는 일주일에 두 번씩 나누어서 이루어진다면, 학생들은 넘버토크를 통해 종종 발현되던 본인의 아이디어나 전략을 기억할 수 없어서 넘버토크를 할 수 없게 된다.

6. **학생들이 설명할 때에 수학적 언어의 명확성을 장려하자.** 수학에 대한 명확한 의사소통의 경험 부족은 학생들이 넘버토크 중에 아이디어를 나누기 시작하면서 눈에 띄게 분명해진다. "4 더하기 3을 더 했다"(I plussed 4 plus 3), "2 곱하기와 10을 곱했다"(I timesed 2 and 10), "8에서 5를 뺐다"(I minused 5 by 8), 또는 "7에서 6을 더했다"(I added 6 by 7)*와 같은 많은 오류가 드러나는 설명을 들을 것이다. 학생들이 수학에 관해서 이런 식으로 생각한다면, 전형적인 대수 교과서에 있는 다음과 같은 문제에 관해 학생들이 혼란스러워한다는 것은 그리 놀랄 일이 아니다.

   ≫ 한 숫자는 다른 숫자보다 10이 많다. 작은 수의 두 배와 큰 수의 세 배의 합은 55이다. 두 숫자는 무엇일까?
   (*One number is 10 more than another. The sum of twice the smaller plus three times the larger is 55. What are the two numbers?*)

   ≫ 어떤 두 자리 수의 각 자리의 숫자의 합은 7이다. 두 숫자의 자리를 바꾸어서 만든 두 자리 수는, 원래 수보다 9가 많다. 원래 수는 무엇일까?
   (*The sum of the digits of a certain two-digit number is 7. Reversing its digits increases the number by 9. What is the number?*)

---

* 이 문장들은 본문에서도 학생들이 의사소통 및 본인의 아이디어를 설명하는데 오류를 나타냈던 것으로 오역이 아닌, 의사소통의 오류 문장이다.

학생들이 넘버토크를 통해 사용하는 수학적 언어가 점진적으로 향상된다는 것을 발견할 것이다. 이것은 영어를 제2외국어로 하는 영어 학습자들에게도 해당된다. 넘버토크를 통해 학생 참여와 상호작용을 필수적으로 강조하면, 참여를 하는 동안 발생하는 수학적 토론이 언어 학습자에게 중요한 것으로 나타났다. 주디트 모스코비치[Judit Moschkovich]의 연구(1999)는 넘버토크가 영어 학습자에게 어떻게, 그리고 왜 중요한지를 이해하는 데 도움이 된다. 먼저 가장 중요한 목표는 학생들의 아이디어를 대중의 사고 공간[the public thinking space]에서 얻는 것이어야 하고, 그들이 사용하는 언어를 부드럽게 조율해야 한다. 그 연구에서 주디트[Judith]는 이론상으로는 그럴 듯하게 들리지만 실제로는 언어 습득을 제한하는 몇몇 인기 있는 관행들 — 학생들의 생각을 이해하는 것보다 어휘와 발음에 더 주목하는 것과 같은 예 — 에 대해 경고한다.

7. **생각을 기록하자.** 기록은 그 학생이 어떻게 생각하고 있는지, 전체 학급에게 명확하게 표현하는 한 방법이다. 또한 정확한 표기법을 모델링하고 그러한 과정에서 질문을 할 수 있는 기회를 주기도 한다. 이러한 이유로 우리는 학생들이 칠판에 나와서 그들의 전략을 직접 기록하도록 하지 않는다. 또한 학생이 암기한 방법으로 돌아갈 가능성이 훨씬 높기 때문에 개별 화이트보드나 아이패드 사용을 권장하지 않는다.

학생들의 생각을 기록하는 '올바른 방법'은 없다. 학생들의 전략을 다양한 방법으로 기록할 수 있고, 이때 가장 중요하게 고려할 것은 한 학생의 아이디어를 나머지 학생들에게 어떻게 가장 명확하게 보여줄 수 있는가이다. 이것을 어떻게 할지를 알아내는 것은 때때로 도전적이고, 때때로 엉망이 될 수도 있다. 학생들이 말하는 것을 기록하는 것과 좀 더 공식적인 수학 표기법을 인식하도록 하는 것 사이의 갈등이 종종 있을 수 있다. 그러나 대수적인 표기법을 사용하는 데 너무 서두르지 마라. 기호 그 자체는 고유한 의미를 지니지 않는다. 기호는 그 표현 관계를 학생들이 이해할 때만 의미가 있으며, 교사인 당신은 학생들이 이미 이해하고 있는 것을 언제 대수 표기법과 연결할 수 있는지를 가장 잘 판단할 수 있다. 무엇을 쓸 것인지 — 그리고 어떻게 쓸 것인지 — 를 결정하는 것은 판단의 여지가 있는 것이고, 학생들이 자신의 생각을 표현하는 것에 점점 더 나아지는 것처럼 교사인 당신도 시간이 흐를수록 판단을 하는 것이 더 나아질 것이다.

이 책 전체에 일부러 일관성이 결여되어 있는 예제를 제시하였다. 예를 들면,

때때로 우리는 곱셈을 나타내기 위해 ×를 이용하기도 했고, 다른 시간에는 (추상화를 쉽게 하기 위해) 다른 기호를 사용하기도 했다. 때때로 괄호를 사용하기도 했고, 다른 시간에는 사용하지 않기도 했다. 수학적으로 정확하다면, 다른 여러 방법을 시도하고 학생들에게 최선의 방법을 찾도록 격려하는 것이 좋다. 궁극적으로 넘버토크를 통해 학생들이 수학적 아이디어와 상징적 표현을 유연하게 할 수 있는 기회를 제공해야 한다.

8. **교사를 거치지 않고 학생들이 서로 이야기하게끔 해보자.** 학생들이 교사에게만 집중하지 않도록 교실 한 편에 서 있는 것도 좋다(비록 교사가 학생들의 생각을 기록해야 함에도 불구하고). 한 학생이 전략을 설명한 후에 다른 학생이 교사 대신 말할 수 있도록 기다리자. 학생들을 호명하기보다는 학생들이 자발적으로 손을 들면, 그 중에서 아이디어를 발표할 학생들을 지목하도록 하자.

9. **최대한 다양한 답을 할 수 있도록 유도하자.** 같은 문제에 대한 다양한 답은 훌륭한 배움의 기회를 제공한다. 다양한 답변을 유도하기 위해 우리는 가끔씩, "잘했어요! 여러분 중 일부가 틀린 답을 얻었기 때문에 잘했다고 하는 것은 아니에요. 지금 여러분은 수학자들이 종종 해야 하는 것, 즉 수학적 의심이 많은 사람들을 설득할 수 있는 기회를 얻었기 때문에 잘했다고 하는 거예요. 이제 교실에 다른 답을 가진 많은 친구가 있어요. 그럼, 여러분의 대답이 합리적이라고 설득해볼 사람이 있나요?"라고 말하도록 하자.

   그러나 틀린 대답에 관해서라면? 앞의 지용이의 실수처럼 일부 잘못된 대답은 약간의 실수에서 비롯된 반면, 다른 잘못된 대답은 탐구를 하면서 모든 사람들에게 새로운 무언가를 배울 수 있는 기회를 제공하는 논리를 지닌 것들도 있다.

**잘못된 대답에서 배우기**

유 교사는 28×12 문제를 내었다. 몇 가지 방법을 나눠본 후에 예리는 손을 들었다.

| | |
|---|---|
| 예리: | 어, 저는 좀 다르게 했어요. 그런데 잘못된 답인 거 같은데 제가 뭘 잘못했는지 모르겠어요. |
| 유 교사: | 좋아요! 처음에 나온 것은 무엇이었나요? |

예리: 어, 132요. 그런데 저는 이게 틀렸다는 것을 알아요. 이 숫자들을 보니까 132가 답일 수가 없겠더라고요.

유 교사: 왜 132가 답이 아니죠?

예리: 왜냐하면 12×12는 144이고, 12×28은 144보다 커야 하잖아요.

유 교사: 그러면 어떻게 했는지 우리에게 알려줄 수 있어요?

예리: 저는 7×4가 28인 걸 알고 있어서 7×12를 하고, 그 다음에 4×12를 했어요. 그리고 이 숫자들을 더해서 132라는 답이 나왔어요.

유 교사가 기록한 예리의 방법이다. 예리의 실수를 파악할 수 있을까?

$$28 \times 12$$
$$(7 \times 4) \times 12$$
$$7 \times 12 = 84$$
$$4 \times 12 = 48$$
$$84 + 48 = 132$$

유 교사: 예리는 답이 잘못됐다는 걸 알아내기 위해 이런 대단한 추론을 이용했어요. 예리가 어떻게 했고 어디서 틀렸다는 걸 파악한 사람 있나요? 옆 사람과 어떻게 생각했는지 얘기해봐요.

예리는 제시된 문제가 (7×4)×12와 같다고 생각했지만, 마치 7과 4 사이에 곱셈 기호 대신 덧셈 기호가 있는 것처럼 분배법칙을 이용했다. 이것은 흔한 실수이다. 예리의 실수를 살피는 것은 모든 학생들에게 배움의 기회를 주게 된다. 결합법칙과 분배법칙뿐만 아니라 실수가 얼마나 중요하고 유용할 수 있는지도 배울 수 있었다.

**10. 학생들이 자신을 더 명확하게 표현하는 법을 배우도록 돕자.** 대부분의 학생들은 자신을 분명하게 표현하게 하는 경험—도움과 연습이 많이 필요한—이 거의 없다. 학생들이 자신의 아이디어를 명확하게 표현할 수 없다면, 동료들은 그들을

이해할 수 없게 되고, 이는 학생들이 직접 서로에게 의견을 주는 기회를 제거하는 결과를 낳는다. 다음과 같은 전략들이 학생들의 명확한 표현을 도울 수 있다.

- 모든 사람이 들을 수 있도록 큰소리로 말하도록 권하자.
- 자신의 생각을 명확하게 의사소통하는 것이 왜 중요한지 학생들에게 상기시키자.
- '그것'과 같은 대명사의 사용을 금지시키거나 제한하자.(예: "나는 그것을 5로 곱합니다.") 그리고 '그것'이 의미하는 바를 명확히 하기 위해 학생들에게 점진적 발문*을 하도록 하자. 캐시[Cathy]와 그녀의 동료들은 이 기호를 교실에 붙여놓았다.

**11. 백업 계획을 세워두도록 하자.** 학생들이 엄지손가락을 올리는데 오랜 시간이 걸리는 경우, 선택한 문제가 학생들이 풀기에 너무 어렵거나 너무 쉬울 수 있다. 항상 백업 문제를 두 개씩 준비하고 있어서 즉석에서 새로운 문제를 만들려고 허둥지둥하지 않도록 하자.

**12. 넘버토크 중에 언제 교사의 사고법[ways of thinking]을 공유해야 하는지를 알아두자.** 학생들이 문제의 해결 방법으로 한 가지만 제시한 경우, 교사가 무언가를 해야 하는 상황에 직면할 수 있다. 학생들은 듣지 못한 전략이거나, 교사로서 알고 있는 효과적이면서 수학적으로 흥미로운 전략을 제시하고 싶은 상황이 있을 수 있다. 이러한 상황에서 교사는 학생들에게 그 문제에 관해 교사가 어떻게 생각하는지를 공유하고 싶다고 말하거나, 다른 학생들이 발견한 방법을 보여주고 싶다고 말하는 방식으로 공유할 수 있다. 그러나 학생들은 교사의 말을 그대로 받아들이는 경향이 있고, 학생 자신의 생각에 대한 믿음이 매우 약해서 수업 중에 그러한 것을 제안할 때에는 매우 조심해야 한다.

학생들이 넘버토크를 좋아하게 되면(그럴 것이다!), 교사는 학습 공동체의 일부가 될 것이다. 그러면 학생들과 함께 새로운 아이디어를 시도하고 학생들과 교

* 여기서는 '점진적 발문'이라는 용어보다는 pressing의 의미를 살린 '압박하기'가 좀 더 원뜻에 가까울 듯하나, 국문의 '압박'이라는 용어가 부정적으로 느껴지기에 '점진적 발문'으로 번역하였다.

사의 방법을 공유하는 것도 괜찮다. 학생의 어떤 아이디어나 전략에 대해 이해하지 못했을 때, 학생들과 정직하게 이야기하는 것도 좋은 방법이다. 이는 실제로 학생과 교사가 더불어 문제를 해결했을 때, 학생들에게 주는 선물이며, 교사가 넘버토크에서 보여줘야 하는 학생 행동의 모델을 보여주는 것이다. 교사가 아이디어나 전략을 공유할 때, 먼저 학생들의 말을 주의깊게 경청하고, 학습 공동체의 진정한 일부가 되도록 해야 한다. 이를 통해, 교사의 전략이 학생들의 전략보다 더 가치 있다고 여기지 않는 것을 학생들에게 인식시켜야 한다.

13. **학생들이 전통적인 알고리즘을 뛰어넘을 수 있게 격려하자.** 중 · 고등학교 학생들은 종종 암기된 **절차**를 가지고 수학 수업에 들어오는 한편, 그 연산에 대한 이해 경험은 거의 없다. 실제로 많은 사람들은, 수학을 잘 한다는 것이 암기하여 수학적 사고 없이, 빨리 더하거나 빼거나 곱셈하고 나눌 수 있는 경우를 의미한다고 생각한다. 그러나 학생들이 절차나 공식 위주로 연산을 배울 때, 근본적인 수학적 관계나 개념은 일반적으로 이해되지 않는다. 그래서 넘버토크에서 학생들에게 왜 그러한 공식이나 절차를 사용하는지에 대해 묻는다면, 당황해하는 학생들을 많이 보게 될 것이다 (10장에서는 학생들이 기계적 사고를 넘어서는 데 도움이 되는 더 많은 아이디어를 제공하고 있다). 다음 예는 고등학생에게 넘버토크를 소개하는 방법을 보여주고 있다.

> 여러분들은 수년 동안 수학을 할 수 있는 많은 방법을 배웠습니다. 그러나 오늘 새로운 방법으로 수학을 학습하는 것을 시도할 것입니다. 먼저, 여러분에게 오래전부터 어떻게 하는지 알고, 이미 배웠던 문제를 줄 것입니다. 그러나 이번에는 문제를 쉽게 풀 수 있는 방법을 연필이나 종이를 사용하지 말고, 머릿속에서 해결해봅시다.

넘버토크를 시작할 때 이러한 모든 사항을 숙지하지 않았더라도 걱정하지 마라. 넘버토크를 처음 시작했을 때, 실제로 저자인 우리도 무엇을 하고 있는지 전혀 몰랐다. 단지 학생들이 새로운 것을 시도할 필요가 있으며, 수에 대한 이해력이 매우 약하다는 것을 알았을 뿐이다. 교사인 당신과 당신의 학생들은 함께 길을 찾을 것이다. 무엇보다 중요한 것은 당신이 이 여정을 시작하는 것이다.

CHAPTER

# 3 넘버토크 실행을 위한 지도 원리

일상 수업을 통해 넘버토크Number Talks를 경험하는 것은 시간이 지남에 따라 학생들이 수학적 사고자로서의 역량과 유연성 및 자신감을 기르는 데 도움을 준다. 그러나 이러한 현상은 자동으로 발생하는 것이 아니다. 이러한 강점은 넘버토크의 교수 관행이 학생들이 스스로 수학을 이해하는 데 도움을 줄 때에만 나타난다. 넘버토크를 진행할 때, 교사의 의사 결정에는 개입을 해야 하거나 혹은 하지 말아야 할 이유, 답을 주거나 주지 말아야 하는 이유, 면밀히 탐색하거나 하지 않아야 하는 이유가 있다. 넘버토크를 통해 학생들이 수학적 아이디어를 이해하도록 돕는 것은 의도적인 교수학적 의사 결정을 요구하지만, 우리가 전통적으로 생각하는 '가르침'과 상반될 수 있다.

이 장에서는 교실에서 넘버토크를 모든 연령대의 학생들과 함께 구현할 때 의사결정을 안내하는 몇 가지 원칙을 제안하고 있다. 이러한 것들은 '넘버토크 실행을 위한 지도 원리'로 사용될 수 있다.(캘리포니아 주 교육부[1988]의 《수학적 모델링 교육 과정 안내서: 유치원부터 8학년까지》를 저술하여, 수년간 우리의 교수법에 영감을 주고 근거를 세우게 해주었던 캐시 리처드슨Kathy Richardson에게 감사를 표한다.) 이러한 '지도 원리(혹은 지침)'가 넘버토크를 통해 학생들이 강력한 이해를 구축하고, 그들 스스로 수학적 사고자라고 믿게 되게끔 하도록 가르치는 교수학적 의사 결정의 기초가 되기를 바란다.

## ▌넘버토크를 위한 지도 원리

**1. 모든 학생들의 수학적 생각은 가치 있으며, 교사로서 학생들이 그러한 생각을 계발하고 명백하게 표현하는 것을 배울 수 있도록 돕는 것이다.**

**학생들은 스스로 이해하는 방식으로 문제를 생각하고 해결하는 법을 배울 수 있는 기회가 필요하다.** 넘버토크에서 학생들이 다른 학생들의 방법을 경청하고, 그들이 여러 가지 다른 해결책들 속에서 연관성을 찾아낼수록 수학적 이해력은 깊어진다. 이는 학생들이 수학에 대한 견고한 이해를 구축하도록 하는 문제를 해결하는 다양한 방법들에 대한 면밀한 탐색을 통해 이루어진다.

**2. 질문을 통해, 학생들의 사고를 이해하려고 한다.**

**교사의 질문이 중요하다.** 질문들은 수학적 담화를 시작하게 해주거나, 학생들의 생각을 특정한 방향으로 모아줌으로써 수학적 담화를 마무리하게 해준다. 수학적 토론을 조성하는 질문은 학생들이 어떻게 생각하는지에 관한 진정한 호기심을 표출한다. 그 질문들은 학생들이 자신과 타인의 생각을 분명하게 표현하고, 또 그럼으로써 더 잘 이해할 수 있도록 해야 한다. "이럴 때, 어떻게 생각하니?" 혹은 "왜 10으로 나누었니?"는 종종 **진정한** 질문이라 불린다. 학생들이 어떻게 생각하는지에 대한 아이디어가 있을지라도, 그것은 교사가 **실제로** 물어보기 전에는 알 수 없다. 진정한 질문은 교사의 생각이 아닌 **학생들**의 생각과 추론에 대해 집중하게 한다.

학생들의 생각을 최우선으로 하기 위해서 학생들이 말하는 것을 자세히 경청해야 한다. 교사가 원하는 대답을 듣는 것보다 학생들의 생각을 경청하는 것은 생산적인 넘버토크를 위해 필수적이다. 학생들의 생각을 경청하는 것은 다음에 할 질문과 학생의 생각을 얻기 위한 방향을 정하는 데 도움이 된다.

그러나 질문을 통해 무의식적으로 학생들의 사고를 교사가 원하는 방향으로 유도하는 것은 너무 쉽다. '맞죠?'라고 끝내는 질문(예를 들어, "30을 뺐으니 다시 2를 넣어야겠죠, 맞죠?")은 학생들의 생각을 교사의 것으로 바꾸는 '거짓' 설명의 예이다. 학생들이 교사가 이해하는 방식으로 생각을 표현하게끔 하거나, 교사가 생각하는 가장 쉬운 방법을 이용하게끔 하는 것은 이해할 만하다. 그러나 학생들의 수학적 아이디어가 가치 있다고 가르치는 것이 교사의 목표라면, 교사의 질문은 학생 스스로의 방식으로 수학을 이해하여 자신감과 역량을 가지고 자신의 생각을 표현하는 방법을 배울 수 있게끔 도와주는 것에 중점을 두어야 한다.

**3. 절차보다는 개념으로 학생의 생각을 설명하도록 격려한다.**

**학생들이 문제를 해결하기 위해 무엇을 했는지 아는 것만으로는 충분치 않다.** 오늘날 전세계적으로 무엇을 해야 할지를 아는 것은 더 이상 충분하지 않다. 학생들은 이해해야 하고, 그 풀이가 **왜** 말이 되는지 설명할 수 있어야 한다(수학적 실천을 위한 규준 1, 2 참조[NGA/CCSSO, 2010]). "왜 그렇게 했니?"라고 물어보는 습관은 학생들이 자신의 풀이 절차나 전략이 왜 맞는지 혹은 맞지 않는지 이해하기 위해 문제를 더 깊이 분석하는 데 도움이 될 수 있다. 이 질문들은 학생들이 결국 자신 스스로에게나 다른 친구들에게 같은 질문을 하도록 도와줄 것이다.

학생들이 넘버토크를 처음 접하는 경우, 대부분의 학생들은 예전에 이미 배웠다는 이유로 전통적인 공식이나 알고리즘만을 사용하곤 한다. 그러나 그들이 그 전략을 설명하려고 할 때, 그 설명조차 거의 항상 절차적이다. 그리고 그런 와중에도 '왜?'라고 묻는 것은 여전히 중요한 반면에, 학생들이 단순히 암기한 절차의 의미를 탐구하는데 너무 많은 시간을 할애하면 비생산적이고 낙담하게 할 수 있다. **많은 학생들이 그 공식을 이용할 때 '왜'라는 질문을 전혀 받지 못해왔고 그래서 왜 그 공식이 통용되는지 알지 못한다. 따라서 그렇게 질문하는 것이 약간 불공평할 수 있다. 학생들은 숫자가 커짐에 따라 전통적인 알고리즘으로는 다루기 힘들다는 것을 곧 깨닫게 된다.** 이 점을 인정하고 속으로 계산할 수 있는 더 효율적인 방법을 모색하도록 제안하면 된다.

**4. 실수는 지금껏 고려되지 않았던 아이디어를 탐색할 수 있는 기회를 제공한다.**

**학습에 실수가 필요하다.** 실수를 '축하하는 것'만으로는 충분하지 않다. 실수를 집단적인 분석 및 수학 교수학습의 정기적인 부분이라고 이해하는 것은 '수학은 답을 구하는 것'이라는 학생들의 잘못된 견해를 변화시키고, 절차의 타당성을 분석하는 방법을 배우는 데 도움이 된다. 개념적 오류를 포함한 많은 실수는 면밀히 조사함으로써 문제의 구조와 수학적 연산의 기초가 되는 속성에 주목하게 한다. 이런 식으로 실수는 학습을 위한 가치 있는 지점이 될 수 있다(Hiebert et al., 1997).

최근의 뇌 연구에서 밝혀진 바와 같이 실수를 조사하는 것은 뇌가 성장하게 하는 신경 세포의 성장과 시냅스의 고리를 촉발시킨다. 《마인드셋: 성공의 새로운 심리학(Carol Dweck, 2006)》이라는 책에서 캐럴 드웩[Carol Dweck]은 학생들의 '성장 마인드' 계발이 중요하다고 강조하고 있다. 성장 마인드를 가진 학생은 실수를 새로운 것을 배우는 기회로 생각하는 반면, 고정된 마인드를 가진 학생은 실수를 피하고 은폐해야 하는 것으로 보는 경향이 있다. 실수를 학습의 중요한 부분으로 보는 학생들은 인내심을 가질 가능성이 더 크다.

**5. 효율성이 목표이지만, 전략의 효율성 여부는 각 개별 학습자의 사고와 이해에 달려 있다는 것을 인식한다.**

**이해가 수반되지 않는 전략은 효과적이지 않다.** 넘버토크는 학생들이 교사와 같이 생각하게 하거나, 심지어 '최선의' 방법을 이해하도록 하는 것이 아니다. 오히려 학생들이 학생들의 방식대로 이해하게끔 생각하도록 격려하는 것이다.

때로는 특별히 효율적이고 일반화가 가능한 아이디어를 강조하거나, 다른 친구들의 방법으로 해보게 하는 것이 괜찮을 수도 있고, 때로는 중요하기도 하다. 하지만 그럴 때에는, 학생들에게 교사가 선호하거나 암기해야 할 전략을 단순히 전달해주지 않는 방식으로 해야 한다. 마찬가지로 학생들에게 서로의 방법을 판단하거나 가장 효율적인 전략을 찾도록 하는 것은 지금 막 매우 효과적이지 않은 새로운 아이디어로 시도하려는 학생들을 실망시키거나 심지어 역효과를 불러일으킬 수 있다.

효율성이 중요하지 않다고 말하는 것이 아니다. 정확성과 유연성과 함께 효율성은 수적인 유창성의 특징이다. 일부 전략이 다른 전략보다 더 효율적이라는 것은 부인할 수 없는 사실이다. (융통성과 효율성을 높이는 방향으로 학생들을 조금씩 움직이게 하는 방법은 4~8장 참조.)

**6. 모든 학생들이 그들의 수학적 아이디어를 공유하고 발표하는 것에 대해 편안함을 느끼는 환경을 조성한다.**

모든 학생들이 모든 상황에서 꼭 말을 해야 하는 것은 아니다. 교사의 목표는 모든 학생들이 넘버토크를 할 동안 문제를 보고 해결하는 방식을 기꺼이 공유하게끔 충분한 안정감을 느끼게 하는 것이다. 그러나 교실 토론에서 학생들이 공유하기 원치 않는 데에는 많은 이유가 있다. 영어 실력이나 수학적 추론을 말하는 데 대한 자신감 부족, 전반적인 수줍음 등이 있다. 만약 교사가 학생들이 수학적 아이디어를 편안하게 테스트하게 되는 안전한 학습 환경을 원한다면, 학생들이 아이디어를 공개적으로 공유할지 여부와 시점에 대한 제어를 할 수 있어야 한다.

물론 이 원칙이 '공평한 막대'equity stick*나 단순 호명과 같은 현재의 책무성 관

* 미국에서 유행했던 학생을 호명하던 교수법 중의 하나. 막대 아이스크림에 사용된 나무막대 등에 각 반의 모든 학생들의 이름을 각각 적은 후 통에 넣고 교사가 막대를 뽑아 학생을 호명하는 방법. 호명할 사람을 무작위로 뽑는다는 점에서 '공평한'equity이라는 이름이 붙었다.

행에 맞지 않는다는 것을 알고 있다. 그러나 심리학 연구자들은 스트레스가 작업 기억 능력을 감소시켜 수학적 문제해결 과제를 방해한다는 것을 발견했다(Beilock, 2011). 학생들은 본인이 원하든 원하지 않든 언제든지 말할 준비가 되어 있어야 한다는 사실은 학습을 방해할 수 있다. 따라서 교사는 학생을 그러한 환경에 두거나 압박하지 않으면서 학생들이 자신의 생각을 공유할 수 있도록 격려하는 방법을 의식적으로 찾아야 한다. 교사의 임무는 학생들이 새로운 아이디어를 시도하고, 학생의 생각을 나눌 수 있도록 넘버토크로 안전한 환경을 만드는 것이다.

**7. 넘버토크의 가장 중요한 목표 중 하나는 학생들이 사회적 및 수학적 행위주체성을 계발하도록 돕는 것이다.**

**행위 주체적 감각을 가진 학생들은 본인들이 교실에서 지적 공동체의 중요한 부분임을 인식한다. 학생들은 공동체에 기여할 가치가 있는 아이디어를 소유하고 있으며, 다른 사람들의 생각을 고려하고 구축하면서 배운다.** 학생들은 스스로의 선택권이 있고 그 선택에 대한 책임을 져야 한다는 것을 알고 있다. 그들은 학습자로서 필요한 태도인, 자신의 생각을 지지하는 설명을 할 수 있고, 명확한 추론에 의해 확신을 얻었을 때만 생각을 바꿀 수 있는 태도를 갖고 있다. 수학에 관한 정체성이란 수학적으로 사고하는 사람이다. 수학적 태도는 문제를 해결함에 있어서 인내하고, 어떤 것이 충분히 이해가 되지 않으면 만족해하지 않는 것이다. 학생들은 아이디어가 올바른지 판단하기 위해 교사나 다른 사람들을 통해서가 아니라 수학의 합리성에서 찾는다.

학생들의 행위주체성을 계발하기 위해서 교사는 교실 토론에 대한 권위를 학생들과 공유함으로써 교실의 중심에 교사가 아닌 학생들이 서도록 교수학적 의사 결정에 대해 배워야 한다. 이것은 또한 교실에서 발생하는 학생들의 행위주체성에 관련한 신호를 교사가 인식하고 격려하는 것을 의미한다. 수학 토론을 시작하는 중에 한 학생이 다른 학생에게 직접 대답하는 것이 그 예가 된다. 칭찬은 학생들이 교사에게 의존하는 경향이 있기 때문에 무엇을 어떻게 칭찬할지에 대해 매우 신중해야 한다.

**8. 수학적 이해는 시간이 지남에 따라 계발된다.**

**한 수학적 아이디어를 다양한 상황에서 여러 번 경험하는 것은 진정한 이해를 위해 꼭 필요하다.** 학생들은 수학을 한다는 것이 무엇을 의미하는지에 대한 발전된 생각을 갖고 수업에 들어오지만, 거의 대부분의 학생들은 자신의 방식으로 수를 이해하도록 요구받지 못했다. 넘버토크는 절차적 연습 때문에 숨겨졌던 기초적인 수학적 지식의 부족을 종종 드러내기에, 학생들은 잃어버렸던 것을 재구축할 충분한 시간이 필요하다. 그들은 아이디어를 적용하고 유창하게 설명하기 전에 수학적 아이디어를 여러 번 시험해볼 필요가 있거나, 아이디어를 스스로 구축하여 소유하기 전에 다른 사람으로부터 여러 번 들어온 아이디어를 시험해볼 필요가 있을지도 모른다.

같은 이유로, 일부 학생들은 넘버토크의 가치를 알게 되기까지 꽤 오랜 시간이 걸릴지도 모른다. 어떤 학생들은 넘버토크에 필요한 사고에 진정한 투자를 하기 전에 이러한 과정이 가치가 있음을 배워야 할 것이다. 이것은 수학 내용에 관한 학습이 아니라, 수학적 신념과 태도에 관한 학습이며, 수학 수업에서 학생들의 역할이 어떻게 여겨지는지에 관한 것이다. 고학년일 경우 이러한 신념은 장기간에 걸쳐 발전했기 때문에 교사들은 주기적으로 좌절에 직면하겠지만 그 과정과 인내에 대한 믿음을 가져야 한다.

**9. 혼란confusion과 고민struggle을 겪는 것은 수학 학습에 있어서 자연스럽고 꼭 필요하며, 심지어 바람직한 부분이다.**

**교사는 알지 못함과 인지 부조화cognitive dissonance의 과정에서 생기는 혼란을 조기에 제거해 편안함을 추구하지 않도록 해야 한다.** 혼란을 피하기보다는 교사와 학생 모두 혼란이 새로운 이해의 시작이 될 수 있음을 알고 그를 포용하는 법을 배워야 한다. 교사가 학생들의 인지 부조화를 너무 일찍 제거해버리면, 학생들은 수학을 배우는 데 있어서 필연적인 고민할 기회를 놓치게 된다. 이것은 학생들을 '돕는' 것이 무엇을 의미하는지 재정의하는 것일 수도 있다. 학생들을 혼란에서 보호하기보다는 노력하려는 의지와 인내를 격려함으로써 학생들을 도와주어야 한다.

그러나 모든 혼란이 좋은 것은 아니다. 문제를 잘못 제시하거나, 학생들에게 필요한 정보가 누락되어 발생하는 혼동은 제거하여 명확하게 할 필요가 있다. 그러나 혼란이 수학적 관계를 포함하거나 피아제Piaget가 언급한 "논리-수학적 지식"(Labinowicz, 1980)일 경우, 학생들이 문제를 해결하거나 수학적 아이디어를 이해하려고 노력할 때, 그러한 노력을 존중하는 법을 배우도록 도와줄 필요가 있다. 이상적으로 우리는 그들이 혼란스러움 또는 인지불균형과 새로운 무언가를 배우는 경계에 있는 암시로 인식하는 것으로 받아들이는 것을 배웠으면 한다.

그러나 학생들이 혼란스러워할 때 도와주지 않는다는 것이 불편하고 힘든 것이 사실이다. 교사로서 우리는 절차를 명확하게 설명하고 가르치는 것이 학생들을 돕는 것이라고 알고 있기 때문에 학생들을 불확실성에 맞닥뜨리게 한다는 아이디어는 우리 대부분이 배워왔던 가르친다는 것의 의미에 반대된다. 그리고 학생들은 이런 종류의 도움에 너무 익숙해져서 종종 그냥 포기하려고 하거나 문제를 해결하려는 시도를 하지 않으려고 한다. 대신 그들은 단순히 교사가 구제해주기를 기다린다.

고등학교 대수 2 교사인 스테이시 교사가 학생들에게 "이전에 보지 못했던 문제를 풀려고 할 때 어떻게 느끼나요?"라고 물어보았을 때, 이 같은 사실이 아주 명백하게 나타났다. 다음의 발췌록은 학생들의 전형적인 대답이다.

학생1: 제가 잘못된 방정식을 이용하거나 잘못된 방법으로 문제를 풀 수 있기에, 매우 확신이 없어요.

학생2: 모르는 문제를 보았을 때 저는 풀려고 전혀 시도하지 않아요. 왜냐하면 틀리고 싶지 않기 때문에 문제를 풀기 전에 먼저 (문제 풀이의) 예를 보고 싶어요.

학생3: 저는 그 문제를 어떻게 풀어야 하는지 모르면 포기하고 싶어요. 왜냐하면 저는 선생님의 설명에 의지하기 때문이에요.

수학을 포기한 학생들 그리고 교사가 단지 그들한테 무엇을 해야 하는지 지시하기만을 바라는 학생들을 보아왔다. 그러나 교사는 이러한 것들이 학습된 행동이라는 것을 기억해야 한다. 인생에서 성공하기 위해서 학생들은 이전에 전혀 보지 못한 문제를 기꺼이 풀려고 해야 한다. 교사는 학생들이 성공 경험을 통해 자신과 수학에 대한 새로운 신념을 기를 수 있도록 도와주어야 할 것이다.

### 10. 다양한 아이디어를 존중하고 격려한다.

**넘버토크를 통해 학생들은 동료 및 교사의 아이디어를 경청하고 그들의 아이디어를 바탕으로 본인의 생각을 발전시킬 수 있는 태도를 기를 수 있다.** 학생들은 넘버토크를 통해 유연하고 효율적이며 정확하게 수를 다룰 수 있고, 문제를 해결할 수 있는 다양한 방법을 이해하게 될 것이며, 이는 학생과 교사 모두에게 필수적이다.

> 학생들은 문제가 무엇이든 간에 사람들이 모두 똑같은 방법으로 생각하거나 똑같은 방법으로 문제를 풀지는 않을 것이라는 것을 알아야 한다. 그리고 학생들이 서로의 아이디어를 경청하고 서로의 아이디어를 기반으로 수학적 사고를 구축해 나가고, 우리의 다양한 관점 사이들 간에 관계를 찾을 때, 모두가 더 깊게 배우고 더 명확하게 이해한다는 것을 배우기를 바란다. 이 책의 공저자인 루스Ruth가 여러 차례 말한 것처럼, "내 역할은 내가 생각하는 방식을 그대로 학생들에게 가르치는 것이 아니라는 것을 믿게 되었다. 내가 할 일은 학생들이 스스로 생각할 수 있도록 가르치는 것"이다.

이러한 '넘버토크를 위한 지도원리'가 교실에서 넘버토크를 적용함에 따라 교사들이 즉각적인 교수학적 의사 결정을 하는 데 도움이 되기를 바란다. 경험상으로 우리는 그 결과가 엄청나게 클 것이라고 생각한다. 학생들이 문제를 해결할 수 있는 여러 가지 방법이 있음을 함께 배우고 자신의 방식으로 수학을 이해할 수 있음을 알게 되면, 교실에서의 수학적 담화가 향상된다. 학생들은 일상적으로 '수학적 실천을 위한 규준'인 수학적으로 추론하고, 수학적으로 설득력 있는 주장을 하고 다른 사람들의 추론을 비판하는 것을 배울 수 있게 될 것이다(NGA/CCSSO, 2010). 학생들은 또한 인지 부조화가 좋은 것임을 알게 될 것이다. 그리고 무엇보다도 학생들은 수학이 이해가 되고, 그들 자신이 가치있는 아이디어를 가지고 있다고 믿게 될 것이다.

# 수 연산으로 넘버토크 시작하기

넘버토크를 통해 한 번에 하나의 연산에 집중함으로써 학생들은 이전에는 보지 못한 전략을 시도하고 그 연산에 대해 깊이 있고 유연하게 생각할 수 있는 많은 기회를 갖게 된다. 그러나 오직 수업을 하고 있는 교사인 당신만이 어떤 연산이 당신의 학생들에게 가장 적절한 출발점인지 결정할 수 있다. 따라서 4장에서 7장에 나오는 내용은 어떤 순서로든 적용할 수 있다. 이 책은 어디서 시작하든 관계없이 이 책을 쉽게 이용할 수 있도록 구성이 되어 있다. 또한, 이 장에는 어느 한 장에도 딱 맞지 않는 세 가지 종류의 넘버토크를 포함하고 있으며, 세 종류의 넘버토크는 학생들이 연산 전반에 걸쳐 여러 전략을 사용하도록 도와준다. 마지막으로 고등학생들을 가르치는 교사를 위한 특별한 메모도 이 장에 포함하였다.

## 장 구성 방법

각 연산에 대해

- 가장 효율적인 전략 중 4～5가지를 강조하고 비공식적으로 명명하였다.
- 각 전략이 어떻게 이용되고, 그것이 수학적 이해를 어떻게 지원하는지 논의하였다.
- 학생이 어떻게 전략을 설명하는지에 대한 예를 보여주었다.
- 학생들의 생각을 어떻게 기록할 수 있는지에 대한 예를 제시하였다.
- 넘버토크를 시작하는 예를 열거하고, 학생들이 전략을 사용하도록 격려하는 방법을 제안하였다.

- 분수, 소수 및 정수를 포함하여 점점 어려워지는 문제에 대한 아이디어를 제공하였다.
- 넘버토크가 발전하는 방식을 보다 잘 이해할 수 있도록 실제 교실 상호 작용의 발췌록을 실었다.

저자인 우리는 여기서 제시한 전략이 '가르쳐야 할 것들'의 목록이 아니라는 점을 강조하고자 한다. 학생들이 자주 사용하는 전략의 종류를 교사가 예상하는 데 도움이 되고자 그 전략들을 제시하였다. 게다가 학생들은 자신이 푼 것을 설명하기가 어려울 때가 많아서, 교사가 그에 대해 생각을 많이 할수록 학생들이 자신의 생각을 명확하게 설명하게끔 도와줄 수 있는 질문을 쉽게 할 수 있을 것이다.

각 학생이 모든 전략을 사용하는 것은 중요하지 않음을 꼭 기억하자! 중요한 점은 각 학생은 자신이 이해하고 있는 전략을 적어도 하나는 가지고 있다는 것이다. 다양한 전략을 사용하면 학생들이 수에 관한 추론을 보다 유연하게 할 수 있지만, 그들이 이해하지 못하는 전략을 사용해야 한다면, 전통적인 공식이나 알고리즘을 사용하는 것이나 마찬가지이다. 즉, 학생들이 새로운 방법으로 시도해보기를 원할 때가 있고, 교사가 목표한 어떠한 방향으로 학생들을 유도할 수도 있다. 그러나 교사가 특정 전략을 이끌어낼 수 있을 것 같은 문제를 선택하여 넘버토크를 했더라도, 아무도 그 전략을 사용하지 않을 수도 있다. 그러나 걱정하지 마라. 이것은 학생들이 아직 그 전략을 사용할 준비가 되지 않았다는 것을 의미한다.

## 넘버토크를 위한 세 가지 기초

'기초'라고 부를 수 있는 수 연산의 세 가지 특수한 경우를 일상적인 넘버토크에 여기저기 배치할 수 있다. 이러한 특수한 경우는 학생들이 사칙연산을 통해 수에 대한 추론을 좀 더 쉽게 할 수 있도록 도와준다. 수 36을 예로 들자. 다른 넘버토크와 마찬가지로 교사의 질문은 학생의 추론을 구체화하는 데 중요하다.

### 1. 임의의 수를 두 배로 늘리기(덧셈 혹은 곱셈의 특별한 경우)

초등학교 4～5학년은 덧셈적 사고에서 곱셈적 사고로 전환하는 때이다. 두 배를 한다는 것은 학생들이 덧셈과 곱셈 두 가지를 모두 사용할 수 있기 때문에 둘 사이의 명확한 연계를 이끌어내기에 좋다.

넘버토크를 시작하면서 학생들에게 "칠판에 어떤 수를 쓸 것이고, 그 수를 여러분이 두 배로 할 것이다"라고 말한다. 칠판에 '36을 두 배하기'Double 36라고 쓴다. 대부분의 학생들이 엄지손가락을 올리면, 답변을 수집하고 설명을 요청하는 등의 형식으로 넘버토크를 진행한다. 학생들이 생각할 수 있는 방법은 다음과 같다.

> "저는 30과 30을 더해서 60이 나왔어요. 그리고 6과 6을 더해서 12를 구했고요. 60과 12여서 72예요."
>
> "저는 2곱하기 30을 해서 60이 나왔어요. 그러고 나서 2 곱하기 6을 해서 12가 나왔어요. 60과 12여서 72예요."
>
> "35을 두 배를 했는데, 왜냐하면 2 곱하기 35는 70인 걸 알기 때문이에요. 그러고 나서 72가 나오기 위해 2를 더했어요."
>
> "저는 4 곱하기 9를 하면 36인 걸 알고 있어서 8 곱하기 9를 해서 72가 나왔어요."

몇몇의 학생들이 수를 두 배로 한다는 말을 이해하지 못하더라도 놀라지 마라.

### 2. 임의의 수를 반으로 나누기(나눗셈의 특별한 경우)

학생들에게 "칠판에 어떤 수를 쓸 것이고, 그 숫자의 절반이 무엇인지 알면 엄지손가락을 들어주세요"라고 말한다. 칠판에 36을 쓰고 앞에서 언급하였듯이, 수를 두 배 하기로 넘버토크를 한 것과 같이 진행한다. 학생들이 생각할 수 있는 방법은 다음과 같다.

> "15 더하기 15는 30인 걸 알아서, 30의 반은 15예요. 그 후에 3 더하기 3은 6이고, 15 더하기 3은 18이에요."
>
> "30을 반으로 나누어서 15가 나왔고, 그리고 6을 반으로 나누어서 3이 나왔어요. 그래서 15 더하기 3은 18이랑 같아요."
>
> "18 더하기 18은 36인 걸 알고 있어요."

큰 수로 넘버토크를 하려고 서두르지 않는다. 이는 학생들이 더 큰 수를 다루기 전에 한 자리 수와 20 이하의 수를 반으로 나누는 것에 능숙하게 되면 큰 수에도 유창해질 것이다.

**3. 어떤 수의 바로 다음 10의 배수 만들기**

칠판에 한 수를 쓰고, 그 수에 얼마를 더하면 100(또는 1000 등의 10의 배수)이 되는지를 알면 엄지손가락을 들라고 말하고, 칠판에 36을 적는다. 학생들이 생각할 수 있는 방법은 다음과 같다.

> "40을 얻으려고 4를 더하고, 거기서 100이 되려면 60을 더했어요, 그래서 다 합쳐서 64예요."
>
> "36에 60을 더하면 96이고, 거기서 100이 되기 위해 필요한 건 4예요."
>
> "저는 100을 90과 10으로 생각했어요. 그래서 30에 60을 더하면 90이고, 4에서 6을 더하면 10인걸 알고 있어요. 그래서 저는 34가 필요해요."

위와 같이 어떤 수의 바로 다음 10의 배수를 만드는 것에 관한 넘버토크를 했을 때, 우리는 학생들의 생각을 제대로 기록조차 하지 못했다. 이것이 좋은 생각인지 아닌지를 확신하지 못했지만, 학생들이 수와 본인의 생각에 관해 편하게 이야기를 시작하는 것을 배울 수 있도록 돕는 데 중점을 두었다. 연속적으로 여러 번의 넘버토크를 했고, 엄지손가락이 빨리 올라올 수 있도록 연습하는 데에는 몇 분밖에 걸리지 않았다. 학생들이 넘버토크를 충분히 자주 연습하면, 아무리 크거나 작은 수든지 간에 그 수의 바로 다음 10의 배수를 만드는 것은 비교적 편안하게 할 수 있다.

## 고등학교에서 하는 수의 연산?

많은 고등학교 교사와 학생들은 넘버토크가 소위 고등학교 교과 내용을 다루지 않는 것처럼 보임에 우려하고 있다. 그러나 이는 걱정하지 않아도 될 듯하다. 어쨌든 간에 교육 과정의 모든 내용을 가르칠 충분한 시간은 항상 없다는 것을 우리 모두 알고 있다.

학생들이 수에 대해서 추론할 수 있는 능력은 결국 대수에 대한 이해력의 기초이며, 따라서 이는 초·중·고 교육과정 안에 포함되는 것이다. 넘버토크는 경험이 필수적인 수학적 실천인 '자신의 생각으로 의사소통하고 본인의 생각을 정당화할 수 있는' 기회를 제공한다.

대수, 기하 또는 그 이상의 수학 수업에는 유리수 연산이 포함되어 있으며, 이러한 수들은 공식, 문자식, 또는 방정식에 포함되어 있어서, 언제든지 교육과정에 맞는 넘버토크를 할 기회가 있다. 그러나 기회가 발생할 때마다 의도적으로 주의를 기울이는 것이 중요하다. 특히 기하 단원에는 다음의 각 문제에 접근할 수 있는 방법이 다양하기에 넘버토크를 할 수 있는 풍부한 잠재력이 있다.

- 삼각기둥의 부피 구하기
- 불규칙한 도형의 둘레 구하기
- 지름이 주어졌을 때 원의 반지름을 계산하거나 반대의 경우
- 여각 및 보각의 크기 구하기
- 삼각형에서 두 각의 크기가 주어졌을 때, 세 번째 각의 크기 구하기
- 한 원의 부채꼴의 중심각 크기가 주어졌을 때, 그 부채꼴의 넓이와 원의 넓이 구하기
- 밑변의 길이와 높이가 주어졌을 때 직사각형, 평행사변형 또는 삼각형의 넓이 구하기
- 반지름이 주어졌을 때 원 넓이의 근삿값 구하기
- 라디안 단위를 일반각으로 구하기 (예: $13\frac{\pi}{8}$)

우리는 고등학교에서 넘버토크를 꾸려나갈 더 많은 방법이 있다고 확신한다!

CHAPTER

# 4 학년을 아우르는 뺄셈

이 장은 몇 가지 이유로 뺄셈에 우선 초점을 맞춘다. 뺄셈은 중·고등학교 학생들에게 넘버토크Number Talks를 처음 시작하기에 적절하기 때문이다. 중학생과 고등학생은 때때로 덧셈 문제가 '너무 쉽다'고 생각한다. 또한 학생들은 일반적으로 덧셈보다는 뺄셈에 어려움을 겪는다(물론, 1학년 때부터 매년 가르치기는 하지만). 또한 학생들은 종종 뺄셈을 스스로 이해할 수 있는 방식으로 해결할 수 있다는 사실에 행복해한다.

뺄셈에는 두 가지 주요 의미가 있다. 소거taking away; removing로서의 뺄셈과 두 수의 차이difference 또는 두 수 사이의 거리distance로서의 뺄셈이다. 그러나 학생들은 4학년에 이르기까지 보통 뺄셈에 대해 '제거하는 것'take away이라고 생각한다. 거리로서의 뺄셈 대한 이해가 중요함에도 불구하고 종종 간과되는 경우가 많다. 대수, 기하 또는 미적분 수업에서 학생들은 직선의 기울기, 거리 공식the distance formula* 또는 곡선 아래 영역의 넓이를 구할 때, 뺄셈의 거리 개념을 이용하는 것이 아니라 암기된 공식을 이용한다. [더 높은 수준의 수학에서 거리로서의 빼기의 중요성과 사용법에 대한 깊은 논의는 Harris(2011) 참고.] 따라서 이 장에서는 학생들이 거리 개념으로서의 뺄셈에 대한 직관적 이해를 계발하도록 하는 데 중점을 두고 있다. 학생들이 넘버토크를 통해 이러한 개념을 경험하면 수학에 대한 견고한 기초를 갖게 될 것이다.

이 장에서는 63 − 28을 예로 들어, 유리수의 연속 개념 ─ 즉, 자연수에서 분수, 소수 및 백분율까지 ─ 을 아울러 효율적으로 계산할 수 있는 다섯 가지 뺄셈 전략을 소개한다. 이러한 전략 중 일부는 교사에게 새로울지라도 학생들이 종종 이러한 전략을 독자적으로 생각해내기 때문에 '가르치'려고 하지 마라.

---

* 두 점 사이의 거리를 구하는 공식

기록을 위한 팁

### 열린 수직선

넘버토크를 하는 동안 학생들의 생각에 관한 시각적 모델을 제공하기 위해 기록하기 전략으로 '열린 수직선'The Open Number Line*을 자주 사용하게 될 것이다.

열린 수직선은 정해진 단위가 없으므로 단위를 정확하게 측정하기 위한 것이 아니다. 오히려 '점프'는 대략적으로 비례하도록 할 수 있다. 열린 수직선에 대한 좋은 점은 개별 단위에 대해 걱정할 필요 없이, 아주 크거나 아주 작은 숫자도 나타낼 수 있다.

## ▌뺄셈을 위한 다섯 가지 전략

피감수 − 감수 = 차이

**63 − 28**

**1. 감수를 10의 배수로 반올림하고 조정하기**

"28을 30으로 반올림했어요. 그런 다음 63에서 30을 빼어서 33을 얻었어요. 그런 다음, 2를 너무 많이 제거했기 때문에 2를 더했어요."

63-28

63-30 = 33
+2
35

**2. 감수 분해하기**decompose

"처음에 63에서 20을 빼서 43이 됐습니다. 그런 다음 28의 8을 3과 5로 보았습니다. 먼저 43에서 3을 빼서 40이 됐고. 그러고 나서 5를 빼서 35가 됐습니다."

---

* 열린 수직선은 개개의 눈금 없이 제시되는 수직선을 의미한다.

$$63 - 28$$
$$\begin{array}{r} 63-20 = 43 \\ -\ 3 \\ \hline 40 \\ -\ 5 \\ \hline 35 \end{array}$$

**3. 뺄셈 대신 더하기**

더함으로써 63에서 28을 빼는 방법은 여러 가지가 있다.

**방법 1** 먼저 10의 배수로 만들기. “28에서 시작하여 2를 더하여 30을 얻은 다음, 33을 더하여 63을 얻었어요. 따라서 2와 33을 더하면, 35가 됩니다.”

$$63-28$$
$$\begin{array}{r} 28+2=30 \\ +33 \\ \hline 63 \end{array}$$

또는

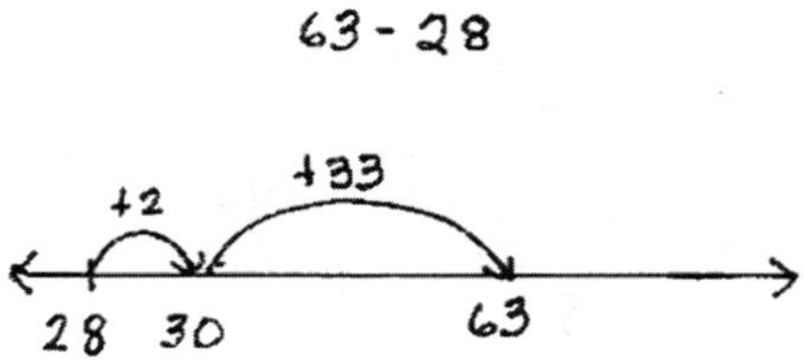


**방법 2** 먼저 10의 배수로 만든 다음, 10의 배수를 더하기. “28에서 시작하여 30을 얻으려면 2를 더했어요. 그런 다음 30을 더해서 60을 얻은 다음 3을 추가하여 63을 얻었어요. 그러고 나서 2 더하기 30 더하기 3을 해서 35를 얻었습니다.”

$$63-28$$
$$\begin{array}{r} 28\,(+2)=30 \\ (+30) \\ \hline 60\,(+3)=63 \end{array}$$
$$2+30+3=35$$

또는

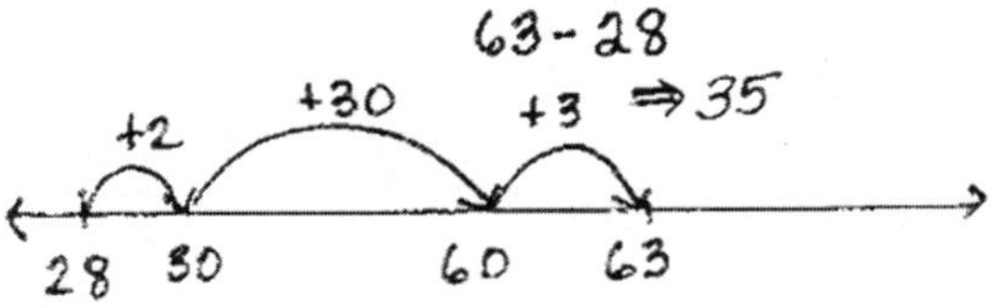


**방법 3** 먼저 10의 배수를 더하기. “저는 28에서 시작하여 58을 구하려고 30만큼 점프했어요. 그런 다음, 2만큼 더 점프를 해서 60으로 갔고, 3만큼 더 점프해서 63을 얻었어요. 모두 합해서 35만큼 점프했네요.”

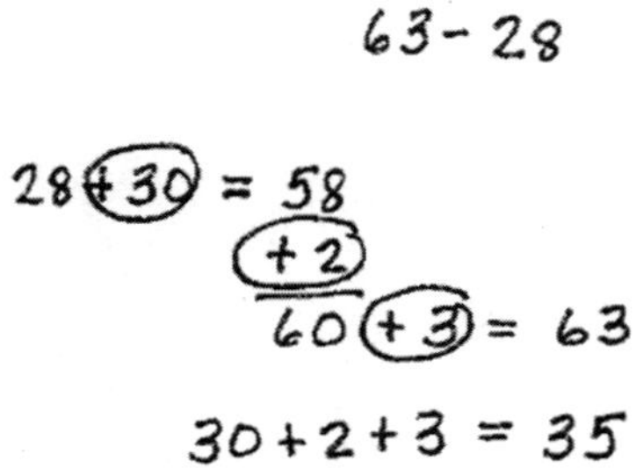


또는

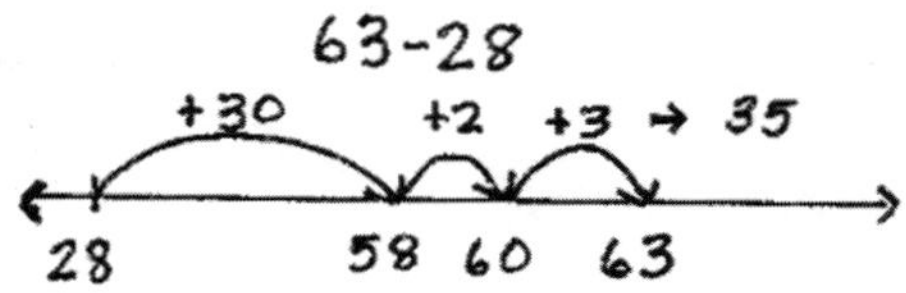


**4. 동일한 차이 만들기**

“저는 28에 2를 더해 30을 만들었고, 그런 다음 63에 2를 더해 65를 만들었어요. 그리고 65 빼기 30을 하면 35예요.”

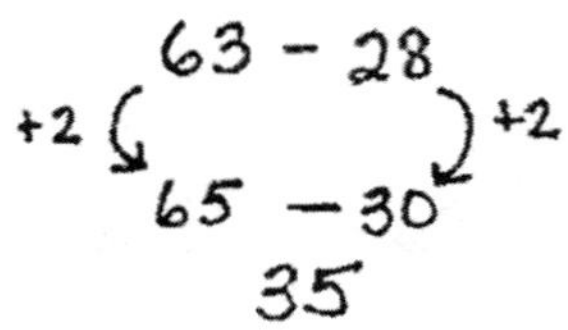


또는

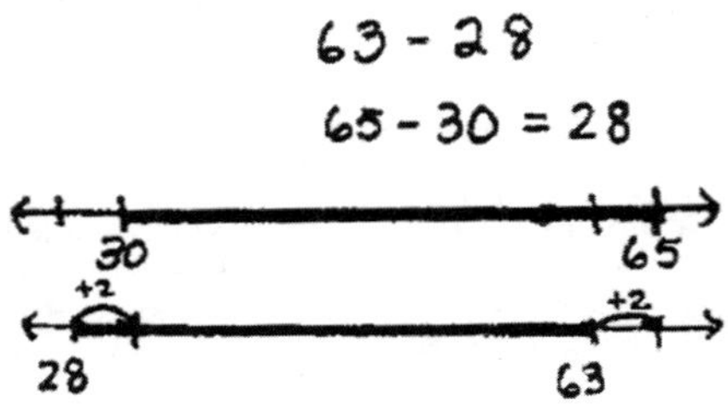


**5. 자릿값에 따라 부분으로 쪼개기**

“60에서 20을 빼면 40입니다. 3에서 8을 빼면 −5입니다. 40에서 5를 빼면 35입니다.”

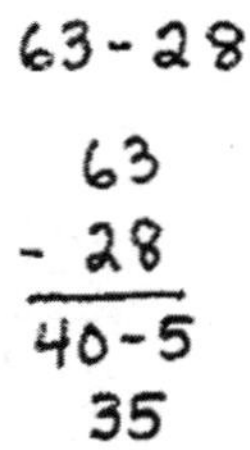


## ▌뺄셈 전략을 깊이 있게 발전시키기

**1. 감수를 10의 배수로 반올림하기**

감수를 반올림하는 것은 뺄셈의 소거[removal] 또는 ‘가져가기’[take-away] 의미에 유용할 수 있다. 이 전략의 사용을 장려하기 위해 100과 같은 10의 배수에 가까운 감수(감해진 수 또는 빼려는 수(the number that is taken away)로 만든 문제를 의도적으로 선택해서 반올림하도록 한다.

종종 10의 배수를 가져가고 보정이나 조정을 하면, 수의 양적인 감을 유지하면서 뺄셈을 더 쉽게 할 수 있다. 이 전략은 특히 학생들이 기존의 알고리즘에 너무 의존해서 더 쉬운 방법으로 해보도록 할 때 유용하다.

**감수의 반올림하기 전략을 사용할 수 있는 문제를 선택하는 방법**

대개 두 자리 숫자에서 8 또는 9를 빼는 몇 가지 문제로 시작한다.

13-9 24-8 61-8 43-9

때로는 학생들이 다음과 같이 10의 배수에 가까운 두 자리 수로 된 감수에 관한 전략을 더 쉽게 사용할 수 있음을 알 수 있다.

63-28 71-39 84-59 42-19 50-28

그런 다음 세 자리 수에서 두 자리 수를 빼는 문제로, 100에 가까운 두 자리 수로 된 감수의 반올림하기 전략을 통해 문제를 더 쉽고 효율적으로 만들 수 있다.

134-99 247-98 315-97 468-99

점차적으로, 감수를 10의 배수(예: 54 − 28 또는 81 − 17)에서 멀리 떨어진 수로 만들 수 있다. 선택한 문제 유형은 학생들의 인지 성숙도나 경험에 따라 달리하면 된다.

**감수의 반올림하기 전략에 유용한 질문**

- 왜 [198] 대신에 [200]을 가져갔어요?
- 왜 원래의 수보다 더 많거나 더 적게 뺐나요?
- 왜 [2]를 두 번 더했어요?

이 마지막 질문인 "왜 두 번 더했어요?"는 학생의 생각에서의 취약한 점(soft spot*)을

* soft spot이라고 하여, 이 책의 저자들은 학생들의 사고의 '약한 점'이 아니라 좀 더 말랑말랑한 형태로 발전 가능성이 있는 것으로 표현한 듯하다. 그러나 문맥의 흐름상 약한 점이라는 짧은 단어로 번역하였다.

드러낼 수 있다. 다음은 5학년 교실에서 있었던 대화의 발췌록이다.

이 교사는 문제 43－28을 칠판에 쓴 다음 학생들이 다 풀었다는 표시로 엄지손가락을 들어올릴 때까지 기다렸다.

| | |
|---|---|
| 이 교사: | 답 나눠볼 사람 있나요? |
| 석준: | 15입니다. |
| 이 교사: | 다른 답이 나와서 나눠 볼 사람 있나요? |
| 수희: | 저는 11이 나왔어요. |
| 이 교사: | 다른 대답 나눠볼 사람 있나요? (아무도 없다) |
| 이 교사: | 어떻게 그렇게 답이 나왔는지 우리를 설득해볼 사람 있나요? |
| 민석: | 저는 15라는 답에 대해 설명할게요. 28은 생각하기가 어려워서 43에서 30을 빼서 13을 얻었습니다. 그런데 너무 많이 빼서 2를 다시 더해서 15를 얻었어요. |
| 이 교사: | 왜 2를 더했나요? |
| 민석: | 30을 뺐을 때 2를 많이 빼서 다시 2를 더했습니다. |
| 이 교사: | 민석 학생, 시작해줘서 고마워요. 다르게 생각하는 사람 있나요? |
| 은희: | 저요. 저도 15가 나왔지만 저는 28부터 시작해서 더해 나갔습니다. 30을 얻기 위해 2를 더했고, 그런 다음 13을 더해서 43을 얻었어요. 그래서 다 합치니, 더한 게 15예요. |
| 이 교사: | 은희에게 질문 있는 사람 있나요? (아무도 없다) 다르게 생각하는 사람 있나요? |
| 수희: | 제 답이 틀렸다는 걸 알아요. 그런데 왜 틀렸는지 모르겠어요. |
| 이 교사: | 어떻게 했는지 공유해줄 수 있겠어요? (은희가 고개를 끄덕인다) |
| 은희: | 저는 민석이처럼 했어요. 43에서 30을 빼서 13이 나왔어요. 제가 28에 2를 더한 후, 저는 13에서 2를 없애었더니 11이 나왔어요. |
| 이 교사: | 왜 27을 더했나요? |

은희: 저는 그걸 28에 더했는데 왜냐하면 30은 빼기가 쉬워서요.
이 교사: 그래서 30을 뺄 때, 너무 많거나 너무 적게 뺐나요?
은희: 저는 너무 많이 뺐어요.
이 교사: 너무 많이 뺐네요. 그러면 더 가져가야 할까요, 아니면 도로 넣어야 할까요?

이 교사는 질문을 통해 은희가 말하고 있는 방법에 집중할 수 있기를 바랐기 때문에, 은희의 변화를 어떻게 보상할지 알고 있었다. 다른 수업 시간에 이 교사는 은희가 했던 방법을 생각해보라고 전체 학생들에게 물어보았을지도 모르나, 이 날 이 교사는 넘버토크를 빨리 진행하고자 했고, 이 특별한 혼동은 다른 학생들이 이에 대해 이야기할 수 있도록 충분한 시간이 있을 때, 다시 추구해도 된다고 확신했다.

은희: 음 … 제가 더한 걸 빼야겠네요 … 아 잠시만요. 아니다, 이제 제가 뭘 잘못했는지 알았어요. 제가 30을 뺐을 때 2를 너무 많이 뺐어요. 그래서 제가 다시 더해야 되네요. 이제 답이 15인 것에 동의합니다.

이 교사는 다른 날 다시 하기 위해 여기서 끝냈다. 이 교사는 이 아이디어가 학생들에게 반(反) 직관적일 수 있으며, 매우 흥미롭고 수학적으로 중요한 토론으로 이어질 수 있음을 알고 있다.

**분수와 소수 문제에서 감수의 반올림 전략 이용하기**

소수인 감수를 반올림하는 것은 자연수*로 하는 것과 매우 비슷하다. 자연수로 쉽게 반올림할 수 있는 소수 감수를 선택하도록 한다. 감수의 소수점 이하 자릿수가 다른 경우에 학생들은 그에 관해 조금 더 생각할 것이다.

**소수 예 ▸▸▸ 4.34 – 1.97**

* 원문에서는 whole number, 즉 0과 자연수의 수집합을 뜻하는 용어를 썼으나, 한국어 표현상 자연수로 번역하였다.

$$4.34-1.97$$

$$\begin{array}{r} 4.34-2=2.34 \\ +.03 \\ \hline 2.37 \end{array}$$

"저는 1.97을 2로 반올림했어요. 그러고 나서 4.34에서 2를 빼서 2.34가 나왔습니다. 그런 다음 0.03을 다시 더했는데, 왜냐하면 너무 많이 빼서요. 그래서 2.37이 나왔습니다."

다음과 같은 문제로 시작해보자.

$$3.63-1.95 \qquad 3.6-1.95 \qquad 3.63-1.9$$

분수는 일부 학생들의 이해가 약하기 때문에 더 어려워보일 수 있지만, 같은 방법으로 하면 된다. 즉, 자연수에 가까운 감수를 선택하면 된다. 감수나 피감수의 분모의 수가 다른 수의 인수로 된 분수로 시작한다. $\frac{1}{4}$, $\frac{1}{8}$이 좋은 시작이다. 다음은 시작하기 위한 몇 가지 예이다.

$$3\frac{1}{4}-1\frac{7}{8} \qquad 6\frac{1}{8}-2\frac{5}{8} \qquad 3\frac{1}{2}-1\frac{5}{6}$$

### 2. 감수 분해하기

감수를 분해decompose(또는 해체break up)하는 것은 학생들이 다른 전략보다 먼저 취하는 '소거'removal 전략이다. 이는 더 효율적인 방법으로 추론하기 위해 수를 분리할 수 있다는 것을 배울 수 있기 때문에 중요한 전략 중의 하나이다.

감수 분해하기는 10의 배수를 빼는 것과 작은 수의 연산에서 오는 편안함을 활용한다. 감수 분해하기는 학생들이 이미 완벽히 이해하고 있는 전략들을 사용하게 되므로 자신감을 갖게 된다.

#### 감수 분해하기 전략을 사용할 수 있는 문제를 선택하는 방법

감수 분해하기는 학생들이 자연적으로 쓰는 방법이다. 이러한 방법을 격려하기 위해서 감수가 피감수의 일의 자리수보다 크고 10에 너무 가깝지 않은 '두 자리 빼기

한 자리 문제'로 시작한다.

다음과 같은 문제로 시작할 수 있다.

32-6　　21-8　　13-7　　43-7　　44-8　　61-7

학생들이 이 전략을 사용하고 나면, 다음과 같이 더 큰 수로 이루어진 문제에 적용할 수 있다.

43-17　　62-16　　47-28　　83-37　　91-26　　84-36

불행히도 이 전략은 수가 커질수록 효율성이 떨어진다. 그러나 이 새로운 방식은 학생들이 뺄셈에 쉽게 접근할 수 있으므로 넘버토크의 초기에 이용하기 좋다. 이에 대해 걱정하지 마라. 학생들은 광범위한 문제를 보다 효율적으로 풀 수 있는 전략에 끌리게 된다는 것을 곧 알게 될 것이다.

**감수 분해하기에 유용한 질문**

- 무엇을 뺄지 어떻게 결정했나요?
- 왜 그 숫자들을 분해하려고 했나요?
- 다른 방법으로 감수(빼려는 수)를 분해한 사람 있나요?

### 3. 뺄셈 대신 더하기

뺄셈에 덧셈을 하는 것은 감수를 반올림하는 것으로 쉽게 풀리지 않는 문제를 해결할 때 효과적인 방법이다. 많은 학생들이 다시 뺄 필요가 없을 수도 있다는 이 아이디어를 좋아한다. 그리고 열린 수직선에 기록할 때, 이 전략은 두 수 사이의 거리로서의 뺄셈을 이해하는 단계에도 적합하다.

**뺄셈 대신 더하기 전략을 사용할 수 있는 문제를 선택하는 방법**

두 수의 차가 적은 경우를 보게 되면, 몇몇 학생들은 더함으로써 그 차이를 찾곤 한다. 기록할 때 학생들이 답이 어디에 있는지 아는 것을 확인하는 것은 중요하다(39쪽과 40쪽 참조).

이 전략을 위한 문제를 선택할 때, 우리는 '감수 반올림하기' 전략을 선택했던 것과 매우 비슷하지만 감수와 피감수의 차이가 적은 감수를 찾으면 된다.

다음과 같은 문제로 시작할 수 있다.

23-19 51-48 34-27

이후, 다음과 같은 종류의 문제를 이용할 수 있다.

223-219 351-348 435-427

학생들이 이러한 전략을 사용하고 나면, 더 복잡한 문제를 할 준비가 되었다고 할 수 있다. 처음에는 가장 효율적인 덧셈 전략을 사용하지 않더라도 곧 더 효율적인 전략에 끌리게 될 것이다. 예제 문제인 63－28의 경우, 학생들은 28로 시작해서 10씩 건너 셀 것이다. 즉, 38, 48, 58 더하기 5를 해서 63을 얻는다. 다른 학생은 28에서 시작하여 2로 점프해서 30을 얻은 다음, 10씩 건너 세어서 40, 50, 60까지 간 후, 60 더하기 3을 하고 35를 다시 더할 것이다. 그러나 시간이 지남에 따라 학생들은 일단 '친숙한' 수로 점프를 하고 나면, 그 수에서 한 번만 점프를 해서 그 수를 얻을 수 있음을 알게 될 것이다. 예를 들어 28 더하기 2는 30을 얻고, 그 다음에 33을 점프하면 63을 얻는다.

**빨셈 대신 더하기 전략에 유용한 질문**

- 첫 번째 이동은 어떻게 했나요?
- 이 전략을 사용했지만 다르게 점프를 한 사람이 있나요?
- 답이 무엇인지 어떻게 알았나요?

**분수와 소수 문제에서 빨셈 대신 더하기 전략 이용하기**

빨셈 대신 더하기 전략은 빨셈에 대해 생각할 수 있는 새로운 방법을 제공하기 때문에 분수와 소수에도 훌륭한 전략이다. 문제를 선택하기 위해 자연수에서 했던 것과 같은 원리를 이용한다. 단, 분수이기 때문에 처음에 선택할 때 적어도 친숙한 분모를 선택해야 함에 주의를 기울여야 한다.

**소수 예 ▸▸▸ 1.03－0.96**

빨셈 대신 더하기 전략을 이용하는 학생은 "저는 0.04를 더해서 자연수인 1을 얻었어요. 그 다음에 0.03을 더해서 1.03에 도달했습니다. 즉, 전체적으로 0.07을 더한 거예요.”
이렇게 기록할 수 있을 것이다.

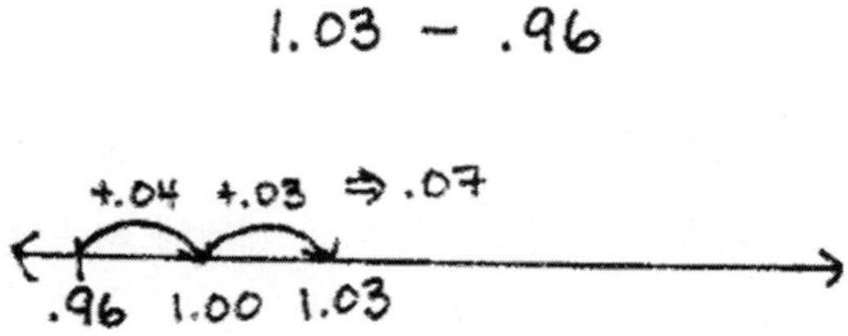


시작할 수 있는 문제는 다음과 같다.

5.14-4.6　　2-0.7　　3.4-1.25　　9.15-7.5

**분수의 예** ▸▸▸ $3\frac{1}{4}-1\frac{3}{4}$

뺄셈 대신 더하기 전략을 이용하는 학생은 아마도 이렇게 말할 것이다. “2를 얻기 위해 $\frac{1}{4}$을 더했어요. 그런 다음 1을 더해서 3을 얻었습니다. 그리고 $\frac{1}{4}$을 더해서 $3\frac{1}{4}$을 얻었어요. 다 합하면 $1\frac{1}{2}$를 더한 거예요.”
기록은 이렇게 되었을 것이다.

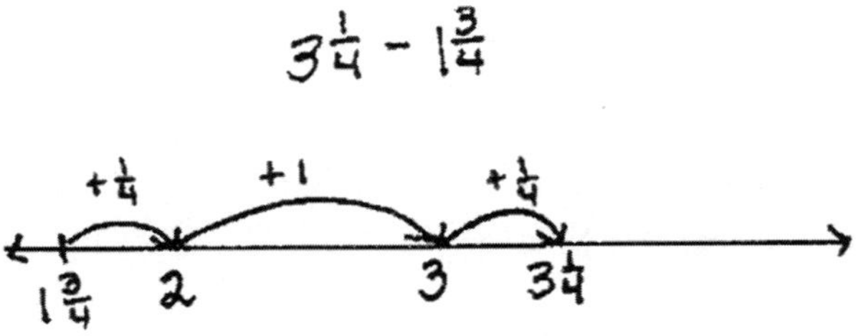


이러한 문제로 시작할 수 있다(분모를 확인하라).

$4\frac{1}{2}-1\frac{3}{4}$　　$5\frac{1}{8}-3\frac{3}{4}$　　$4\frac{3}{8}-1\frac{7}{8}$　　$6\frac{5}{8}-2\frac{3}{4}$

학생들이 이러한 분모들에 보다 융통성을 갖게 되면, 다음에 어떤 수로 할지는 교사가 가장 잘 판단할 수 있을 것이다. 각각의 새로운 문제는 그 다음에 어떤 수로 넘버토크를 할 수 있을지에 대한 정보를 제공하게 된다. 한계는 없다!

**4. 동일한 차이**

동일한 차이 전략은 문제를 해결하기 위한 편리한 지점을 찾기 위해 수직선에서 앞뒤로 움직일 수 있는 거리 또는 길이로서의 뺄셈 개념에 의존한다. 이 전략은 거리로서의 뺄셈에 초점을 맞추기 때문에 학생들이 대수를 배울 때 다음과 같은 공식에서 뺄셈이 왜 의미가 있는지 이해할 수 있도록 준비를 시켜준다.

$$d = \sqrt{(x_1 - x_2)^2 + (y_1 - y_2)^2}$$

동일한 차이 전략은 어린 아이들조차도 쉽게 이해할 수 있어서 매우 멋진 아이디어이다. 이 전략은 모든 숫자에 적용이 가능하지만, 학생들이 스스로 발명하는 경우는 거의 없기 때문에 이 전략을 소개하는 좋은 방법은 탐구활동[investigation]을 통해서이다. 9장의 두 번째 탐구활동에서 학생들은 동일한 차이 전략을 탐구하게 되고, 그것이 항상 적용 가능한지의 여부를 조사하게 된다.

**동일한 차이 전략을 사용할 수 있는 문제를 선택하는 방법**

동일한 차이 전략은 모든 종류의 뺄셈 문제에 적용할 수 있지만 학생들은 문제를 더 쉽게 계산하기 위해 얼마만큼 더하거나 빼지에 관해 생각해야 한다.

이 전략을 사용하도록 하기 위해 감수가 피감수보다 10의 배수 혹은 100에 가까운 문제를 선택하도록 한다.

다음과 같은 문제는 학생들로 하여금 감수를 반올림한 후에, 반올림한 만큼의 수를 피감수에게 추가하거나 빼도록 할 수 있다.

93-28 76-39 57-18 236-188 3456-687

**동일한 차이 전략에 유용한 질문**

- 두 수 사이의 거리가 같은지 어떻게 알 수 있나요?
- 왜 _____로 이동했나요?
- 다른 방식으로 이 방법을 써본 사람 있나요?

**분수와 소수 문제에서 동일한 차이 전략 이용하기**

동일한 차이 전략은 학생들이 소수와 분수로 뺄셈을 하는 새로운 방법이다.

**소수 예 ▸▸▸ 3.76 − 1.99**

다음은 동일한 차이 전략을 쉽게 하는 한 예이다. 한 학생은 "저는 0.01을 1.99에 더했어요. 즉, 이 문제를 3.77 빼기 2라는 문제로 만들게 되어서 답이 1.77이 되었어요."

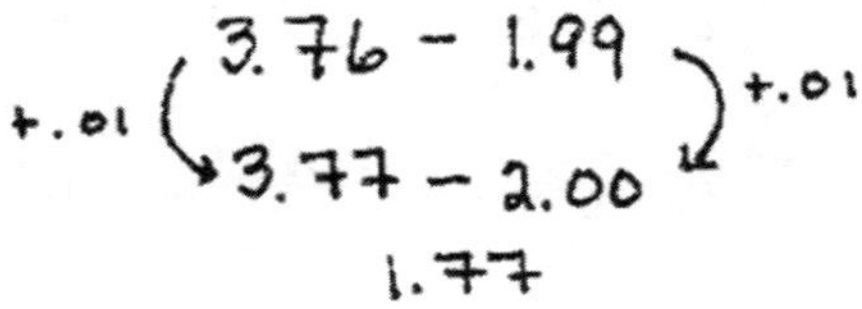


또는

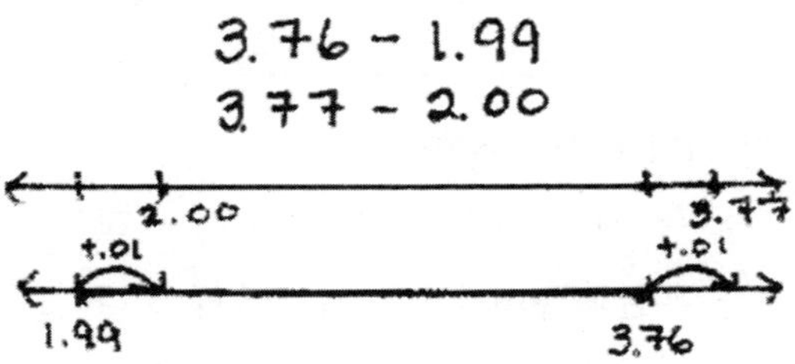


다음과 같은 문제로 시작할 수 있다.

9.3-2.8　　7.6-3.9　　5.75-1.85　　0.236-0.188

**분수 예 ▸▸▸** $3\frac{1}{8}-1\frac{7}{8}$

한 학생은 "두 수에 $\frac{1}{8}$씩을 더했어요. 1의 $\frac{7}{8}$ 더하기 $\frac{1}{8}$은 2이고, 3의 $\frac{1}{8}$ 더하기 $\frac{1}{8}$은 $3\frac{1}{4}$입니다. 그래서 3의 $\frac{1}{4}$ 빼기 2는 $1\frac{1}{4}$입니다."

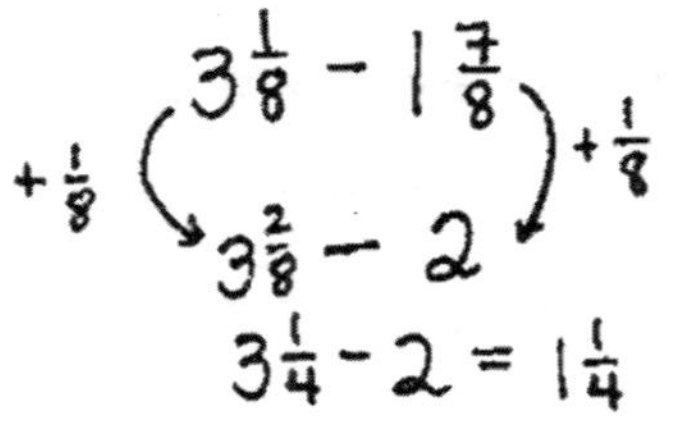

다음과 같은 문제로 시작할 수 있다.

$1\frac{2}{5} - \frac{4}{5}$ $\quad$ $2\frac{3}{8} - 3\frac{7}{8}$ $\quad$ $4\frac{1}{6} - 2\frac{5}{6}$ $\quad$ $3\frac{1}{3} - \frac{5}{6}$

학생들이 더 편하게 느낀다면, 다음과 같은 문제도 시도할 수 있다.

$5\frac{1}{4} - 3\frac{7}{8}$ $\quad$ $53\frac{1}{10} - 10\frac{4}{5}$ $\quad$ $4\frac{1}{3} - 1\frac{5}{6}$ $\quad$ $6\frac{3}{5} - 3\frac{9}{10}$

**정수* 문제에서 동일한 차이 전략 이용하기**

대부분의 학생들은 정수를 빼는 뒤죽박죽인 규칙과 트릭을 사용하여 고학년으로 진학하지만, 실제 이를 온전히 이해할 기회는 거의 없다. 그러나 생각의 도구로 사용하기에 좋은 수직선에서의 동일한 차이 전략을 이해한다면, 이 전략은 처음으로 정수를 빼는 의미를 이해하는 데 도움이 될 것이다. 우리의 목표는 학생들이 거리로서의 차이를 생각하게 하는 것이다.

음수에 대한 또 다른 도전 과제는 음수의 표현 형식이고, 학생들이 이에 대해 유연하게 대처하는 것이 중요하다. 그래서 우리는 세 가지 방법으로 음수를 표현했다. 괄호, 수 위에 작게 붙이는 음수 부호, 빼기 부호와 같은 음수 부호가 그것이다.

**예제 ▸▸▸ $5-(-3)$**

한 학생은 "두 수에 3을 더해서 0을 뺍니다. −3 더하기 3은 0이고, 5 더하기 3은 8입니다. 그래서 8 빼기 0은 8입니다."

* "음수의 표현은 의도적으로 다양한 방법으로 쓴다. 이는 학생들이 상징적 표현에 점점 더 유연하게 하는 데 도움이 된다." 한국에서는 음수를 일관되게 표현하지만, 미국의 수업 시간에는 본문에 언급한 것처럼 종종 음수를 괄호나 작은 부호, 뺄셈 부호 등으로 다양하게 표현한다.

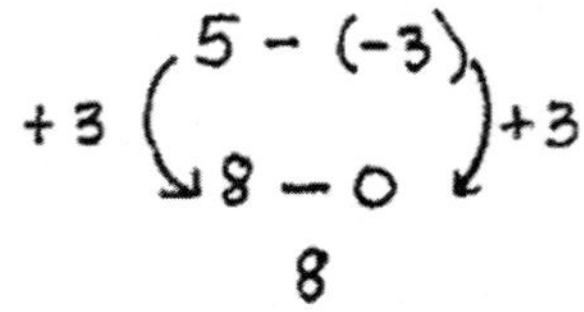

또는 수직선을 보고 5와 −3 사이의 거리가 8이라는 것을 알 수 있다.

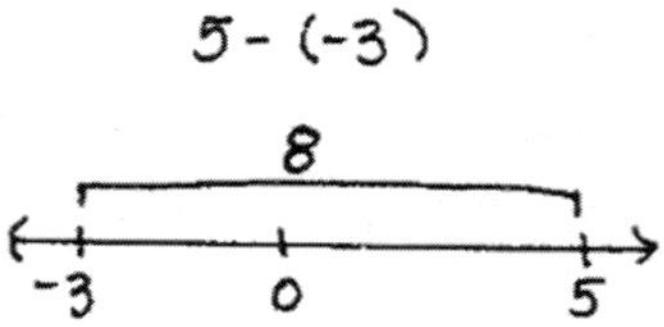

그러나 정답은 양수인가 음수인가? 9장의 〈탐구해봅시다〉에서의 탐구는 학생들(그리고 교사)이 탐구해보고, 무얼 발견할 수 있는지를 알 수 있다.

다음과 같은 문제로 시작할 수 있다.

$(-4)-4 \qquad 6-5 \qquad -13-(-6) \qquad 5-8 \qquad -7-(-10)$

이러한 문제를 한 후에, 당신은 다음과 같은 문제들로 학생들에게 도전을 제기할 수 있다.

$-3-\frac{2}{3} \qquad 5\frac{1}{2}-(-\frac{1}{4}) \qquad -\frac{5}{6}-(-\frac{1}{3}) \qquad 0.99-1 \qquad 1.75-(25)$

**5. 각 자리에서 쪼개기**

덧셈과 뺄셈을 할 때 오른쪽에서부터 계산하는 알고리즘에 익숙해지기 전에, 아이들은 자연스럽게 왼쪽에서부터 더하고 뺀다(Kamii, 2000). 각 자리에서 쪼개기 전략은 자릿값에 다시 주목하게 하면서, 피감수의 양, 감수의 양, 그리고 두 수의 차이 사이의 관계를 유지할 수 있다. 이 전략은 음수에 관한 직관을 계발하기 시작하는 아주 초기의 아동들에게서 자연스럽게 생겨날 수 있다. 하지만 음수를 빼기 위한 규칙을 배우고 난 후에(이것은 고등학교 전반에 걸쳐 나타난다), 이러한 전략을 아주 드물게 사용한다는 것은 불행한 일이다. 공통 핵심 규준Common Core State Standards의 주 저자인 필 다로Phil Daro는 학술대회(Daro, 2014)에서 "온전한 이해sense-making는 인간의 기본적인 반응이며, 우리는 이를 감춰야 하는 훈련을 받아왔음"을 관찰한 것을 발표하였다.

뺄셈의 온전한 이해에 도움이 된다고 생각한다면 이 전략을 소개해야 한다. 이렇게 말해면서 소개해보자. "누군가가 이 문제를 제가 생각해보지 못한 방식으로 해결한 걸 보고 제가 이 문제를 그렇게 풀어보았어요. 여기 제가 한 것은…"

일단 이 전략이 소개되고 나면, ─ 학생들이 이를 온전히 이해했다면 ─ 이 전략에 끌리게 될 것이다.

**각 자리에서 쪼개기 전략을 사용할 수 있는 문제를 선택하는 방법**

이 전략은 거의 모든 자연수의 뺄셈 문제에 적용이 가능하다.

72-56　　81-27　　63-28　　337-159

**이 전략에 유용한 질문**

- 6 빼기 3이나 600－300에 대해 생각해 봤나요?
- 30 빼기 70이 －40인 것을 어떻게 알았나요?

**소수 문제에서 각 자리에서 쪼개기 전략 이용하기**

이 전략은 소수에도 효과적이다. 대부분의 학생들은 소숫점이 어디로 이동하는지 거의 이해를 못하는데, 이 전략은 자릿값을 더 잘 이해하게 만든다.

**소수 예 ▸▸▸ 5.2－1.5**

"5에서 1을 가져와서 4가 됐어요. 그런 다음 0.2에서 0.5을 가져와서 －0.3이 됐어요. 그런 다음 4에서 0.3을 가져와서 3과 0.7이 나왔어요."

5.2 - 1.5

5.2
- 1.5
4-.3
3.7

다음 문제로 시작할 수 있다.

5.7-2.9　　8.42-0.17　　13.23-8.54　　4.1-2.03

학생들은 이러한 다섯 가지 주요 전략 말고도 다른 전략을 생각해낼 것이다. 그 중 일부를 탐구하기 위해 예제 63－28로 돌아가보자.

- **두 수를 모두 반올림하기**: 어떤 학생들은 이 문제를 60 빼기 30으로 만들기 위해 두 수를 반올림할 것이다. 60 빼기 30은 쉽게 구할 수 있지만, 학생들은 종종 자신이 계산한 것과 반올림했던 것을 보완해야 할 것을 구분하기 어려워한다. 만약 그렇더라도 걱정하지 마라. 아이들은 더 효율적인 전략을 곧바로 이용할 것이다.
- **피감수를 조정하기**: 어떤 학생은 63에 5를 더해서 문제를 68 빼기 28로 변형하여 답으로 40을 얻은 다음, 68로 만들기 위해 더했던 5를 다시 빼서 35의 답을 얻을 것이다. 이는 문제해결을 쉽게 하기 위해 피감수 또는 감수를 변형할 수 있음을 배우기에 좋다. 즉, 변형했던 것을 보완하는 방법을 알기 위해서 본인의 계산을 주의 깊게 봐야 할 것이다.
- **피감수를 반올림하기**: 다른 학생들은 문제를 60 빼기 28로 만들기 위해 63에서 3을 뺄 것이다. 그러나 학생들은 어떤 수에서 10의 배수나 100을 빼는 것이 10의 배수나 100에서 임의의 숫자를 빼는 것보다 훨씬 쉽다는 것을 재빠르게 발견할 것이다. 그래서 그들은 종종 이 전략을 금방 포기한곤 한다.

교사는 학생들이 전략을 스스로 발견해냈을 때 어떤 것도 단념하게 하고 싶지 않을 것이다. 뺄셈을 온전히 이해하며 다양한 전략을 시도했던 학생들의 노력을 축하해주자. 효율성은 최우선의 목표가 아니다. 효율성에 너무 일찍 집중하면 학생들은 온전한 이해보다는 암기로 다시 돌아갈 것이다. 대신, 학생들이 스스로 온전히 이해하는 방식으로 뺄셈 문제를 해결하고 있다는 사실에 교사가 얼마나 기쁜지를 표현해주도록 하자. 결국에는 학생들이 점점 더 많은 전략들을 알아냄에 따라 성가신 것들은 곧 사라지게 될 것이다.

### 7학년 교실 안 들여다보기: 수학적 오류를 파헤치다

**3.87 − 0.79**

안 교사는 7학년 학생들과 수개월 동안 넘버토크를 해왔다. 오늘 수업에서 안 교사는 3.87－0.79를 칠판에 적고, 학생들이 암산으로 문제를 해결할 때까지 기다린다.

학생들이 문제를 해결한 방식을 하나씩 갖고 있다는 것을 알리기 위해 조용히 가슴에 주먹을 쥐고 엄지손가락을 펴서 올린다. 한 가지 해결책을 찾은 일부 학생들은 문제를 해결하기 위한 추가 방법을 찾고, 손가락을 여러 개 펴서 보여줌으로써 자신이 해결한 방법의 개수를 조용히 알린다. 안 교사는 모든 사람이 문제를 해결할 때까지 기다리며 신속하게 끝낸 학생들은 추가 해결법을 찾기 위해 문제를 파헤칠 것이라는 것을 알고 있다.

대부분의 엄지손가락이 올라오면, "답을 공유할 사람 있나요?"라고 묻는다 (이전에 안 교사는 답이 공유가 되었을 때, 그 답에 동의하는지의 여부를 제시하지 않는 것의 중요성에 관해 학생들과 이야기를 나누었다. 이는 모든 학생들이 답을 공유하는 기회를 갖는 것이고, 학생들이 그 문제를 성공적으로 풀 수 있는지를 비공식적으로 평가한다는 추가적인 장점을 가지고 있다.) 학생들은 3.08과 3.06의 두 가지 답을 제공하고 교사는 어떤 의견도 말하지 않고 답을 기록한다.

안 교사: 어떻게 풀었는지 우리가 이해되게 설명해줄 사람 있나요? (안 교사가 도희를 호명한다.) 어떤 대답을 설명할 건가요?

도희: 저는 3과 100분의 8에 대해 설명할게요. 3과 100분의 87에서 100분의 80을 빼서 3과 100분의 7을 구했어요. 그러나 너무 많이 빼서, 뺀 곳에 100분의 1을 다시 더했어요. 그래서 제 답은 3과 100분의 8입니다."

3.87 − .79

도희

$$\begin{array}{r} 3.87 \\ -.80 \\ \hline 3.07 \\ +.01 \\ \hline 3.08 \end{array}$$

[참고: 안 교사가 처음으로 소수를 다루기 시작했을 때, 학생들은 3.87을 "3점 87"이라고 읽었다. (이는 중학교 및 고등학생들의 거의 보편적인 반응이다.) 그러나 소수를 이렇게 읽는 것은 자릿값의 의미를 모호하게 만들기 때문에, 처음 그 이슈가 대두되었을 때, 안 교사는 "그 말이 정말로 무엇을 의미하지요?" 또는

"점이라는 단어를 말하지 않고 그 수를 읽을 수 있나요?"라고 물어보았다. 최근에는 행복하게도 이런 습관은 사라졌다.]

이때 안 교사가 물어볼 수 있는 몇 가지 질문이 있다. "도희와 같은 방식으로 푼 사람은 몇 명인가요?" 이 질문을 통해 안 교사는 어떤 학생이 이러한 방법을 이용하는지에 대한 빠른 평가를 할 수 있다. 만약 몇 명의 학생만이 손을 들었다면, 안 교사는 학생들이 다른 전략을 사용했다는 것을 알게 된다. 또한 안 교사는 "도희에게 질문할 사람 있나요?"라고 물어볼 수도 있다. 이 수업에서 안 교사는 두 질문을 모두 하였다.

몇몇 학생들이 도희와 같은 방법으로 풀었음을 알리기 위해 손을 들었고, 그 결과 안 교사는 학생들이 다른 전략을 사용했음을 알게 되었다. 그래도 다른 전략으로 넘어가기 전에, 안 교사는 "도희에게 질문 있는 사람?"이라고 물어보았고, 지수가 손을 들었다.

| | |
|---|---|
| 지수: | 같은 방법으로 해봤는데요, 저는 똑같은 답이 나오지 않았어요. 그리고 이제 제가 왜 틀렸는지 알겠어요. |

안 교사는 이때 몇 가지 다른 방향으로 진행할 수 있다. 지수는 도희의 방법에 대해 질문하지 않았고, 오히려 질문하기보다는 도희의 전략에서 뭔가를 배운 것을 공유하기를 원했다. 안 교사는 "지수 학생, 그 생각을 계속 하고 있어요. 곧 물어볼게요. 도희에게 질문 있는 사람?"이라고 할 수도 있었다. 하지만 오늘 수업에서 안 교사는 지수를 따르기로 결정했다.

| | |
|---|---|
| 안 교사가 지수에게: | 우리에게 말해주겠어요? (지수가 고개를 끄덕인다.) |
| 지수: | 저는 처음에 도희처럼 풀이를 시작했고 3과 100분의 87에서 100분의 80을 뺐어요, 그래서 3과 100분의 7이 됐어요. 그러고 나서 100분의 79에 더했던 100분의 1을 빼서, 3과 100분의 6을 구했어요. 그런데 이제 저는 제가 100분의 1을 다시 더했어야 했다는 걸 알고 있어요. 왜냐하면 도희가 제가 시작할 때 너무 많이 뺐다는 걸 알게 해줬거든요. |

안 교사는 실수가 부끄러운 것이 아니라, 새로운 것을 배우기 위한 기회로 여겨

지는 문화를 형성하기 위해 열심히 노력했으며, 학생들은 자신이 저지르는 실수에 대해 기꺼이 자주 공유했다. 안 교사는 또한 지수의 실수에 대해서 논의하는 것이 다른 학생들에게도 종종 헷갈리게 하는 것을 명확하게 하는데 도움이 됨을 알았다.

안 교사: 지수야, 왜 0.01을 빼지 않는 대신에 더했는지 우리가 이해할 수 있게 설명해줄 수 있나요? 아니면 다른 사람이 설명하기를 원하나요?

지수: 처음에 저는 0.01을 빼야 된다고 생각했어요. 왜냐하면 저는 0.79에 그걸 더했으니까요. 그러나 지금은 제가 그걸 0.79에 더했을 때 너무 많이 뺐다는 걸 알았어요. 저는 0.79를 빼야 했는데, 0.80을 뺐어요. 그래서 저는 제 대답에서 추가적으로 0.01을 더해야만 했어요.

이제 안 교사는 복잡한 문제가 발생하면 넘버토크에서 가치가 있는 교수 전략을 사용한다.

안 교사가 전체 학급에게: 지수가 방금 설명했던 걸 옆 사람과 이야기해볼까요?

아이들은 모여서 조용히 말한다. 몇 분 후 대화가 끝나면, 안 교사는 전체 학급에게 말한다.

안 교사: 지수에게 질문할 사람 있나요?

아무도 질문을 하지 않지만 안 교사는 이제 모든 사람들이 지수의 생각을 따라가고 있음을 잘 알게 되었다. 그래서 안 교사는 기다린다.

안 교사: 지수야, 다른 사람이 지수의 실수가 무엇이었는지 설명하는 것이 괜찮을까?

지수: 네, 괜찮아요.

안 교사: 지수의 실수가 무엇이었는지에 대해 이해할 수 있게끔 도와줄 사람 있나요?

수민이가 자원한다.

수민: 저는 지수가 0.79에 0.01을 더해 0.8을 얻었다고 생각해요. 그런 다음 3.87에서 0.8을 빼서 3.07을 얻었어요. 그러고 나서 0.01을 뺐는데 더했어야 했어요.

안 교사: 왜 뺄셈 대신 더했다고 생각하나요?

수민: 왜냐하면 0.79보다 0.8이 더 커서 0.8을 뺐다고 생각해요. 그래서 다시 더해야 돼요.

안 교사: 오, 점점 흥미로워지네요! 지수가 0.01을 두 번 더했어야 했단 말이죠? (교실을 향해 돈다) 지수와 수민이 둘다 지수가 0.79에 0.1을 더한 후에 그가 뺀 값에 0.1을 다시 더했어야 한다고 생각하나요? 돌아서 주변에 있는 사람에게 이야기해봐요. 왜 0.1을 두 번 더해야 하는 게 말이 되는지 알아보도록 해요. 처음은 0.79에 더하는 거고, 그런 다음, 뺀 후에 3.07에 한 번 더 더하는 거에 대해서요.

학생들은 몇 분 간 소그룹으로 이야기한다. 안 교사는, 두 번 더하는 것은 많은 학생들의 직관에 반하기 때문에 이를 이야기하는 것은 넘버토크에서 중요하다는 것을 알고 있다. 안 교사는 이전에 이런 종류의 오류를 보았고, 이 이슈를 풀다 보면 학생들이 뺄셈이 어떻게 작동하는지 더 잘 이해할 수 있다고 믿고 있다.

안 교사: 다른 방법으로 풀어본 사람 있나요?

이 넘버토크 이후에, 안 교사는 다음 문제에 대해 생각해볼 것이다. 학생들은 소수의 뺄셈을 위한 여러 가지 전략을 사용하는 것이 편안해보였지만, 학생들의 엄지손가락은 안 교사가 생각했던 것만큼 빨리 올라오지 않았다. 안 교사는 비슷한 문제를 풀도록 제공하면, 학생들이 추가적인 연습을 할 수 있는 기회와 지수(또한 다른 학생들)에게 그의 초기 실수에 대해 생각할 수 있는 기회를 제공할 수 있을 거라 생각했다. 따라서 안 교사는 4.73 − 0.89를 다음 문제로 제시하기로 결정했다.

5학년과 10학년에서 동일한 문제를 가지고 넘버토크를 시작할 수도 있지만, 그 형태는 아마도 다르게 나타날 것이다. 왜냐하면 교사는 학생들의 생각에 대해서 배운 것을 토대로 후속 넘버토크를 진행할 것이기 때문이다. 넘버토크의 강점 중 하나는 교사가 전혀 생각하지 못했던 것을 발견할 수 있다는 것이다. 이에, 넘버토크는 학생들과 교사의 수와 연산에 대한 새로운 이해를 개발할 수 있게 해준다. 전통적인 뺄셈 알고리즘은 자릿값의 의미를 모호하게 하는 반면에, 넘버토크는 학생들이 자릿값의 의미와 관계를 이해하고 사용하도록 한다. 따라서 뺄셈의 넘버토크는 학생들이 뺄셈을 하면서 유연하게 추론하는 법을 배우는 데 도움이 되며, 뺄셈을 넘어선 중요한 수학적 아이디어에 대한 학생들의 이해를 개발하는 데 도움이 된다.

CHAPTER

# 5 학년을 아우르는 곱셈

이 장에서는 연산의 특성을 이해하고 대수의 기초를 제공하는 데 도움이 되는 곱셈에 대한 일반화가 가능한 전략에 중점을 두고 있다. 그러나 우선, 넘버토크Number Talks가 어떻게 한 자리 인수로 구성된 곱셈 문제를 배우는 데 도움이 되는지에 관해 생각해야 한다.

## 넘버토크와 구구단

덧셈의 계산과 구구단으로 표현되는 곱셈의 계산을 숙달하는 것은 꽤 오래된 딜레마이다. 곱셈을 수의 조합으로 여기도록 하는 이러한 구구단 암기는 곱셈 계산을 빠르게 하게 하며, 이렇게 빠르게 계산하는 것이 수학 학습의 성공에 필수적이라고 널리 알려져 왔으며, 이에 대한 통상적인 접근은 단순 암기를 장려하는 것이었다. 많은 중·고등학교 교사들이 알고 있는 것처럼 플래시카드와 시간 제한 테스트는 수십 년 동안 효과가 없다는 증거에도 불구하고 미국의 초등학교 2학년과 같은 저학년 수업에서 정기적으로 사용되었다. 특히 많은 아이들이 싫어하고 수학을 피하게 만든 시간 제한 테스트는 수학 불안과 많은 관련이 있다(Tobias, 1978). 조 볼러(Jo Boaler, 2014)가 지적한 것처럼 "어린 시절부터 학생들에게 발생하는 수학 불안과 그 영향은 시간이 지남에 따라 악화되어 낮은 성취, 수학 회피 및 일생 동안의 부정적 수학 경험을 이르게 한다"(469). 초임 교사 시절, 교사들은 예전에 배웠던 것처럼 이러한 방법들을 사용하도록 가르쳤다. 그러나 이제는 이러한 방법들이 좋지 않다는 것을 알기에 그 학생들을 다시 가르칠 수 있다면 좋았을 거라는 아쉬움이 있다.

다음의 비유는 시간 제한 테스트와 플래시카드가 왜 아이들의 수 계산의 숙련에 도움이 되지 않는지 설명해주며, 학생들이 수의 계산을 다른 방식으로 숙달하도록 어떻게 가르칠 것인지 생각하게 해준다.

> 다음과 같은 카드 셋을 상상해보자.
>
> 
> 
>
> 8개의 서로 다른 알파벳이 무작위로 2개의 짝을 이루어 64개의 다른 카드를 만든다. 각 조합에는 카드 뒷면에 '정답'이 적혀 있다(b⊙g의 정답은 z).
> 이 모든 64가지 조합에 대한 정답을 암기하도록 하자. 우리는 알파벳을 알고 있고 약간의 연습으로 b⊙g=z를 암기할 수 있다. g⊙b도 z와 같음을 인식할 수도 있다. 이를 반복해서 연습한다. 그러나 모든 것을 기억하기는 어렵다. 그리고 누군가가 우리가 얼마나 빨리 암기한 것을 말할 수 있는지 시간을 재면서 체크한다고 상상해보자!

이 시나리오는 많은 아이들에게 기초 구구단을 암기하는 것과 크게 다르지 않음을 보여준다. 수는 답이 이해가 되도록 연결되는 반면에, 위와 같은 문자의 단순한 조합은 답과 연결이 안 되기 때문에 위의 비유는 적절하지 않다고 혹자는 생각할 수 있다. 우리는 이에 완전히 동의한다! 내재된 관계가 없으면 문자 조합은 오직 기계적 암기나 기억술로만 학습할 수 있으며, 이는 배우기 어렵고 잊어버리기는 쉽다.

그러나 플래시카드와 시간 제한 테스트는 수의 조합을 마치 답과 관련이 없는 문자 조합처럼 취급한다. 그러나 수의 조합에는 학생들이 탐구하고 이해하면서 융통성과 확신을 가지고 곱셈을 배우고 사용할 수 있도록 돕는 고유한 패턴과 관계가 존재한다.

우리는 가끔 "학생들이 곱셈을 진정으로 배운다면, 넘버토크를 통하든, 플래시카드와 시간 제한 테스트를 통해 배우든 그것이 중요합니까?"라는 질문을 받곤 한다. 그렇다. 매우 중요하다. 간혹 사람들은 플래시카드와 시간 제한 테스트가 학생들에게 피해를 주지는 않을 거라고 생각할 수 있지만, 그렇지 않다. 그건 학생들을 다치게 한다. 그로 인해 학생들은 수학이 무엇인지, 그리고 수학을 잘 한다는 것이 무엇을 의미하는지에 대해 그릇된 생각을 갖게 된다. (시간 제한 테스트로 인한 피해에 대한 더 자세한 내용은 Boaler, 2014를 참조.)

넘버토크는 모든 학생들에게 곱셈을 숙달하면서 이해할 수 있는 기회를 제공한다. 7학년 수업에서 학생들이 넘버토크에 참여하는 것을 간단히 들여다보자.

**7 × 8**

OHP 카메라(혹은 전자칠판 등)에 7×8을 쓰자마자 많은 엄지손가락들이 올라왔다. 교사는 모든 학생들이 엄지손가락을 올리기를 기다린 후 "56"이라고 말한 학생을 호명한다.

호 교사: 다른 답이 나온 사람 있나요? (아무도 대답하지 않는다.)

호 교사: 어떻게 답이 나왔는지 설명해볼 사람 있나요?

수연: 그냥 알았어요.

호 교사: 7 곱하기 8을 다른 방식으로 생각해본 사람 있나요? (또 아무도 없다. 아마 7을 여덟 번 세는 학생들, 책상 아래에서 손가락을 꼽고 있는 학생들, 다른 사람이 대답하기를 기다리는 학생들이 있다.)

호 교사: 모두 7×8이 56이라는 것을 알고 있는 것 같네요. 그러나 이것을 조금 더 탐구하고 몰랐다면 어떻게 해결할 수 있는지 생각해봅시다. 고로 모르는 척 한번 해봅시다. 7 곱하기 8을 빨리 알아낼 수 있는 쉬운 방법은 무엇일까요? (선생님은 많은 학생들의 손이 올라올 때까지 충분히 오래 기다린다.)

민혁: 7 곱하기 7은 49니까 저는 7을 한 번 더 더해서 56을 얻었어요.

호 교사: 왜 7을 한 번 더 더했나요?

민혁: 저는 8개의 7이 필요했지만, 고작 7개밖에 없었어요.

호 교사: 그래서 49에 7을 더했군요. 어떻게 그렇게 했나요?

민혁: 저는 7 곱하기 7이 49인 걸 알았고, 그래서 49에서 1을 더해서 50을 얻었어요. 그런 후에 6을 더 더했어요.

호 교사: 다른 방법으로 생각한 사람 있나요? (아무도 없다.) 음, 생각해봅시다. 만약 우리가 7 곱하기 8이 무엇인지 몰랐다면 어떻게 했을까요?

| | |
|---|---|
| 진수: | 음, 4 곱하기 7은 28이니까, 만약 28 더하기 28을 하면 같은 답이 나올 거예요. |
| 상준: | 10 곱하기 7은 70이고, 7의 2배인 14를 빼면 56이에요. |

이와 같이 넘버토크에 학생들을 참여시키면 '다른 방법이 무엇인지'를 계속 묻게 된다. 그리고 다른 학생들이 이해하는 데 도움이 된다고 판단한다면, 왜 자신의 전략이 이해가 되고 의미가 있는지를 학생들에게 묻는 것을 잊어서는 안 된다.

학생들이 플래시카드와 시간 제한 테스트를 통해서는 배우지 못했지만, 넘버토크를 통해 배운 것이 무엇일까? 학생들은 본인 스스로가 가치 있는 수학적 아이디어를 가지고 있다는 것을 배우고, 이는 학급 친구들도 그러하다는 것을 배운다. 속도가 중요하지 않다는 것을 깨닫기 때문에 즉시 답을 얻을 수 없더라도 쉽게 포기하지 않는 법을 배운다. 수량 간의 관계와 곱셈이 실제로 의미하는 것을 배운다. 또한 학생들은 대수에 대한 이해를 돕는 실수의 속성을 사용하고 있다.

그리고 수학적 실천mathematical practices은 어떠한가? 다음은 학생들이 이 짧은 넘버토크를 하는 동안 사용했던 몇 가지 예이다.

- 양과 그 관계를 이해하기[MP2]
- 결과를 정당화하기[MP3]
- 다른 사람들과 정확히 의사소통하기[MP6]

## ▌학년을 아우르는 곱셈

곱셈에 관한 넘버토크는 학생들이 실수의 적절한 연계를 배울 수 있도록 도와주는 잠재력을 지니고 있으며, 시간이 지남에 따라 그 특성들은 학생들의 전략으로 나오게 된다.

그러나 그 전에 중·고등학생들에게서 특히 발견되는 미묘한 문제가 있다. 학교 생활이 8년 이상 지났으며, 어떤 학생이 수 연산을 추론하는 경험이 거의 없고, 전통적 알고리즘만을 사용한다면, 그 학생이 전통적 알고리즘에 너무 의존하지 않도록 하기 위해 교사가 인내를 가지고 주의를 기울여야 한다.

**학생들이 기계적 반복 암기 절차에 의존하는 것에서 독립시키기**

학생들이 수를 가지고 생각하는 경험이 거의 없으면 전통적인 알고리즘에 의지하는 것이 당연하다. 우리는 이 장의 작은 부분을 학생들이 알고리즘에 갇혀 있을 때, 진정한 이해를 할 수 있도록 어떻게 도와줄 것인지 탐구하는 데 지면을 할애하였다. 10장에서 다시 한번 이를 언급할 것이다.

사실 모든 수업은 다 다르기에 하나의 방법이 있는 것은 아니다. 학생들은 수학 사고자[mathematical thinker]로서 다양한 이해와 경험, 자신감을 갖게 된다. 그리고 표준 알고리즘 이외의 방식으로 곱셈을 해결하려는 태도를 가지고 있는 학생들도 몇몇 없다. 그냥 학생들과 이것에 관해 솔직히 대화하는 것이 도움이 될 수 있다. 우리가 말하고자 하는 게 어떤 것인지 살짝 엿볼 수 있도록, 루스 교사가 캘리포니아의 8학년 수업에서 넘버토크를 했던 부분을 보도록 하자. 우리는 이 8학년 학생들이 12×18 문제를 풀기 위해 암산을 하고 약 10분간 넘버토크를 진행했다. 이 학생들은 넘버토크를 처음 해 본 것이다.

**12 × 18**

학생들에게 칠판에 116, 206, 216, 204의 네 가지 답변이 주어졌다.

| | |
|---|---|
| 루스 교사: | 어떻게 답을 얻었고 그 답이 왜 맞는지 설명해볼 사람 있나요? |
| 기현: | 저는 10 곱하기 18을 했고… 음… 12를 10 더하기 2로 쪼갰어요. 그런 후에 10 곱하기 18을 해서 180이 나왔어요. 그러고 나서 2 곱하기 18을 했어요. |
| 루스 교사: | 어떤 답에 대한 설명인가요? |
| 기현: | 216이요. |
| 루스 교사: | 좋아요, 18 곱하기 2를 했을 때 어떤 답이 나왔나요? |
| 기현: | 36이요. 그래서 저는 180 더하기 36을 했어요. |

$$12 \times 18$$
$$(10 + 2) \times 18$$
$$10 \times 18 = 180$$
$$2 \times 18 = +36$$
$$216$$

루스 교사: 어떻게 그들을 더했나요?

기현: 저는 0이랑 6을 더했고요. 그런 후에 8이랑 3을 더하고, 1에 다른 1을 더했어요. 그래서 216이 나왔어요.

루스 교사는 기현이가 부분 답을 더했을 때 기존의 알고리즘으로 돌아갔음을 알아챘다. 그녀는 학생들이 넘버토크에 익숙해지면서 이러한 일이 자주 발생한다는 것을 알고 있다. 처음에는 문제의 주제 — 이 경우에는 곱셈 — 에 관해 창의적으로 생각하는 경향이 있으나 알아채지 못하는 사이에 친숙한 알고리즘으로 돌아가는 경향이 있다. 루스 교사는 기현이가 처음에는 자신의 생각을 공유하기를 꺼려했다는 것을 알기에, 지금은 그에 관해서 말을 하지 않기로 한다.

루스 교사: 여러분들 중에 기현이와 같은 방법으로 한 사람이 얼마나 있나요? (다른 한 명이 손을 든다.) 그렇다면, 더 많은 방법이 있는 거겠네요. 예진 학생, 어떤 답에 관해서 설명할 것인가요?

예진: 음, 저는 18 밑으로 12를 옮겼어요. 그리고 2 곱하기 8을 해서 16이 나왔고, 그래서 나는 2를 내리고 1을 1 위에 올려놓았어요.

루스 교사는 12×18을 쓰고, 12는 18 아래에 기록하고 예진이가 지금까지 말한 것을 기록한다.

루스 교사가 전체 학급에게: 예진이는 '전통적인 알고리즘'이라고 불렀던 것을 사용했습니다. 다른 사람들은 전통적인 알고리즘을 얼마나 많이 사용했나요? (대부분의 학생들이 손을 들어 올린다.) 여러분의 대부분은 제가 곱셈을 배웠던 방법으로 했네요. 곱셈을 하는 더 쉬운 방법이 있다는 것을 교사가 된 후에 알았어요. 그래서 저는 여러분들께 나쁜 소식을 전합니다. 우리는 모두 너무 힘들게 배웠어요. 넘버토크는 우리가 더 현명하고 효율적으로 계산하는 것을 배울 수 있도록 도와줍니다. 수가 더욱 더 커지게 되면, 전통적인 알고리즘은 거의 암산으로는 불가능해질 것입니다. 다른 방식으로 한 사람이 있나요?

시혁: 음, 저는 다르게 했어요. 그런데 이게 맞는지 잘 모르겠어요.

루스 교사: 불확실한데도 공유하려고 해주어서 고마워요! 어떤 답에 관해서 설명할 건가요, 시혁 학생?

시혁: 216이요.

루스 교사: 어떻게 했고 왜 그게 맞다고 생각하는지 설명해줄 수 있나요?

시혁: 저는 12 곱하기 12가 144인 걸 알아요. 그래서 저는 6개의 12를 남겨두고, 6 곱하기 12이 72인 걸 알아요. 그래서 저는 144와 72를 더했습니다.

루스 교사: 어떻게 144와 72를 더했나요?

시혁: 저는 기현이처럼 했어요. 144 밑에 72를 뒀어요. 4 더하기 2는 6이고, 7 더하기 4는 11이에요. 그래서 저는 1을 위로 올려서 216이 나왔어요.

루스 교사: 오, 덧셈을 위해 전통적인 알고리즘을 사용했네요. 시혁이에게 질문 있는 사람 있나요? (아무도 없다.)

루스 교사: 다른 답이 나왔고 왜 그게 맞는다고 생각하는지 설명해줄 사람 있나요? (아무도 없다.)

많은 학생들이 다른 친구들의 설명에 의해 확신을 얻고 자신의 마음을 바꾸는 것을 보았기 때문에 이것은 루스 교사를 놀라게 하지 않았다. 루스 교사는 학생들이 넘버토크에 익숙해짐에 따라 자신의 실수를 공유하기 시작한다는 것을 알고 있다.

루스: 오늘 여러분들의 생각을 나누어 줘서 고마워요! 아마 내일 더 많은 사람들이 나눌 수 있는 기회가 있을 거예요.

루스는 지금 내일 어떤 문제를 가지고 넘버토크를 할지에 대해 생각하고 있다. 오늘 12×18에 관해 공유되었던 방법을 토대로 더 발전할 수 있기에 루스는 12×15가 좋은 방법일지도 모른다고 결정한다.

이 장의 나머지 부분에서는 네 가지 곱셈 전략을 설명하기 위해 문제 12×16을 이용한다. 대부분의 수식은 유리수 전반에 걸쳐 효과적이다. 이 전략 중 몇 가지는 학생들이 보통 스스로 생각해내는 전략이다.

## ▌곱셈을 위한 네 가지 전략

| 인수×인수=곱 |
|---|

**12 × 16**

**1. 인수를 2개 혹은 더 많은 가수로 쪼개기**

"저는 16을 10과 6으로 쪼갰습니다. 먼저 10에 12를 곱해서 120을 얻었고, 12 곱하기 6을 해서 72를 얻었습니다. 그런 후에 120에 72를 더해서 192를 얻었습니다."

$$12 \times 16$$

$$\begin{aligned} 12 \times 16 &= 12 \times (10+6) \\ &= (10+6) \times 12 \end{aligned} \qquad \begin{aligned} 10 \times 12 &= 120 \\ 6 \times 12 &= \underline{\ 72} \\ & \ \ \ 192 \end{aligned}$$

**2. 인수를 인수로 만들기**

"저는 16이 4 곱하기 2 곱하기 2임을 알고 있어요. 먼저 4 곱하기 12를 해서 48이 나왔습니다. 그런 후에 48 곱하기 2를 해서 96이 나왔습니다. 그런 후에 96 곱하기 2를 해서 192가 나왔습니다."

$$12 \times 16$$

$$\begin{aligned} 12 \times 16 &= 12 \times (4 \times 2 \times 2) \\ 12 \times 4 &= 48 \\ & \ \ \ \underline{\times 2} \\ & \ \ \ 96 \times 2 = 192 \end{aligned}$$

학생들이 보다 상징적인 표현으로 명백하게 연결할 수 있는 준비가 되면, 우리는 다음과 같이 기록하여 곱셈의 연관성을 강조할 수 있다.

$$12 \times 16$$

$$\begin{aligned} 12 \times 16 &= 12 \times (4 \times 2 \times 2) \\ &= (12 \times 4) \times (2 \times 2) \\ &= 48 \times (2 \times 2) \\ &= (48 \times 2) \times 2 \\ &= 96 \times 2 \\ &= 192 \end{aligned}$$

**3. 인수를 반올림해서 조정하기**

"저는 16을 20으로 반올림하고, 12 곱하기 20을 해서 240이 나왔습니다. 그런 후에 4개의 12인 48을 뺍니다. 저는 240에서 40을 빼서 200을 얻었어요. 그런 후에 8을 더 빼서 192인 답이 나왔습니다."

$$12 \times 16 \quad (16 = 20 - 4)$$

$$12 \times 20 = 240$$

$$12 \times 4 = 48 \quad (48 = 40 + 8)$$

$$240 - 40 = 200$$

$$200 - 8 = 192$$

또는

$$12 \times 16$$

$$12 \times (20 - 4)$$

$$(12 \times 20) - (12 \times 4)$$

$$240 - 48$$

$$192$$

**4. 반으로 나누고 두 배 하기**

"저는 12를 두 배하고 16을 반으로 쪼갰습니다. 그래서 저는 문제를 24 곱하기 8로 바꾸었어요. 그런 후에 반으로 나누고 두 배하기를 계속해서 48 곱하기 4로 만들었고 96 곱하기 2로 만들었습니다. 그래서 제 답은 192예요."

$$12 \times 16$$

$$\begin{aligned} 12 \times 16 &= 24 \times 8 \\ &= 48 \times 4 \\ &= 96 \times 2 \\ &= 192 \end{aligned}$$

## ▌곱셈 전략을 깊이 있게 발전시키기

**1. 인수를 2개 혹은 더 많은 가수로 쪼개기**

이것은 기현이가 앞에서 사용한 전략이다. 인수를 가수addends로 분해하고 분배법칙을 사용하면, 쉽게 계산이 되지 않는 문제를 쉽게 해결할 수 있는 문제로 전환할 수 있다. 예를 들어, $23 \times 13$ 문제를 그대로 암산하려고 하면 어렵다. 그러나 23을 $20+3$으로 쪼개면 곱셈이 훨씬 쉬워진다.

이 전략의 사용을 장려하기 위해, 2 더하기 어떤 것, 또는 10 더하기 어떤 것, 25 더하기 어떤 것, 혹은 50 더하기 어떤 것과 같이, 쉽게 가수로 나눌 수 있는 숫자를 의도적으로 선택하면 좋다.

학생들은 종종 수를 몇 개의 10과 몇 개의 1로 분해하도록 배우기도 하지만, 인수를 가수로 분해하는 것이 문제를 쉽게 해결할 수 있는 유일한 방법은 아니다. 예를 들어 $18 \times 5$를 할 때 어떤 고등학생은 5를 $2+2+1$로 쪼개기로 결정하기도 한다. 이는 $18 \times (2+2+1)$이라는 문제로 바뀌지게 되어, 좀 더 쉽게 해결할 수 있게 되었다.

이 전략은 특히 학생들이 전통적인 알고리즘만을 고수하고 있을 때, 문제를 더 쉽게 생각해보도록 구슬리는데 유용할 수 있다. 또한 이는 곱셈의 덧셈에 대한 분배법칙을 생활 속으로 녹여낼 수 있도록 한다.

**인수를 가수로 쪼개기 전략을 사용할 수 있는 문제를 선택하는 방법**

단지 하나의 인수만 바꾸면 암산으로 쉽게 풀리는 두 수를 선택하면 된다. 즉, 10 더하기 어떤 것으로 바뀌질 수 있는 문제로 시작할 수 있다.

다음과 같은 문제로 시작할 수 있다.

12×6　　13×8　　14×12　　12×13　　13×7

이후 많은 학생들이 다음과 같은 두 자리 수 곱하기 두 자리 수 곱셈에 이 전략을 적용할 수 있을 것이다.

12×14　　14×25　　26×48　　52×18　　13×26

조금 더 도전시키기 위해 점차적으로 한 인수를 '친숙한' 숫자에서 멀어지도록 한다. (예: 27 곱하기 어떤 수, 또는 53 곱하기 어떤 수)

**이 전략에 유용한 질문**

- 27을 25+2로 바꾸면 문제를 해결하는 데 어떻게 도움이 되었나요?
- 왜 27을 분해했는데도 답은 변하지 않았나요?
- 어떻게 인수를 쪼개기로 결정했나요?

**기록을 위한 팁**

인수를 가수로 쪼개기 전략을 기록할 때, 직사각형과 같이 두 수의 곱셈을 기하학적으로 표현하면 학생들이 자신의 전략을 더 잘 이해할 수 있는 멋진 이미지가 생성된다. 이는 또한 강력한 문제해결 도구가 될 수 있다. 시각적 이미지는 학생들이 곱셈의 기하학적 표현에 관한 탐구와 9장에 포함된 덧셈에 관한 곱셈의 분배법칙을 이해하는데 매우 유용하다.

**분수, 소수로 된 인수를 가수로 쪼개기**

이 전략은 인수 중 하나가 정수이고 다른 인수는 분수 또는 분모가 다른 인수와 친숙한 수로 구성되어 있는 수인 경우, 소수 및 분수에 특히 효율적이다. 예를 들어, 12는 3개의 동일한 부분으로 나눌 수 있기 때문에 $\frac{1}{3}$은 12와 '친숙하다'. 이 전략을 쓰도록 하려면, 다음과 같은 문제로 시작할 수 있다.

$5.5 \times 12$ $12.25 \times 12$ $5.1 \times 30$

$6.25 \times 24$ $2\frac{1}{3} \times 12$ $1\frac{3}{4} \times 16$

다음과 같은 문제를 도전하게 하자.

$3\frac{7}{8} \times 16$ $11.75 \times 40$ $5.375 \times 24$ $14\frac{4}{5} \times 100$

**2. 인수를 인수분해하기**

이 전략의 사용을 장려하기 위해 우리는 여러 가지 인수가 있는 수를 의도적으로 선택한다. 16과 같은 수를 $4 \times 4$ 또는 $2 \times 8$로 인수분해하는 것은 종종 인수를 재정렬해서 문제를 풀기 쉽게 만든다. 이 전략은 학생들이 쉽게 인수를 배울 수 있을 뿐만 아니라 곱셈의 결합법칙 $(a \times b) \times c = a \times (b \times c)$을 이해할 수 있는 토대를 제공한다.

**인수를 인수분해하기 전략을 이용할 수 있는 문제를 선택하는 방법**

인수로 2, 3 또는 5가 있는 수로 시작해볼 수 있다.

$12 \times 6$은 학생들이 $2 \times 36$ 또는 72를 위해 $2 \times 6 \times 6$으로 할 수 있다.
$6 \times 8$은 학생들이 $24 \times 2$ 또는 48을 위해 $6 \times 4 \times 2$로 할 수 있다.
$15 \times 8$은 학생들이 $3 \times 40$ 또는 120을 위해 $3 \times 5 \times 8$로 할 수 있다.
$12 \times 13$은 학생들이 $3 \times 52$ 또는 156을 위해 $3 \times 4 \times 13$으로 할 수 있다.

아이디어를 갖게 되면, 많은 학생들은 자연스럽게 다음과 같은 더 큰 수에 이 전략을 적용할 것이다.

- $81 \times 25$, 일부는 $9 \times 9 \times 25$로 변경한 다음 $9 \times 25$를 곱하여 225를 얻고, $10 \times 25$를 곱해서 2250을 얻는다. 마지막으로 225를 빼서 2025를 얻는다.

$$81 \times 25$$
$$(9 \times 9) \times 25$$
$$9 \times (9 \times 25)$$
$$9 \times 225$$
$$10 \times 225 = 2250$$
$$2250 - 225 = 2025$$

- 250×28, 여기서 일부는 25×10×28로 변경되고, 10×28해서 280을 얻은 다음 여기서 28,000의 $\frac{1}{4}$, 또는 7000으로 생각하면서 280×25를 곱한다.

$$250 \times 28$$
$$25 \times 10 \times 28$$
$$10 \times 28 = 280$$
$$280 \times 25 \quad (100 \div 4 = 25)$$
$$280 \times 100 = 28{,}000$$
$$28{,}000 \div 4 = 7{,}000$$

이 전략으로 넘버토크를 시작할 수 있는 다른 문제들이 있다.

14×25      25×16      51×14      18×26

**인수를 인수분해하기 전략에 유용한 질문**

- 어떤 숫자를 인수분해할지 어떻게 결정했나요?
- 어떤 인수를 이용할지 어떻게 결정했나요?
- ___을 인수분해하는 것은 문제를 어떻게 더 쉽게 만들었나요?
- 이게 왜 될까요?

### 3. 인수를 반올림하여 조정하기

암산으로 곱셈을 할 때, 인수 중 하나를 10의 배수가 되도록 반올림한 다음 보상하는 것은 많은 문제를 쉽게 해결할 수 있도록 한다. 예를 들어, 29×7이라는 문제가 주어지면 많은 학생들이 29에서 30으로 반올림한다. 3×7은 21이므로 30×7은 210이다. 그런 다음 30의 7배를 한 후에 210에서 7을 빼면 답은 203이다.

$$
\begin{array}{l}
29 \times 7 \\
30 \times 7 = \begin{array}{r} 210 \\ -\ 7 \\ \hline 203 \end{array}
\end{array}
$$

'복잡한' 숫자를 '친숙한' 숫자로 바꾸기 쉽도록 만드는 것 외에도, 이 전략은 유용성에 대한 이해도가 높아지면서 분배법칙과 교환 법칙을 생활화하게끔 한다. 이는 대수와 그 이상의 수학 과목에서 쓰는 기호에 대한 법칙들을 이용하기 위한 기반이 된다.

**인수를 반올림하여 조정하기 전략을 사용할 수 있는 문제를 선택하는 방법**

이 '인수를 반올림하여 조정하기' 전략의 사용을 장려하기 위해 인수 중 하나가 다음과 같이 10에 가까운 문제를 선택하면 된다.

12×9 6×19 21×7 8×13 9×23

학생들이 인수를 반올림하고 조정하는 것을 알게 되면, 자연스럽게 다음과 같은 더 큰 수에 이 전략을 적용한다.

28×13 27×18 48×26 39×23 197×56

**가르침을 위한 팁**

비록 우리가 의도적으로 하나의 인수가 10의 배수에 가까운 문제를 골랐지만, 학생들은 때로는 두 가지 인수 모두를 반올림한다. 그러나 일단 이렇게 하고 나면, 반올림했던 두 수 모두를 보완하는 방법을 찾는 것이 때때로 어렵다는 것을 알게 된다. 이 점에 대해 너무 걱정하지 마라. 학생들은 한 인수만 반올림하는 것이 훨씬 효율적이라는 것을 재빨리 알아채기 때문이다. 그러나 두 가지 인수를 모두 반올림하고 나서 보완하는 방법을 찾는 것이 효율적이지는 않더라도 매우 흥미롭고 재미있다. 9장의 기하학적 표현에 대한 탐구는 학생들에게 이것을 생각해볼 수 있는 흥미로운 방법을 제공할 것이다.

**인수를 반올림하여 조정하기 전략에 유용한 질문**

- 그 인수를 _____로 어떻게 반올림하여 이 문제를 더 쉽게 만들었나요?
- 뺄셈(또는 덧셈)할 대상을 어떻게 알았나요?
- 어떤 인수를 반올림할 건지 어떻게 결정했나요?

**분수, 소수로 되어 있는 인수를 반올림하여 조정하기**

이 전략은 신중하게 선택한 소수 또는 분수로 이용할 수 있다. 예를 들어, $3\times2\frac{7}{8}$을 $3\times3-\frac{1}{8}$ 정도로 생각하면 문제가 훨씬 쉬워진다.

$$3\times2\frac{7}{8}$$
$$3\times\left(3-\frac{1}{8}\right)$$
$$(3\times3)-\left(3\times\frac{1}{8}\right)$$
$$9-\frac{3}{8}$$
$$8\frac{5}{8}$$

비슷하게, $5\times1.99$는 $5\times2-5(0.01)$로 더 쉽게 계산된다.

이 방법을 선택하기 위해 우리는 하나의 인수가 정수이고 다른 하나가 정수로 반올림하기 쉬운 문제를 선택한다.

| | | |
|---|---|---|
| $5\frac{3}{4}\times7$ | $4\frac{11}{12}\times9$ | $8\times1\frac{5}{6}$ |
| $3\times5.8$ | $6.97\times8$ | $2\times11.95$ |

### 4. 반으로 나누고 두 배 하기 전략

반으로 나누고 두 배 하기 전략은 곱셈 문제를 쉽게 해결할 수 있도록 하는데 특히 유용할 수 있다. 예를 들어 26×28은 계산하기 힘든 것처럼 느껴질 수도 있다. 그러나 26을 두 배로 늘리면 28이 반으로 줄어들어 52×14가 된다. 여전히 약간 어렵게 느껴진다면, 52를 두 배로 늘리고 14를 반으로 줄여 104×7을 만든다. 이제는 생각하기가 쉽다.

$$26 \times 28$$
$$52 \times 14$$
$$104 \times 7$$
$$728$$

여기서 문제는 학생들에게 이 전략을 '보여줄' 수 있고, 학생들이 이해하지 않고 사용할 수 있다는 점이다. 그러나 무언가가 항상 적용 가능한 것처럼 보일 때에는 항상 이유가 있어야 한다. 학생들이 호기심을 느끼고 그 이유가 무엇인지 궁금해하는 태도를 기르도록 돕고 싶다. 언제 이렇게 될까? 언제 그렇게 되지 않을까? 이러한 아이디어를 이해하는 것은 학년에 관계없이 학생들의 대수 추론을 위한 기초가 되고, 따라서 탐구를 통해 학생들이 질문에 대한 답을 찾는 방법을 배울 수 있는 수업을 만들도록 시간을 투자하기 바란다. 학생과 함께 이러한 탐구를 실행할 수 있도록 돕기 위해 9장의 〈항상 적용이 가능할까? 탐구활동 4: 곱셈에서 반으로 나누고 두 배 하기〉를 참조하라.

학생들이 수에 더 유연해짐에 따라 52×14 문제를 풀기가 매우 쉽다고 생각한다. 50×14를 1400의 절반 또는 700으로 생각한 다음 2×14를 곱하면 28이 나오고, 그런 후에 700+28을 해서 총 728을 구할 수 있다.

#### 반으로 나누고 두 배 하기 전략을 사용할 수 있는 문제를 선택하는 방법

'친숙한 수'에 가깝게 하기 위해 쉽게 반으로 나누거나 두 배를 할 수 있는 인수들의 조합으로 이루어진 문제를 이용한다. 문제는 다음과 같다.

8×13　　4×17　　6×13　　8×25　　22×9

**반으로 나누고 두 배 하기 전략에 유용한 질문**

- 어떤 수를 두 배로 하고 어떤 수를 반으로 할지 결정한 방법은 무엇인가요?
- 그렇게 한 것이 왜 문제를 생각하기 쉽게 만들었나요?

**분수와 소수로 된 문제를 반으로 나누고 두 배 하기**

반으로 나누고 두 배 하기는 한 수가 쉽게 반으로 나누어지고, 또 반으로 나누어진 소수로 구성되어 있는 문제에 잘 맞는다. 예를 들어 $0.36 \times 0.8$이라는 문제가 주어지면 일부 학생은 반으로 나누고 두 배를 해서 $0.72 \times 0.4$를 만들고, 그런 다음 $1.44 \times 0.2$, $2.88 \times 0.1$로 만드는데, 이것은 쉽게 생각할 수 있는 문제로 만들게 하는 것이다. 다음은 반으로 나누고 두 배 하기 전략이 잘 통하는 몇 가지 문제이다.

$0.8 \times 1.2$ $0.64 \times 0.08$ $3.26 \times 0.08$ $7\frac{1}{4} \times 4$ $3\frac{1}{8} \times 4$

$4.2 \times 0.6$ $0.221 \times 0.04$ $3\frac{1}{2} \times 8$ $16 \times 6\frac{1}{4}$

이것은 모든 소수 및 분수에 대한 효율적인 전략은 아니지만 학생에게 이 사실을 미리 알려줄 필요는 없다. 그들은 스스로 알아낼 것이다!

## 기초 연산과 대수 연결하기

앞에서 보았듯이 네 가지 전략은 실수의 법칙을 생활 속으로 가져오게 해준다. (이러한 법칙 목록은 부록 B 참조). 학생들이 넘버토크에서 이러한 법칙을 사용하고 이러한 법칙들에 관해 이야기를 하는 경험이 많다면 다음과 같은 교과서에 제시된 대수에서 이러한 동일한 법칙들을 이해하는 것이 더 쉬울 것이다.

덧셈에 대한 곱셈의 분배법칙

$$a(b+c) = ab + ac$$

이 법칙에 대한 이름 자체는 학생들에게 많은 도움이 되지 않는다. 넘버토크를 통해 어떻게 법칙이 적용되는지, 그리고 그 이유가 무엇인지 이해하면, 이미 이해하고 있는 것에 대한 법칙에 이름을 붙일 필요성을 학생들이 느낀다. 다음 발췌록은 학생들이 넘버토크를 하는 동안 분배법칙을 어떻게 이해하기 시작했는지를 보여준다.

**18 × 5**

민호: 저는 10 곱하기 5와 8 곱하기 5를 더했어요.
박 교사: 답이 뭔가요?
민호: 10 곱하기 5는 50이에요.
박 교사: 8 곱하기 5는 뭐가 나왔나요?
민호: 40이에요. 그래서 50과 40은 90이 돼요.

$$18 \times 5$$
$$10 \times 5 = 50$$
$$8 \times 5 = +40$$
$$90$$

박 교사: 수학자는 민호가 한 방법에 대한 이름을 붙였어요. 그들은 그것을 덧셈에 대한 곱셈의 분배법칙이라고 부릅니다. (박 교사는 이를 칠판에 기록한다.) 그래서, 민호 학생은 18을 10+8이라고 생각했습니다. 맞나요?
민호: 맞아요.

박 교사는 10+8을 기록하고 교실 전체에 민호가 18의 가치를 바꾸었는지 물어본다.

$$18 \times 5$$
$$(10+8) \times 5$$

박 교사: 자, 민호는 5를 10에 먼저 곱하고, 그 다음에 8과 5를 곱한 것을 더함으로써 5를 10과 8에 걸쳐서 배분했어요. (박 교사는 이것을 기록한다).

$$18 \times 5$$
$$(10+8) \times 5$$
$$(10 \times 5) + (8 \times 5)$$
$$50 + 40$$

나는 다른 사람들 역시 분배법칙을 사용했다고 생각하지만, 여러분 중 몇몇은 18을 민호가 했던 방법과는 다르게 숫자를 나누겠지요. 예를 들어 숙민이는 18을 10+8 대신 9+9로 나누었어요. 우리는 곱셈에 대한 분배법칙을 앞으로 많이 이용할 거예요. 그리고 이제 분배법칙을 쓸 때를 알아채도록 노력할 거예요.

또한 이것을 더 시각적으로 생각할 수 있는 다른 방법을 제시하고자 합니다. 우리는 넓이 모델area model이라고 부를 거예요. 우리는 기하를 공부하고 있기 때문에 이 방법이 곱셈을 더 쉽게 이해하도록 도울 거예요.

5와 18로 시작합니다. 이것은 넓이 모델이라고 부르는데 왜냐하면 사각형의 넓이는 5 곱하기 18이며 이는 90입니다.

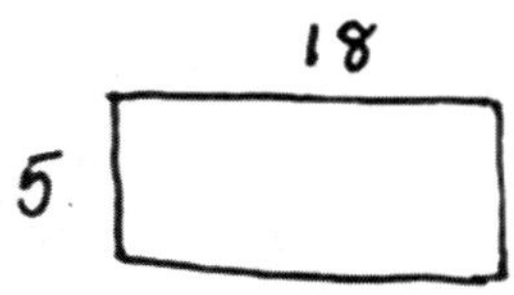


민호가 생각했던 것은, 18을 8과 10으로 나눈 것입니다.

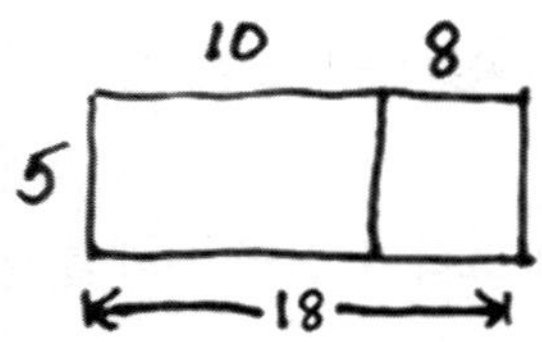

박 교사: 여전히 18이 보이나요? (학생들이 끄덕인다.) 그림 속에 10 곱하기 5가 어디 있을까요?

호준: 5와 10으로 된 상자에 있어요. (박 교사는 사각형 안에 50을 적는다.)

박 교사: 8 곱하기 5는요?

학생들: 다른 상자 안에요.

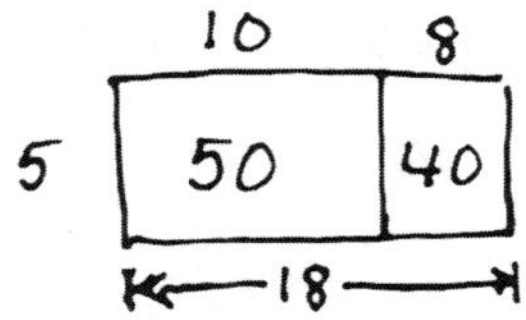


박 교사: 자, 이 모델은 숫자가 얼마나 크든지 간에 상관없이 곱셈 문제를 푸는 데 좋은 도구가 될 수 있어요. 숫자가 좀 복잡하다면, 생각하기 쉽게 숫자를 쪼개고, 다른 영역에 양을 각각 적은 다음에, 그 양들을 더하면 돼요.

(참고: 연산법칙을 학생들에게 소개하는 최적의 시간은 학생들이 스스로 사용할 때이다. 실제로, 수학적 어휘를 소개하는 가장 좋은 시기는 학생들이 이해하고 있는 아이디어에 이름 붙이는 데 사용될 때이다.)

가르침을 위한 팁

### FOIL

학생들은 FOIL [즉, 첫 번째first, 바깥 쪽outside, 안쪽inside, 마지막last]을 사용하여, 이항식을 곱하는 법을 배운다. 대부분의 학생들은 이 절차가 왜 그렇게 되는지를 전혀 생각하지 않기에, 3개의 이항들을 곱할 때 무엇을 해야 할지 모른다. — 왜냐하면 FOIL이 여기서는 통하지 않기 때문이다. 학생들이 기하학적 표현과 대수 표현을 연결하게 하면 여기에 포함된 실제 관계를 이해할 수 있게 되어 이항법칙에 대해 알고 있는 것을 다른 종류의 문제에 적용할 수 있게 된다. 자세한 내용은 9장의 〈탐구활동 7: 곱셈의 기하학적인 표현〉을 참조하자.

공통 핵심 규준Common Core State Standards의 주요 저자 중 한 사람인 필 다로Phil Daro는 최근(2010)에 "대수를 하지 않고 암산mental math을 할 수는 없다. 이것은 가장 순수한 수준의 대수적 추론이다."라고 했다. 곱셈에 관한 넘버토크는 학생들이 모든 수준에서 수학에 필수적인 연산 법칙을 이해할 수 있는 풍부한 기회를 제공해준다.

> 다로Daro는 "아홉 가지 법칙은 연산의 기초이며 대수를 배우기에 가장 중요한 준비이다. 동일한 법칙이 정수, 분수, 음수, 문자 및 문자식에 적용이 된다. 초등학교 3학년 때에 배우는 것과 미적분학에서 배우는 법칙이 같은 것이다"라고 했다.

넘버토크를 경험한 학생들은 수 연산의 특성을 이해하는 방법으로 수를 추론하면서 반복적으로 사용했기 때문에 대수를 쉽게 이해하게 된다. 그러나 이것은 자동으로 발생하는 것이 아니다. 학생들이 이러한 법칙을 사용함에 따라 교사로서의 임무 중 하나는 학생들이 스스로에게 의미 있는 전략과 수체계의 기초가 되는 법칙들의 이름을 연결할 수 있도록 도와주는 것이다.

CHAPTER

# 6 학년을 아우르는 덧셈

학생들이 암산mental math에 대한 경험이 전혀 없고, 수학에 대한 자신감을 심어줄 필요가 있다면, 덧셈에서부터 넘버토크number talks를 시작하는 것이 바람직하다. 전통적인 방식에만 익숙하지 않은 초등학생들의 경우, 여러 가지 방법으로 덧셈을 하는 것을 흥미로워하고 좋아할 수 있지만, 중학생과 고등학생의 경우, 덧셈에 대해 넘버토크를 보충학습으로 여길 것이라고 생각할 수 있다. 하지만 정반대의 상황을 경험할 것이다! 그러한 생각과 달리 덧셈에서부터 시작하는 것은 교사나 학생들에게 좋은 시작점이 될 수 있다.

기록을 위한 팁

**열린 수직선**

넘버토크를 하는 동안 학생들이 자신의 생각을 나타내기 위한 시각적 모델로 '열린 수직선'open number line을 사용하여 사고 전략을 기록하도록 한다.

열린 수직선은 눈금을 제시하지 않고 수직선을 사용하는 경우로, 정확한 단위 눈금 없이 사용하여, 단위의 정확한 측정을 의미하지는 않는다. 더 정확히 말하면, 수를 비례적으로 나타난다. 열린 수직선의 좋은 점은 작은 수나 큰 수를 개개 단위의 정확한 측정을 고려하지 않고 수직선에 나타낼 수 있다는 것이다.

## 다섯 가지 덧셈 전략

피가수＋가수＝합

덧셈은 직관적이어서 아무 도움 없이 어린 학생들도 다음에 제시되는 덧셈 전략들을 스스로 개발할 수 있다. 63＋23을 예로 사용하여 다섯 가지 덧셈 전략이 어떻게 효율적으로 사용되는가를 보이고자 한다.

**63 + 28**

**1. 올림하고 조정하기** Round and Adjust

“28을 30으로 올림한 뒤, 30을 63에 더해 93을 얻었어요. 그 다음 더한 2를 빼서, 91을 얻었어요.”

$$63 + 28$$
$$63 + 30 = 93$$
$$93 - 2 = 91$$

**2. 주고받기** Take and Give

“63에서 2를 빼서 28에 주면, 주어진 문제를 61＋30으로 바꿀 수 있습니다. 그 후 61과 30을 더해서 91을 얻었어요.”

$$63 + 28$$
$$63 \xrightarrow{+2} 28$$
$$61 + 30 = 91$$

**3. 왼쪽에서부터 시작하기** Start from the Left

“60과 20을 더해서 80을 얻었고, 3과 8을 더해서 11을 얻었습니다. 그 뒤, 80과 11을 더하여 91을 얻었어요.”

$$63 + 28$$
$$60 + 20 = 80$$
$$3 + 8 = +11$$
$$91$$

**4. 한 가수를 분리하기**Break One Addend Apart

"63에 20을 더하면 83이고, 그 후 8을 더하여 91을 얻었어요."

$$63 + 28$$
$$63 + 20 = 83$$
$$+\ 8$$
$$91$$

또는, "60과 28을 더하여 88을 얻었고, 그 후 3을 더 더하여 91을 얻었어요."

$$63 + 28$$
$$60 + 28 = 88$$
$$+\ 3$$
$$91$$

흔히 학생들은 다음과 같은 '한 가수를 분리해서 더하기'와 '주고받기' 전략을 함께 사용하여 문제를 해결하려 할 것이다. "저는 63과 20을 더한 뒤 83을 얻고, 8에서 7를 뺀 뒤, 7을 83에 더하여 90을 찾은 뒤, 1을 더하여 91을 얻었어요."

$$63 + 28$$
$$63 + 20 = 83$$
$$83 + 8 = 90 + 1 = 91$$

**5. 한 수에서 시작해서 다른 수를 더하기**Add UP

"63으로 시작해서 20을 더하여 83을 얻었고, 그 후 7을 더하여 90을 얻은 뒤, 1을 더하여 91을 얻었어요."

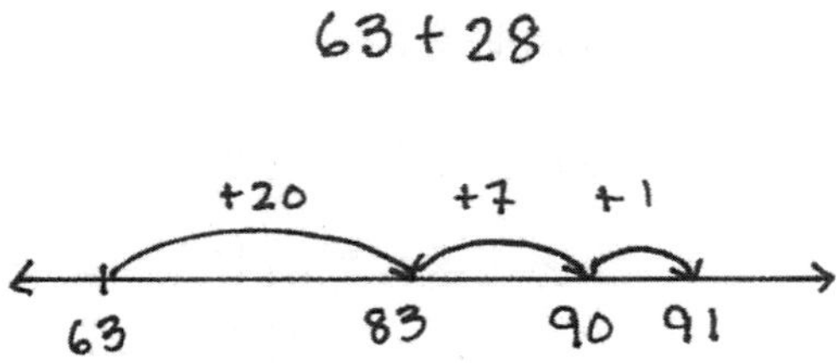


또는 "28에서 시작하여 2를 더한 뒤 30을 얻었고, 61을 더하여 91을 얻었습니다."

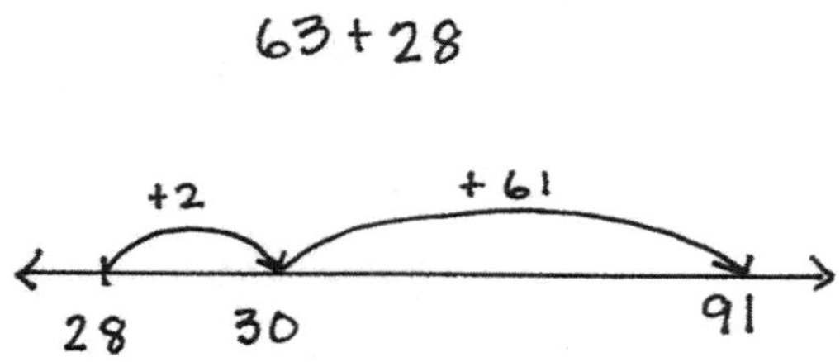


또 다른 전략인 '자릿수 바꾸기' 전략은 특별한 종류의 문제에 아주 유용하다. 그러나 '한 수에서 시작해서 다른 수를 더하기' 전략은 이 전략을 기반으로 하는 수학적 성질이 매우 중요하고, 흥미롭기 때문에 9장에서 탐구활동으로 제시할 것이다.

## ▌다섯 가지 덧셈 전략을 깊이 있게 발전시키기

### 1. 올림하고 조정하기

덧셈에서 한 가수를 10의 배수로 올림한 뒤 조정하는 전략은 덧셈을 훨씬 더 생각하기 쉽게 해주고, 효율적으로 할 수 있도록 도와준다. 올림하고 조정하기 전략은 받아올림할 필요가 없어 학생들에게 인기 있는 전략이다. 이 전략은 덧셈뿐만이 아니라 다른 연산에도 쉽게 사용할 수 있고, 이 전략을 사용한다는 것은 학생들의 수 감각 향상을 나타낸다고 할 수가 있다.

**올림하고 조정하기 전략을 사용할 수 있는 문제를 선택하는 방법**

학생들이 이 전략을 사용하도록 유도하기 위해, 한 가수가 10, 100 또는 100의 배수와 가까운 수로 구성된 덧셈 문제를 사용하는 것이 좋다. 예를 들어, 13+59의 경우, 학생들은 59는 60으로 반올림하는 것을 생각할 수 있다. 아래에서 보는 것처럼 8이나 9를 두 자리 수에 더하는 문제로 시작할 수 있다.

13+9　　24+8　　61+8　　43+9

그 후 많은 학생들이 이 전략을 다음에서 보는 10의 배수와 가까운 두 자리 가수 문제에 쉽게 사용할 수 있다.

63+28　　71+39　　84+59　　42+19　　50+28

다음으로 세 자리 수 더하기 두 자리 수나 세 자리 수 더하기 세 자리 수 문제에 이 전략을 사용하도록 지도하면 좋다. 이 경우 다음과 같은 두 자리 수나 세 자리 수 가수가 100에 가까운 경우의 문제를 제시하는 것이 좋다.

134+99　　247+98　　315+97　　468+99

점진적으로 가수가 10의 배수나 100과 차가 큰 수를 제시할 수 있다. 예를 들어, 54+28이나 81+17 같은 문제를 제시할 수 있다. 학생의 경험이나 준비된 상태에 따라 적절한 문제를 제시하는 것이 바람직하다.

**올림하고 조정하기 전략을 가르칠 때 유용한 질문**

- 왜 [198] 대신에 [200]을 더했나요?
- 너무 많이 아니면 너무 적게 더했나요?
- 왜 _____를 뺐지요?

**올림하고 조정하기 전략을 분수와 소수에 사용하기**

올림하고 조정하기 전략은 자연수뿐 아니라 분수와 소수 연산에서 사용될 수 있다. 이 전략을 분수와 소수에 사용하기 위해 가수가 자연수에 가까운 문제를 사용하는 것이 좋다. 여기서 이 전략을 사용할 수 있는 분수와 소수 문제를 다양화하는 방법에 대한 몇 가지 예를 제시한다.

**소수 예시 문제 ▸▸▸ 7.48 + 8.9**

“8.9에 0.1을 더한 뒤 9를 얻은 후, 9를 7.49에 더하여 16.48을 얻었다. 그 후, 추가적으로 더해진 0.1을 16.48에서 빼서, 16.38을 얻었다.”

$$7.48 + 8.9$$

$$7.48 + 9.0 = 16.48$$

$$\begin{array}{r} 16.48 \\ -\ .10 \\ \hline 16.38 \end{array}$$

다음 문제로 시작해보자.

$6.36+1.8$ $\quad$ $8.9+0.57$ $\quad$ $7.48+3.9$ $\quad$ $23.762+0.98$

**분수 문제 예시** ▸▸▸ $2\frac{1}{4}+\frac{7}{8}$

“$2\frac{1}{4}$와 1을 더해서 $3\frac{1}{4}$를 얻었다. 그런 다음 추가적으로 더해진 $\frac{1}{8}$을 빼서, $3\frac{1}{8}$을 얻었다.”

$$2\frac{1}{4} + \frac{7}{8}$$

$$2\frac{1}{4} + 1 = 3\frac{1}{4} \quad \left(\frac{1}{4} = \frac{2}{8}\right)$$

$$3\frac{1}{4} - \frac{1}{8} = 3\frac{1}{8}$$

다음 문제로 시작해보자.

$3\frac{1}{2}+\frac{3}{4}$ $\quad$ $7\frac{1}{2}+\frac{7}{8}$ $\quad$ $3\frac{5}{6}+\frac{1}{3}$ $\quad$ $\frac{1}{3}+\frac{8}{9}$

**2. 주고받기**

한 가수에서 다른 가수로 수량을 이동하는 것은 학생들에게 수 감각과 융통성을 기르는 데 도움을 주는 또 다른 전략이다. 학생들은 이 전략을 스스로 발견할 수도 있지만 스스로 발견하지 못할 경우, 교사가 학생에게 제시할 수 있다(2장에서 제시된 〈성공적인 넘버토크를 위한 고려사항〉 중 10번 참조).

**어떤 문제를 사용하여 주고받기 전략을 사용할 수 있는 문제를 선택하는 방법**

주고받기 전략은 더하는 수(가수)의 일의 자리 수가 충분히 커서 다른 가수를 10의 배수나 100으로 만들 수 있는 경우, 예를 들어, 23 + 19(또는 23 + 18, 23 + 17)와 같은 문제가 사용될 수 있다.

아래와 같이 10의 배수와 가까운 한 자리 가수로 시작하는 것이 좋다.

16 + 8　　18 + 6　　29 + 7　　14 + 7

일단 학생들이 이 전략이 어떻게 적용하는지 이해하면, 다음과 같은 큰 수를 사용하여 전략을 사용할 수 있다.

46 + 98　　89 + 45　　146 + 197　　478 + 88　　298 + 156

주고받기 전략은 어떠한 덧셈 문제에도 효과적으로 사용될 수 있고, 일단 이 전략의 가치에 대해 학생들이 인지하게 되면, 학생들은 이 전략을 융통성 있게 사용하는 법을 쉽게 배울 것이다.

**주고받기 전략을 가르칠 때 유용한 질문**

- 얼마나 움직일지 어떻게 결정했나요?
- _____를 _____로 움직이는 것이 어떻게 문제를 더 쉽게 만들었나요?
- 같은 전략을 사용했지만, 다른 수를 움직인 학생 있나요?

**주고받기 전략을 분수와 소수에 사용하기**

이 전략은 자연수처럼 분수와 소수 연산에 사용된다. 소수의 경우, 가수가 1의 배수나 10의 배수와 가까운 수를 사용하는 것이 좋다. 그러나 분수의 경우, 두 종류의 분수 문제 ― 분모가 같은 분수 문제와 한 분수의 분모가 다른 분수의 분모의 약수나 배수인 분수 문제 ― 가 사용될 수 있다.

**소수 예시 문제 ▸▸▸ 3.76 + 2.89**

"3.76에서 0.11을 분리해서 2.89에 더하였다. 그 뒤, 주어진 문제는 3.65 + 3으로 바뀌 6.65를 답으로 구하였다."

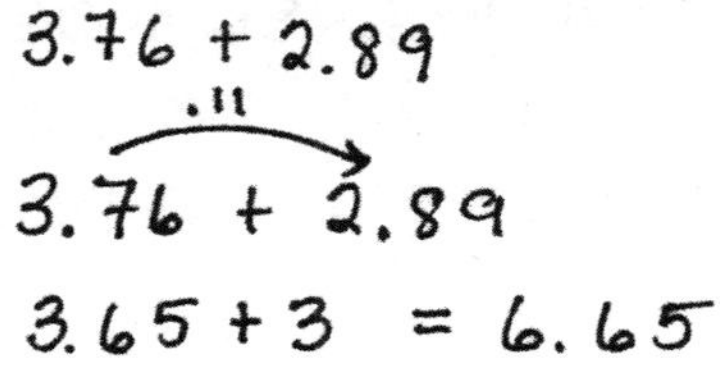


다음 문제를 제시하여 이 전략을 시작해보자.

23.54+17.97　　8.9+0.56　　31.67+18.88

3.8+1.44　　2.96+5.37

**분수 예시 문제 ▸▸▸** $7\frac{2}{3}+3\frac{5}{9}$

"$\frac{3}{9}$은 $\frac{1}{3}$과 같으므로 $3\frac{5}{9}$에서 $\frac{3}{9}$을 분리한 뒤, 그 분수를 $7\frac{2}{3}$에 더하였다. 이것은 주어진 문제를 $8+3\frac{2}{9}$로 바꾸게 하고, 답은 $11\frac{2}{9}$이다."

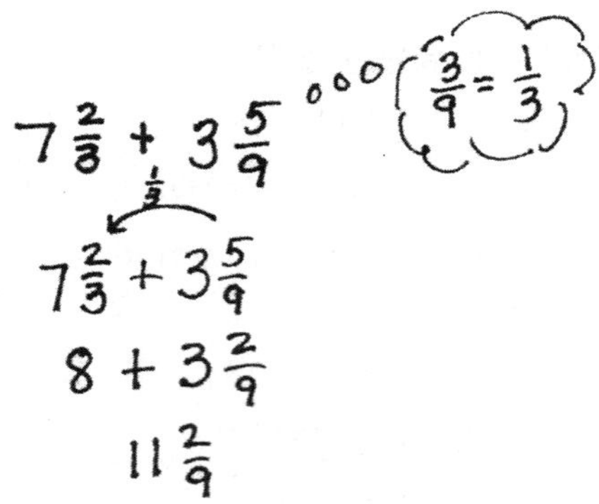


다음 문제로 이 전략을 시작하도록 제시하자.

$2\frac{3}{4}+6\frac{3}{4}$　　$5\frac{3}{5}+1\frac{7}{10}$　　$6\frac{2}{5}+3\frac{4}{5}$

$4\frac{2}{3}+\frac{3}{6}$　　$7\frac{5}{8}+\frac{7}{16}$

### 3. 왼쪽에서부터 시작하기

연구에 의하면 어린 학생들은 덧셈을 할 때, 백의 자리 수를 더하고, 십의 자리 수를 더하는 왼쪽에서 시작해서 오른쪽으로 더하는 방식으로 덧셈을 자연스럽게 접근한다. 하지만 학교 교육을 통해 오른쪽에서 왼쪽으로 작업하도록 전통적인 US 알고리즘을 만날 때, 학생들은 학생들의 고유한 방법과 성향을 포기하는 것으로 보고되었다(Kamii, 2000). 그러나 왼쪽에서부터 오른쪽으로 더하는 것은 학생들이 수의 자릿값과 수의 크기와 관련된 총량을 이해하는 데 도움이 된다. 예를 들어, 34+55를 왼쪽에서부터 시작하는 전략을 통해 어떻게 풀 수 있는지 생각해보자.

"먼저 30과 50을 더하여 80을 얻고, 4와 5를 더하여 9를 얻었다. 그 뒤 80과 9를 더하면 89를 얻었다."

학생들이 3을 30으로 생각할 때 숫자의 자릿값이 손실되지 않는다. 유사하게 3.6+2.3과 같은 소수 덧셈 문제의 경우, 왼쪽에서부터 더하는 학생들은 "3과 2를 더하여 5를 얻고, 0.6과 0.3을 더하면 0.9를 얻게 된다. 그래서 답은 5와 0.9를 더해 5.9를 얻었어요"라고 대답할 수 있다. 다시 한 번 이야기하지만, 소수점을 맞춰서 계산하는 전통적인 알고리즘의 경우, 수의 크기와 자릿값은 의미를 잃게 된다.

#### 왼쪽에서부터 시작하기 전략을 사용할 수 있는 문제를 선택하는 방법

학생들이 왼쪽에서부터 시작하기 전략을 사용하도록 하기 위해서 가수가 10의 배수나 10의 거듭제곱과 가깝지 않은 수를 선택하여 제시해야 한다. 다음과 같은 문제가 전형적인 예가 된다.

43+56 54+35 24+67 37+36 62+47

학생들이 왼쪽에서 시작하기 전략을 이해하면, 학생들은 이 전략을 아래와 같이 더 큰 수에 적용할 수 있다.

376+523 274+153 277+432 117+356 1834+2363

#### 왼쪽부터 시작하기 전략을 가르칠 때 유용한 질문

- 어디서 시작할지 어떻게 결정했나요?
- 자릿값에 대한 이해가 이 문제를 해결하는 데 도움이 되었나요?

- 70과 50이 100보다 커질 때는 어떻게 알아냈나요?

**왼쪽부터 시작하기 전략을 분수와 소수에 사용하기**

왼쪽부터 시작하기 전략은 자연수뿐만 아니라 분수와 소수에서 사용될 수 있다. 하지만 학생들은 일반적으로 분수를 어려워하기 때문에, 자연수 연산에서 먼저 이 전략을 사용하도록 하는 것이 좋다.

소수 연산 문제의 경우, 각 가수들이 자연수나 10의 배수와 가깝지 않은 수를 사용하는 것이 좋다. 또, 받아올림이 요구되는 소수와 받아올림이 요구되지 않는 소수를 포함하는 문제를 제시하여 이 전략을 사용하도록 하는 게 좋다. 분수 연산의 경우, 분모가 같은 분수나 한 분수의 분모가 다른 분수의 분모의 약수이거나 배수인 문제를 사용하는 것이 좋다.

**소수 예시 문제 ▸▸▸ 3.63 + 2.16**

"3에 2를 더하면 5이고, 0.6와 0.1을 더하면 0.7이 된다. 그 뒤 0.03과 0.06을 더하면 0.09가 되어서, 부분 합을 다 더하게 되면 5.79를 얻었다."

$$3.63 + 2.16$$
$$3 + 2 = 5$$
$$.6 + .1 = .7$$
$$.03 + .06 = .09$$
$$5 + .7 + .09 = 5.79$$

다음 문제로 이 전략을 시작하게 하자.

4.38 + 6.31　　3.46 + 4.33　　7.26 + 3.93　　1.036 + 2.35

**분수 예시 문제 ▸▸▸** $3\frac{5}{8} + 7\frac{3}{8}$

"3과 7을 더하면 10이고, $\frac{5}{8}$과 $\frac{3}{8}$을 더하면 $\frac{8}{8}$, 즉 1이 되어서 11을 구했다."

$$3\frac{5}{8} + 7\frac{3}{8}$$

$$3 + 7 = 10$$
$$\frac{5}{8} + \frac{3}{8} = \frac{8}{8} = 1$$
$$10 + 1 = 11$$

다음 문제로 왼쪽부터 시작하기 전략을 소개하자.

$3\frac{5}{9}+5\frac{2}{9}$ $\quad 4\frac{3}{5}+2\frac{3}{5}$ $\quad 1\frac{7}{8}+6\frac{3}{4}$ $\quad 3\frac{1}{3}+8\frac{5}{6}$

**4. 한 가수를 분리하기**

임의 수에 10의 배수를 더하는 것은 학생들이 수에 대해 더 잘 추론하도록 도와준다. 종종 10의 배수를 (예를 들어, 30+40) 더하는 법을 배우기 전에 가수(더하는 수)를 분리하는 것이 중요한 단계이다. 거의 모든 문제들에 이 전략이 사용될 수 있다. 최고의 전략이라는 것은 없으며, 학생들은 그들에게 이해 가능한 방법으로 수를 나눌 수 있다.

**한 가수 분리하기 전략을 사용할 수 있는 문제를 선택하는 방법**

거의 모든 덧셈 연산에 이 전략을 적용할 수 있다.

여기에 다음의 몇 가지 문제로 시작할 수 있다.

15+23 　 23+36 　 37+49 　 54+73 　 53+38 　 64+37

학생들이 가수 분리해서 더하는 전략을 잘 사용하게 되면, 다음과 같이 더 큰 수를 사용해서 수 분리 전략을 사용하게 하는 게 좋다.

237+314 　 456+238 　 328+234 　 183+276 　 1457+523

기록을 위한 팁

### 실수의 성질을 강조하기

이 책의 초반에서 넘버토크는 대수에서 사용되는 성질을 그대로 사용한다고 제시하였다. 만약 이러한 대수의 성질을 학생들에게 분명하게 하지 않으면, 학생들은 무엇을 하고 있는지 잘 이해하지 못한다. 그러나 이러한 실수Real number의 성질들이 학생들이 해왔던 것과 직접 연결될 때 더 잘 이해될 수 있다.

56＋47 문제의 경우, 학생이 실수의 성질을 고려하여 다음과 같이 이야기하였다. "47에 50을 더하여 97을 얻었다. 그 뒤, 56 남은 6을 97에 더하여 103을 얻었다."

열린 수직선open number line을 포함하여, 학생들의 전략을 기록할 수 있는 다양한 방법이 있다. 그러나 추가적인 고려 사항은 실수의 성질을 강조하며 기록을 사용하는 것이다.

가장 최선의 방법은 먼저 학생이 말한 것을 그대로 기록하는 것이다. 그래서 먼저 앞서 학생이 생각한 전략은 다음과 같이 기록될 수 있다.

$$56 + 47$$

$$50 + 47 = 97$$

$$\begin{array}{r} 97 \\ +\ 6 \\ \hline 103 \end{array}$$

교사가 기록한 내용이 그 다음 학생의 생각을 나타낸 것임이 확인되면, 다음과 같이 이야기할 수 있다. "네가 문제를 이 방법으로 해결할 때, 두 가지 중요한 수학적인 성질을 사용하였다. 함께 살펴보자."

$56 + 47$

$(50+6) + 47$

$(6+50) + 47$ 덧셈의 교환법칙

$6 + (50+47)$ 덧셈의 결합법칙

$6 + 97$

$97 + 6$ 덧셈의 교환법칙

$103$

**한 가수 분리하기 전략을 가르칠 때 유용한 질문**

- 어떤 수를 분리할지 어떻게 결정했나요?
- _____ 대신에 _____를 더하면 어떻게 문제가 쉽게 해결되나요?
- 여러분이 한 계산을 어떻게 정리할 수 있나요?
- 같은 전략을 사용했지만 다른 숫자를 분리한 사람 없나요?

**한 가수 분리하기 전략을 분수와 소수에 사용하기**

이 전략은 자연수뿐만 아니라 분수와 소수 연산에서 효과적으로 사용될 수 있다.

**소수 예시 문제 ▸▸▸ 4.57 + 5.83**

"5.83에 4를 더하면 9.83이 되고, 그 뒤 0.5를 더해서 10.33을 얻었다. 그 후, 0.07을 더하여 10.4를 얻었다."

```
      4.57 + 5.83
  5.83 + 4 = 9.83
             +.5
             10.33
             +.07
             10.40
```

다음 문제로 한 가수 분리하기 전략을 시작해보자.

| | | |
|---|---|---|
| 0.23+0.57 | 0.354+0.33 | 1.07+0.68 |
| 23.51+0.36 | 16.204+0.26 | 13.38+0.73 |

한 가수 분리하는 전략은 학생들이 자연수와 분수로 결합된 혼합수mixed number를 이해하는 데 도움이 될 수 있다. 이 전략은 두 혼합수 덧셈 연산에 가장 잘 작동된다.

**분수 예시 문제 ▸▸▸ $3\frac{1}{6}+9\frac{2}{3}$**

"$3\frac{1}{6}$에 9를 더해 $12\frac{1}{6}$을 얻었어요. $\frac{2}{3}$는 $\frac{4}{6}$와 같기 때문에, $12\frac{1}{6}$과 $\frac{4}{6}$를 더하

여, $12\frac{5}{6}$를 얻었어요. 그래서 답은 $12\frac{5}{6}$입니다."

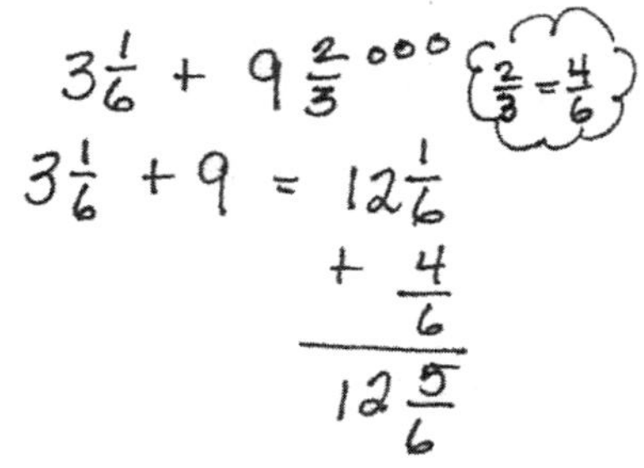

한 가수 분리하기 전략을 장려하기 위해서 아래와 같은 두 진분수의 합이 1보다 작거나 사용하기 쉬운 분모로 구성된 혼합수 문제를 사용해보자.

$5\frac{5}{12}+3\frac{1}{4}$　　$2\frac{3}{8}+2\frac{1}{4}$　　$3\frac{5}{12}+1\frac{1}{6}$　　$7\frac{3}{10}+4\frac{2}{5}$

**5. 한 가수에서 시작해서 다른 가수를 더하기**

한 가수에서 시작해서 다른 가수를 더하기 전략은 앞서 이야기한 한 가수 분리하기 전략과 매우 관련이 있다. 하지만 다른 가수를 더하기 전략에서 학생들은 종종 한 가수를 여러 부분으로 나누어서 더한다. 이 전략은 수직선과 함께, 또는 수직선 없이 사용될 수 있지만, 수직선을 사용하면 학생들은 크고 작은 수의 덧셈을 효과적으로 시각화할 수 있다.

**한 가수에서 시작해서 다른 가수 더하기 전략을 사용할 수 있는 문제를 선택하는 방법**

이 전략은 모든 문제에 효과적으로 사용될 수 있다. 다음에 제시되는 문제로 시작하자.

18 + 7　　19 + 6　　39 + 23　　68 + 27　　43 + 39　　16 + 59

학생들이 두 자리 숫자 덧셈 문제에 다른 가수를 더하기 전략을 잘 사용하게 되면, 아래처럼 더 큰 수를 사용해서 다른 가수를 더하기 전략을 사용하도록 제시할 수 있다.

258 + 36　　574 + 34　　546 + 28　　351 + 439　　1348 + 143

**다른 가수 더하기 전략을 가르칠 때 유용한 질문**

- 어디서 시작할지 어떻게 결정했나요?
- 왜 ______로 점프했나요?
- 네가 만든 움직임이나 점프를 어떻게 추적했어요?

**다른 가수 더하기 전략을 분수와 소수에 사용하기**

다른 가수 더하기 전략은 자연수뿐만 아니라 분수와 소수 연산에서도 사용될 수 있다. 소수 연산의 경우, 자연수 덧셈 연산과 비슷하게 10의 배수와 10의 거듭제곱과 비슷한 문제를 사용해라.

**소수 예시 문제 ▸▸▸ 1.09 + 0.83**

"1.09에서 시작하여, 0.01을 더해 1.1을 얻었어요. 그 뒤 0.8을 더해 1.9를 얻었고, 그 뒤 0.02를 더하여 1.92을 얻었어요."

1.09 + .83

1.09 + .01 = 1.1

+ .8

1.9 + .02 = 1.92

열린 수직선은 학생들이 소수 문제에 다른 가수 더하기 전략을 사용할 때, 학생 사고 과정을 기록하는 데 특별히 유용하다.

1.09 + .83

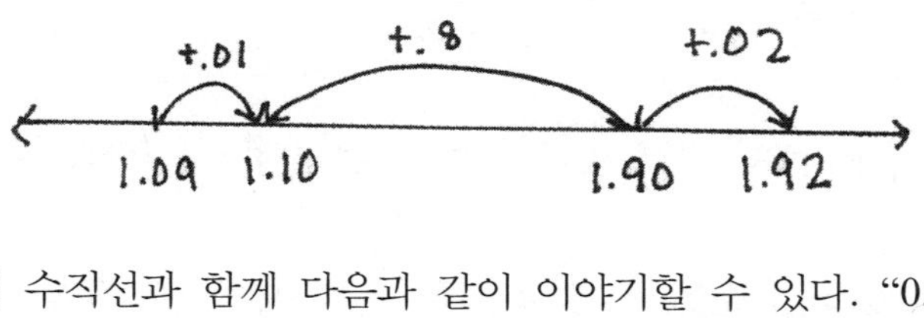


학생들은 위의 수직선과 함께 다음과 같이 이야기할 수 있다. "0.83에서 시작해서, 0.07를 더해서 0.9를 얻을 수 있었어요. 그 다음 1.02를 더해서 1.92를 얻었어요."

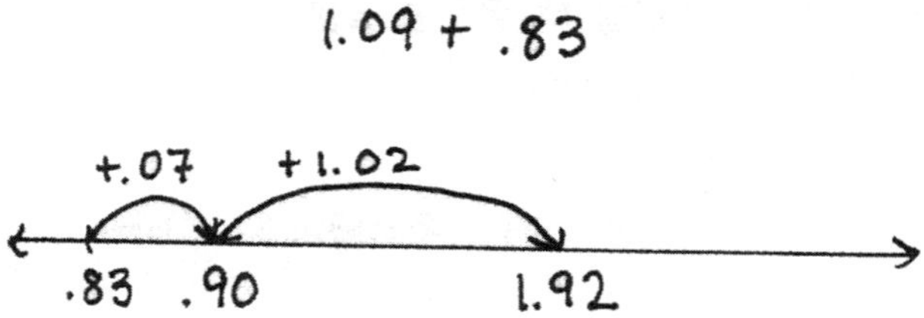


다음 문제로 시작하자.

| | | |
|---|---|---|
| 0.97+0.34 | 0.38+0.57 | 0.63+0.29 |
| 1.059+0.223 | 2.39+0.43 | 7.06+0.48 |

분수의 경우, 분모가 같은 분수나 한 분수의 분모가 다른 분수의 분모의 약수이거나 배수인 문제를 사용하는 것이 좋다.

**분수 예시 문제** ▸▸▸ $2\frac{3}{4}+\frac{3}{4}$

"$2\frac{3}{4}$으로 시작해서, $\frac{1}{4}$을 더하여 3을 얻었어요. 그 뒤, $\frac{2}{4}$가 남게 되는데, $\frac{2}{4}$는 $\frac{1}{2}$과 같으므로, 3에 $\frac{1}{2}$을 더해 $3\frac{1}{2}$을 얻게 되었어요."

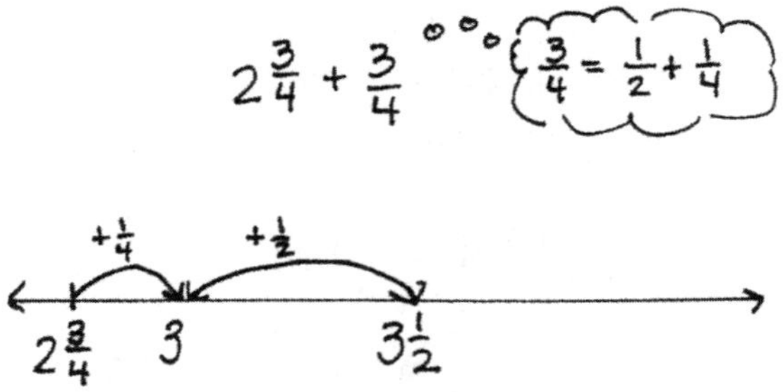


다음 문제로 한 가수에서 시작 하여 다른 가수 더하기 전략을 시작하자.

$3\frac{5}{9}+\frac{2}{3}$ $7\frac{5}{6}+\frac{11}{12}$ $3\frac{2}{3}+\frac{5}{6}$ $6\frac{5}{8}+2\frac{3}{4}$ $\frac{19}{12}+\frac{6}{7}$

일단 덧셈과 뺄셈을 중심으로 넘버토크를 학습하는 경우, 학생들은 연산 문제를 풀 때 다양한 방법들이 존재한다는 것을 알게 될 것이다. 또한 학생들은 자기만의 방법을 사용해서 문제를 이해할 수 있다는 것을 알게 된다. 또한 넘버토크를 사용해서 다른 연산을 계속 학습함에 따라 학생들은 기대감과 탐구 정신을 개발할 것이다.

CHAPTER

# 7 학년을 아우르는 나눗셈

30년도 더 전에 미국수학협회 회장인 리처드 앤더슨Richard Anderson은 과학 발전을 위한 미국 협회American Association for the Advancement of Science 미팅에서 컴퓨터와 계산기가 학교에서 실제로 사용되는 시대가 도래할 때, 종이와 연필에 의존하는 전통적인 방식의 나눗셈 문제 풀이 방법은 도도새처럼 무용지물이 될 것이라고 예견했다(Maier, 1982). 10년이 지난 후, 수학 학습 센터Math Learning Center의 진 마이어Gene Maier는 《도도새처럼 퇴보한 전통적 방식에 의존하는 긴 나눗셈(Long Division: Dead as a Dodo Bird, 1982)》이라는 책을 출간하면서, 앤더슨처럼 학교와 관련된 교사 직업 외에는 어떠한 직업도 전통적인 방식에 의존하는 나눗셈을 필요로 하지 않는다고 강조하였다. 그러나 30년이 더 지난 지금에 와서도 학생들은 배우기 어렵고, 실수하기 쉬운 나눗셈 공식과 절차에 2년에 걸친 수업시간을 사용하고 있다. 그리고 슬프게도 학생들이 배워야 하는 나눗셈의 의미는 여전히 등한시되고 있다.

마이어Maier의 비전을 향한 진전이 이루어지고 있다는 작은 신호가 있다. 예를 들어 미국 공통 핵심 규준Common Core State Standards에는 다항식 나눗셈에 대한 구체적인 언급이 없다. 아마도 얼마 있지 않아 복잡한 계산을 요구하는 수학식이나 암기에 의존하는 나눗셈 공식들은 점진적으로 감소될 것으로 기대한다. 이것은 학생들에게 수학을 알기 위해 흥미진진한 일에 참여하도록 초대할 것이며, 학생들에게 수학적 아이디어를 탐구하는 시간을 제공하는 흥미로운 일이 될 것이다.

넘버토크는 학생들이 나눗셈 학습에 있어 전통적인 방식에 의존한 암기 중심 학습을 통해 잃어버린 것이 무엇인지 이해하는 데 도움이 될 것이다. 넘버토크를 통해 학생들은 나눗셈을 이해하고, 수의 의미와 관련성을 강조함으로써 학생들은 합리적인

'대략적인' 답을 결정하기 위해 어떻게 문제를 평가하는가를 배우게 될 것이다.

다른 연산에 대해 설명한 앞 장과 같이, 이 장에서 자연수, 분수, 소수와 관련된 효과적인 전략에 대해서 조사할 것이다. 일부 나눗셈 전략들은 이 책에서 소개되는 다른 전략들과 달리, 학생들은 여전히 지필paper and pencil을 사용하여, 그들의 사고 흐름을 진행시키려 할 것이다. 이러한 방법으로 사고 흐름을 진행하는 것은 문제가 너무 크거나 복잡하여 완전히 머리로만 해결할 수 없을 때, 학생들이 자신이 이해한 방법을 사용하도록 도와줄 수 있다. 포스낫과 돌크(Fosnot & Dolk, 2001)는 이러한 추적 방법을 '머리와 함께 생각하기'thinking with head라고 칭하면서, '머릿속으로 생각하기'thinking in your head와는 반대되는 방법이라고 정의했다. 이 책에서 학생들 스스로 발견하기 힘들지만, 큰 수를 가지고 추론하기에 좋은 방법인 '곱셈을 이용한 탑 만들기'make a tower를 소개한다. 이 전략은 피제수나 제수가 큰 수로 구성된 문제에 효과적으로 사용될 수 있고, 학생들이 이해해야 하는 중요한 수학적 관련성을 나타내기 때문에, 학생들은 이 전략을 사용하도록 요구될 것이다.

한 가지 문제 예를 사용하여 다양한 나눗셈 전략을 제시하는 대신, 각각의 나눗셈 전략은 각기 다른 문제 유형에 효과적으로 사용될 수 있으므로 다양한 문제 예를 선택하여 다양한 전략을 설명한다.

## 다섯 가지 나눗셈 전략

| 피제수 (나누어지는 수) ÷ 제수 (나누는 수) = 몫 |
|---|

**1. 대신 곱하기Multiply Instead: 17 ÷ 3**

"3 곱하기 5는 15이므로, 3으로 구성된 5 집단을 갖게 되고, 2가 남게 된다. 그래서 답은 5와 나머지 2로 구했어요."

"나도 같은 방식으로 해서 5개의 집단을 얻었다. 하지만 남은 2로는 3개로 구성된 또 다른 그룹을 만들 수 없어서 2는 3 중의 2이므로, 답은 5로 나타내었다."

**2. 큰 수 빼기Chunk Out: 643 ÷ 30**

"10 곱하기 30는 300이고, 20 곱하기 30은 600이다. 그래서 각 30으로 구성된 20개의 집단(600)을 643에서 빼면, 43이 남게 된다. 30으로 구성된 1집단을 더 빼게 되면, 13이 남게 되고, 20개의 집단과 1집단을 더하게 되면, 각 집단에 30으로 구성된 21집단과 나머지 13이 남게 되므로, 답은 21이 된다.”

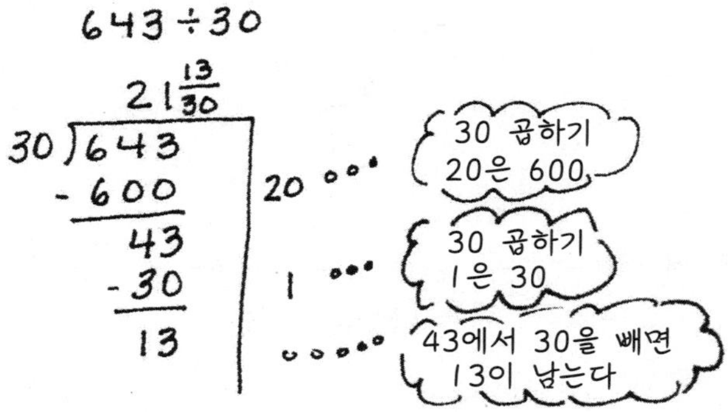


(참고: 이 전략을 기록할 때, 몫은 뺀 모든 집단 수를 더해서 결정한 뒤, 위에서 보이는 것처럼 몫을 쓰는 위치에 기록하면 된다.)

**3. 탑 만들기Make a Tower: 531 ÷ 13**

“나의 경우, 13, 26, 39, 52와 같이 13의 배수의 탑을 만들면서 시작했다. 그 뒤 52에 10을 곱하여 520을 얻었다. 520은 각 집단이 13으로 구성된 40집단을 나타내며, 531에서 520을 빼면, 11이 남게 된다. 그래서 531은 13으로 구성된 40개의 집단과 나머지 11로 나타낼 수 있으며, 나의 답은 $40\frac{11}{13}$이다.”

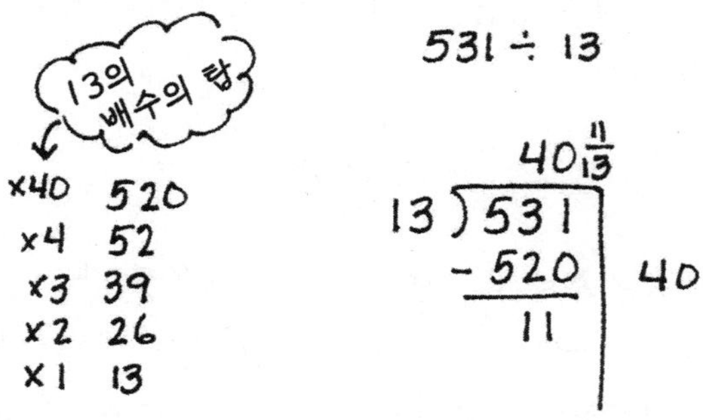


**4. 반으로 나누고 또 나누기Halving and Halving: 128 ÷ 32**

“주어진 두 수를 반으로 나누어서 주어진 문제를 64 나누기 16으로 만들었고(64 ÷ 16), 다시 두 수를 반으로 나누어 32 나누기 8로 만들었으며(32 ÷ 8), 다시 두 수를 반으로 나누어 16 나누기 4로 만들어서(16 ÷ 4), 4를 답으로 구했다.”

$$
\begin{aligned}
&128 \div 32 \\
&= 64 \div 16 \\
&= 32 \div 8 \\
&= 16 \div 4 \\
&\quad (4)
\end{aligned}
$$

기록을 위한 팁

### 나눗셈 기호

학생들이 나눗셈 기호를 보다 융통성 있게 해석하도록 돕기 위해서, 나눗셈 넘버 토크에서 나눗셈 기호를 교환해서 사용한다. 학생들은 종종 나누는 수와 나누어지는 수를 혼동하기 때문에, 나누는 수와 나누어지는 수를 바꾸어서 다른 나눗셈 기호를 사용하여 표현한 뒤, 각 나눗셈 문제를 어떻게 읽어야 하는지를 말로 표현하도록 지도하여 학생들의 이해를 심화시키는 것이 좋다.

예를 들어, 학생들이 다음의 나눗셈 문제를 어떻게 읽고, 해석하지는 생각해 보자.

$$3 \div 15$$

이 나눗셈 식은 ‘3을 15로 나누기’[3 divided by 15]로 읽어야 한다. 하지만 학생들의 아래와 같은 나눗셈을 자주 경험하기 때문에, 학생들은 앞의 문제를 ‘15를 3으로 나누기’[3 into 15]로 해석한다.

$$3\overline{)15}$$

대수학에서 거의 독점적으로 나눗셈을 분수 기호[fraction bar*]를 사용하기 때문에, 학생의 경험에 따라서 나눗셈을 나타내기 위해 분수 기호를 사용하여, 대수학을 시작하는 지름길을 열어주는 것이 좋다. 그래서 학생들이 $\frac{3}{15}$을 ‘15분의 3’ 또는 ‘3 나누기 15’로 올바르게 읽을 수 있도록 도움을 주는 것이 중요하다.

---

* Fraction bar는 분수 막대기로 해석될 수 있지만, 분자와 분모를 나누는 라인을 나타내는 분수 기호로 해석하였다.

## 나눗셈 전략을 깊이 있게 발전시키기

### 1. 대신 곱하기

나눗셈 대신 곱셈을 사용하는 것은 곱셈과 나눗셈의 관계를 강조한다. 이 전략은 학생들이 이미 알고 있는 연산에 기초하여 나눗셈을 학습하게 하여 학생들이 나눗셈을 더 쉽게 접근하도록 도와준다.

**대신 곱하기 전략을 사용할 수 있는 문제를 선택하는 방법**

이 전략은 피제수가 제수의 배수이거나 배수와 가까운 수를 이용한 문제를 소개할 수 있으면, 학생들이 알고 있는 곱셈 구구에 기반을 둔 문제를 풀도록 하는 것이 좋다. 다음과 같은 문제로 시작할 수 있다.

15÷3　　21÷5　　17÷3　　19÷6　　27÷4　　18÷4

그 다음 학생들이 아래와 같은 한 자리와 두 자리 제수 나눗셈 문제에 대신 곱하기 전략을 사용하도록 제시하자.

50÷7　　154÷12　　84÷9　　66÷8　　60÷15　　29÷14

**대신 곱하기 전략을 가르칠 때 유용한 질문**

- 왜 ____에 ____를 곱했지요?
- 나머지 수를 어떻게 하기로 결정했나요?
- 나머지 수를 다르게 표현한 사람 있나요?
- 왜 곱셈이 나눗셈 문제를 푸는 데 사용될 수 있을까요?

대신 곱하기 전략은 학생들이 나눗셈의 의미를 생각하기 시작하면서 자연적으로 사용할 수 있는 전략이어서, 이 장에서 나눗셈의 첫 번째 전략으로 소개되었다. 그러나 이 전략은 배수 개념에 의존하기 때문에 소수나 분수 문제에는 비효과적일 수 있다.

### 2. 큰 수 빼기

큰 수 빼기 전략은 학생들에게 나눗셈에 대해 추론하는 기회가 제공되는 경우 학생 스스로 발견하는 또 다른 전략이다. 이 전략은 제수의 배수 중 학생들이 생각하기에 쉬운 큰 수를 피제수에서 뺀 후, 남은 작은 수를 다시 생각하여 몫을 구하는 방법으로 아주 유용한 나눗셈 전략 중의 하나이다. 예를 들어, 276÷13 문제의 경우, 학생들은 13의 20배(또는 260)를 276에서 빼고, 남은 16에서 13을 한 번 더 빼서 3을 나머지로 갖게 된다. 13을 모두 21번 뺐기 때문에 답으로 13의 21과 나머지 $\frac{3}{13}$ 또는 $21\frac{3}{13}$으로 나타낼 수 있다. 이 큰 수를 빼기 전략은 나눗셈 문제의 답을 어림하는 데 매우 효과적인 전략일 수 있다.

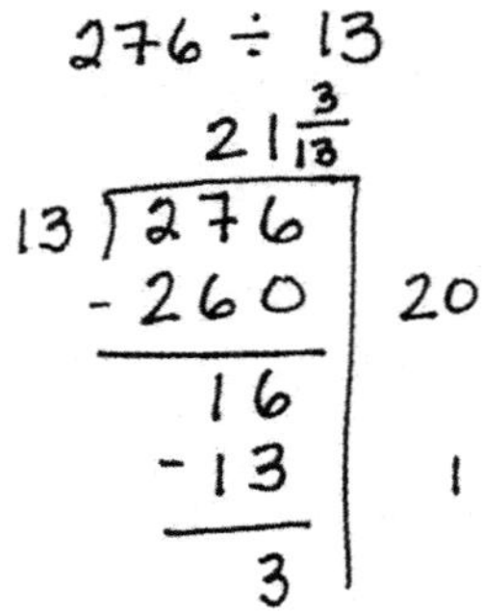

**큰 수 빼기 전략을 사용할 수 있는 문제를 선택하는 방법**

이 큰 수 빼기 전략을 장려하기 위해 두 자리 수 나누기 한 자리 수 문제로 시작할 수 있는데, 특히 다음과 같이 피제수가 제수의 10배에 가까운 수를 사용하여 소개할 수 있다.

32÷3　　43÷4　　87÷8　　76÷7　　53÷5　　97÷9

그 다음 학생들이 큰 수 빼기 전략을 사용하여 나눗셈 문제를 잘 해결하게 되면, 이 전략을 더 큰 수를 사용한 나눗셈 문제에 사용하게 하자. 아래와 같이 피제수가 제수의 10배와 가까운 수를 사용한 문제를 제시해보자.

63÷20　　273÷13　　468÷40　　283÷14　　246÷12

이 전략은 수의 크기와 관계없이 어떤 나눗셈 문제에도 유용하게 사용될 수 있다. 예를 들어, 23,573÷21의 경우, 학생은 21의 1000배, 또는 21,000을 23,537에서 뺄 수 있고, 2537이 남게 되면, 21의 100배, 또는 2100을 빼고, 437이 남게 되면, 21의 20배, 420을 빼서, 53을 남게 된다. 다시 21의 2배는 빼면, 11을 남게 되며, 답으로 1,122를 얻을 수 있다. 이러한 큰 수를 사용하여 나눗셈을 하는 경우, 학생들이 공책이나 종이를 사용하여 사고 과정을 기록 또는 추적하도록 하는 것이 합리적이다.

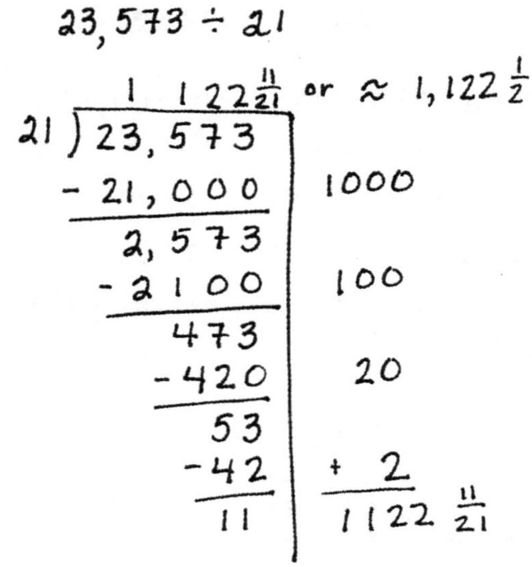


**큰 수 빼기 전략을 가르칠 때 유용한 질문**

- 얼마나 큰 수를 뺄지 어떻게 결정했나요?
- 나머지 수를 어떻게 처리했나요?
- 다음에 어떤 수를 뺄지 어떻게 결정했나요?

**큰 수 빼기 전략을 소수에 사용하기**

큰 수 빼기 전략은 소수가 사용되는 나눗셈 문제의 경우 비효율적인 전략이 될 수 있다. 이 전략은 정확한 답을 요구하는 문제의 경우 비효율적일 수 있지만, 나눗셈 문제를 잘 선택할 경우 이 전략은 학생들에게 수의 크기, 자릿값에 따른 수의 상대적인 크기에 관한 이해(place value relationships), 10의 배수나 10의 거듭제곱을 머릿속으로 계산하여 학습할 수 있는 중요한 학습 기회가 될 수 있다.

이 전략의 효과를 극대화하고 계산을 너무 복잡하지 않게 하기 위해, 피제수가 두 자리 또는 세 자리 자연수이고 한 자리 소수점을 가지고 있는 제수로 구성된 문제를 선택하자.

우리는 이 문제들이 큰 수 빼기 전략을 사용하여 얼마나 흥미롭게 해결될 수 있는지 놀랐고, 우리가 했던 것처럼 다음 문제를 이 전략을 통해 해결하면서 비숫한 경험하기를 바란다.

**예시 문제 ▸▸▸ 949 ÷ 8.5**

“10 곱하기 8.5은 85이므로, 8.5의 100배인 850을 빼게 되면, 99가 남게 된다. 다시 8.5의 10배인 85를 빼게 되면, 14가 남게 된다. 8.5를 한 번 더 뺄 수 있고, 그럼 다 합하여, 8.5의 111배를 빼게 되었고, 5.5가 남게 된다. 그래서 답으로 $111\frac{2}{3}$를 구하였다.” (소수 연산 문제를 풀 때, 분수를 포함하는 딜레마에 관해서는 다음에 제시되는 반으로 나누고 또 반으로 나누기 전략Halving and Halving을 참조하자.)

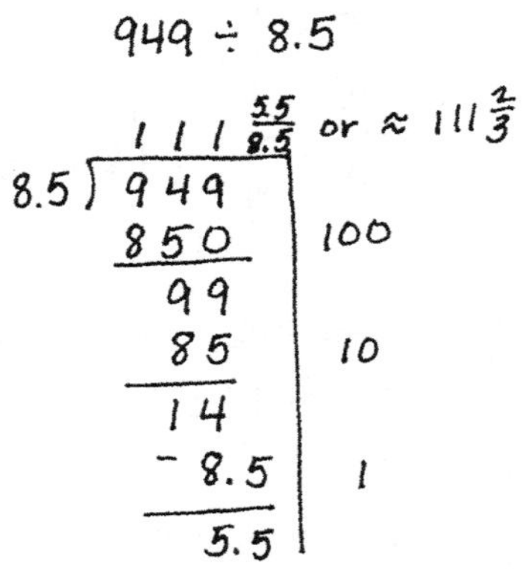


다음 문제로 큰 수 빼기 전략을 시작해보자.

134 ÷ 0.5　　56 ÷ 0.2　　14 ÷ 0.3　　18 ÷ 0.4

다음 문제로 학생들의 큰 수 빼기 전략 학습을 심화시켜보자.

13.7 ÷ 0.3　　14.8 ÷ 0.4　　3.75 ÷ 0.6　　72.3 ÷ 0.7

(참고: ‘큰 수 빼기’ 전략은 재미있기는 하지만 분수 연산에 효과적이지 않다.)

**3. 탑 만들기**

탑 만들기 전략을 학생들이 발견하는 경우를 본 적은 없지만, 제수(나누는 수)의 배수가 쉽게 찾아지지 않을 때, 이 전략은 많은 나눗셈 문제를 훨씬 풀기 쉽게 만들어준다. 이 전략을 당신이 전에 사용했던 전략이나 다른 사람이 사용했던 전략으로 소개할 수 있다. 이 전략은 미국 교과서 중의 하나인 《Investigation in Number, Data, and Space(Kliman et al., 1996)》에서 처음 소개되었고, 학생들이 어려움 없이 쉽게 이해하고 잘 사용하였다. 예를 들어, 529 ÷ 17의 경우, 학생들은 17의 배수, 17, 34, 51 등을 이용해서 배수 탑을 만든다. 17의 3배는 51이며, 51에 10을 곱하면, 이는 17의 30배는 510이다. 529에서 510을 빼면, 19가 남고, 19에서 17을 한 번 더 빼면, 2가 나머지로 남게 된다. 그 후, 빼진 총 배수의 합을 구하여, 답으로 $31\frac{2}{17}$를 구할 수 있다.

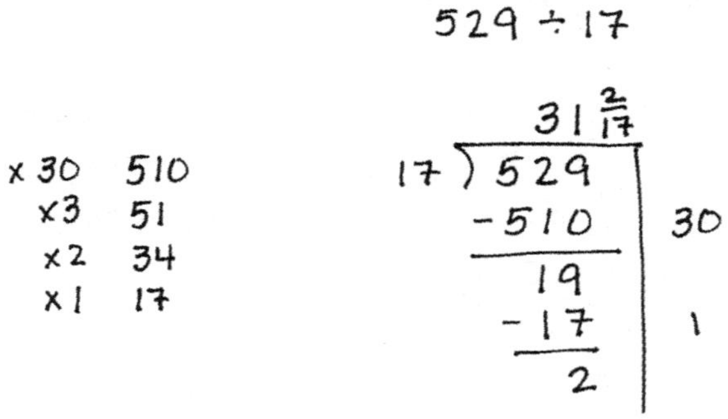


위의 그림에서 보는 것처럼 탑tower은 제수의 배수들의 열column에 해당한다. 학생들은 탑을 이용하여, 어떠한 제수의 배수를 빼야 하는지를 결정해야 한다. 학생들은 여러 다양한 방법으로 제수의 배수를 뺄 수 있으며, 전통적인 나눗셈 방식과 달리 피제수에 가장 가까운 큰 수를 빼는 것이 중요하지 않다. 만약 학생들에게 이 전략을 통해 매번 피제수에 가장 가까운 큰 수를 찾도록 요구한다면, 이 과정은 학생들이 따라야 하는 또 다른 알고리즘이 된다. 학생들은 아래의 예에서 보이는 것처럼 나눗셈이 무엇인지를 자기의 방식으로 이해해야 한다.

먼저, 17의 배수를 이용하여 탑을 만들었다. 17, 34 그러고 나서 17의 10배인 170은 계산하기 쉽기 때문에, 170으로 건너뛰었고, 529에서 170을 빼, 359를 얻었다. 그 다음 170을 반복적으로 두 번에 걸쳐서 빼서 19를 갖게 되었다. 그 다음 17을 한 번 더 뺀 후, 2를 나머지로 갖게 되었다. 그래서 답은 $31\frac{2}{17}$이다.

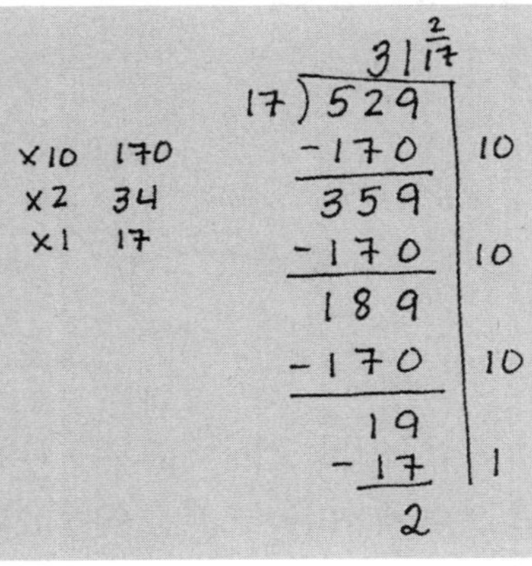

학생들이 배수 탑 만들기 전략을 통해 몫을 효과적으로 요령있게 사용하기 위해서는 여러 번에 걸친 반복된 연습을 필요로 한다.

**탑 만들기 전략을 사용할 수 있는 문제를 선택하는 방법**

나누는 수의 배수 탑을 통해 몫을 구하는 전략을 효과적으로 사용하기 위해서는 피제수가 제수의 배, 또는 제수의 10의 거듭제곱과 가까운 수를 사용한 아래와 같은 문제로 시작하자.

다음과 같은 문제로 탑 만들기 전략을 시작해보자.

211÷7　　186÷6　　39÷12　　410÷13　　530÷17　　271÷13

학생들이 위의 문제에 탑 만들기 전략을 효과적으로 사용했으면, 다음과 같은 더 큰 수를 사용한 문제를 제시하여 사용하게 하자.

856÷21　　1815÷15　　1920÷16　　578÷23　　5612÷17

**탑 만들기 전략을 가르칠 때 유용한 질문**

- 탑을 어디에서 그만둘지 어떻게 결정했나요?
- 탑을 그만뒀을 때, 얼마나 많은 ___를 가졌나요?
- 왜 제수의 ___배(그룹)를 가졌나요?
- 총 얼마나 많은 그룹을 사용했나요?

**탑 만들기 전략을 소수 문제에 사용하기**

탑 만들기 전략은 자연수 나눗셈 연산과 같이 소수 나눗셈 연산에도 사용될 수 있다. 이 전략은 정확한 답보다는 몫의 대략적인 어림값을 얻는 데 보다 효과적일 수 있지만, 제수의 배수 그룹을 빼는 것은 종종 문제를 다소 복잡한 뺄셈 문제로 만들 수 있으며, 그러한 경우 나머지는 계산하기 어려울 수 있다.

**예시 문제 ▸▸▸ 46÷2.03**

"이 문제의 경우, 2.03의 2개의 배수를 사용하여, 2.01, 4.06로 탑을 만든다. 그 뒤 4.06에 10을 곱하면, 40.6을 얻게 되었고, 이는 2.03의 20그룹을 의미하는 것으로, 46에서 40.6을 빼게 되면, 5.4가 남게 된다. 그 뒤 5.4에서 2.03의 두 배를 더 빼게 되면, 1.43이 나머지로 남게 된다. 그래서 답은 2.03의 총 배수와 나머지를 2.03과 비교하여, 답으로 22와 $\frac{1}{2}$보다 조금 더 큰 수로 구하였다."

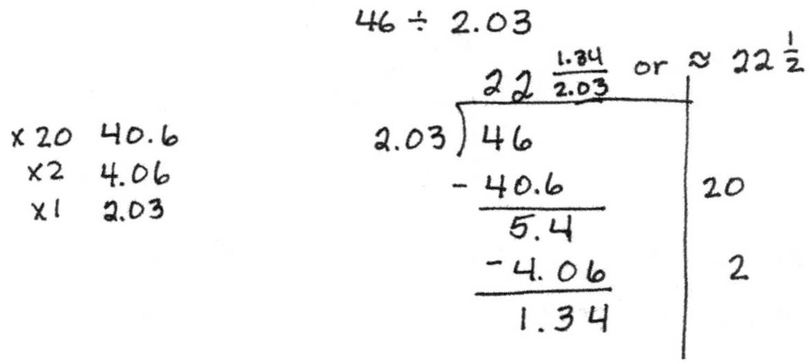


탑 만들기 전략은 분수가 제수인 나눗셈 문제에는 효과적이지 않은 것으로 생각하지만, 당신은 우리가 생각하지 못한 다른 것을 발견할 수 있을 것이다!

#### 4. 반으로 나누고 또 반으로 나누기

학생들이 곱셈에서 한 수를 2배 하고 다른 수를 $\frac{1}{2}$배 하여 계산하면 원래의 주어진 문제와 같은 계산 결과를 얻는다는 것을 이해하게 되면, 학생들은 나눗셈에도 같은 원리나 방법을 적용하고 나서 같은 결과가 아닌 다른 결과를 얻는 것에 대해 이상하게 생각하곤 한다. 넘버토크는 학생들에게 반으로 나누고 두 배 하는 전략이 나눗셈에서 적용되지 않는지 생각하게 만드는 좋은 기회가 될 수 있다.

기록을 위한 팁

**반으로 나누고 또 반으로 나누기에서 주의점**

제수와 피제수를 둘 다 반으로 나누어서 나누기를 하는 방법은 나눗셈 문제를 훨씬 쉬운 문제로 바꾸어 준다. 하지만 이 전략을 사용할 때, 나머지가 어떻게 변하는지를 살펴보는 것은 중요하다. 나눗셈 문제에서 각각의 수를 반으로 나누어 계산하는 경우, 나머지는 원래의 문제와 같은 분수로 제시될 것이다. 그러나 나머지가 분수가 아닐 경우, 나머지를 해석하는 것이 좀 복잡해질 수 있다.

**예시 문제 ▸▸▸ 58 ÷ 4**

"58과 4를 2로 나누어 원래의 문제를 29 ÷ 2로 바꾸었다. 28의 반은 14이고, 2의 반은 1이기 때문에 답은 $14\frac{1}{2}$이다."

$$58 \div 4$$
$$29 \div 2$$
$$14\tfrac{1}{2} \div 1$$

58 ÷ 4는 $14\frac{2}{4}$로 나타내며, 58 ÷ 4와 29 ÷ 2의 경우 답은 같다. 그러나 **나머지**를 자연수로 나타낼 경우, 58 ÷ 4는 14와 나머지 2를 갖게 되고, 29 ÷ 2는 14와 나머지 1을 갖게 된다.

**기록을 위한 팁**

나눗셈 문제가 문제 상황 없이 제시될 때, 학생들은 나머지를 분수나 소수 분수decimal fractions로 표현해야 한다. 소수 분수는 분모가 10의 거듭제곱으로 표현될 수 있는 분수를 이야기한다. 하지만 나눗셈 문제가 실생활 중심과 같은 이야기나 상황과 함께 제시될 때, 나머지를 어떻게 해석하느냐는 중요한 문제가 될 수 있다. 이는 나머지가 상황에 따라 다르게 표현될 수 있기 때문이다. 예를 들어 13 ÷ 4의 경우, 상황에 따라 3, $3\frac{1}{4}$, 3.25, 4가 답이 될 수 있다. 13개의 풍선을 4명의 아동에게 나눌 때(13 ÷ 4), 몇 개의 풍선을 각 아동들이 가질 수 있을까? 3. 만약 13개의 과자를 4명의 아동이 나눌 때, 얼마나 많은 과자를 각 아동들이 갖게 될까? $3\frac{1}{4}$. 4명의 아동이 13달러를 나누어 가질 때, 각 아동들은 얼마나 갖게 될까? 3.25달러. 만약 13명의 학생들이 소풍을 갈 때, 한 차에 4명씩 타게 되면, 몇 대의 차가 필요할까? 4. 그래서 엄밀히 따지자면, 나눗셈 문제에 대한 답은 "상황에 따라 달라질 수 있다."

### 반으로 나누고 또 반으로 나누기 전략을 사용할 수 있는 문제를 선택하는 방법

반으로 나누고 반으로 나누기 전략을 사용하도록 할 때, 제수와 피제수가 모두 2로 나누어질 수 있는 수로 된 문제를 사용할 수 있다. 예를 들어, 다음과 같은 문제로 시작하자.

26÷4　　52÷4　　128÷8　　192÷24　　288÷16　　46÷4

이 전략을 2의 배수가 아닌 다른 숫자로 확장할 수 있을까? 예를 들어, $\frac{1}{3}$로 나누고 $\frac{1}{3}$로 나누기로 나눗셈 문제를 해결할 수 있을까? 조사해보자. 9장에서 〈항상 적용이 가능할까? 탐구활동 5: 나눗셈에서 반으로 나누고 또 반으로 나누기〉를 조사해보자.

학생들이 주어진 나눗셈 문제를 보다 쉽게 만들 수 있다는 것을 알게 되면, 종종 반으로 나누고 반으로 나누기 전략을 나눗셈 문제의, 특히 제수가 한 자리 수 이상인 나눗셈 문제를 해결하는 데 첫 전략으로 사용한다. 다음 문제들로 학생과 함께 이 전략을 연습해보자.

364÷16　　278÷12　　1280÷24　　1464÷28　　321÷12

반으로 나누고 또 반으로 나누기 전략은 학생들에게 나눗셈 법칙에 대한 호기심과 탐구를 자극할 수 있다. 이는 학생들은 자신이 작업하는 수에 나눗셈 법칙 중 어느 하나가 적용되는지 이제 빠르게 결정하는 것에 관심을 갖기 때문이다.

**반으로 나누고 또 반으로 나누기 전략을 가르칠 때 유용한 질문**

- 두 수가 ___에 의해 나누어질 수 있는지 어떻게 결정했나요?
- 어떻게 문제를 쉽게 만들 수 있었나요?
- 어떻게 네가 한 것을 추적했나요?

**반으로 나누고 반으로 나누기 전략을 분수와 소수에 사용하기**

비록 9장 〈탐구활동 5〉에서 두 배로 만들고 두 배로 만드는 전략Doubling and Doubling이 소수 연산 문제를 더 쉽게 만들어준다는 것을 알 수 있지만, 반으로 나누고 반으로 나누기 전략은 자연수와 같이 소수 연산에도 작동한다. 또한, 10의 거듭제곱을 제수와 피제수에 곱하는 방법은 학생들이 왜 전통적인 소수 알고리즘이 작동하는지 알아내야 하는 중요한 방법 중의 하나이다. (그러나 이러한 원리를 학생들에게 주입하기보다는 발견하도록 유도하자!)

**소수 예시 문제 ▸▸▸ 35 ÷ 0.5**

"두 수에 2를 곱하면, 주어진 문제가 70 나누기 1로 바뀐다. 그래서 답은 70이다."

$$35 \div .5$$
$$70 \div 1$$
$$70$$

**소수 예시 문제 ▸▸▸ 2.6 ÷ 0.2**

"제수와 피제수에 10을 곱하면 주어진 문제는 26 ÷ 2가 되며, 이 경우 2의 13배가 26이므로 13을 답으로 구했다."

$$2.6 \div .2$$
$$= 26 \div 2$$
$$= 13$$

**소수 예시 문제 ▸▸▸ 1.35 ÷ 0.03**

"제수와 피제수에 100을 곱하면, 주어진 문제는 135 ÷ 3이 되며, 이 경우 3의 배수 3, 6, 9, 12를 사용하여 3의 배수 탑을 만든다. 12에 10을 곱하면 120이 되고, 이 수는 3의 40배이고, 이 수를 135에서 빼면 15가 남게 되고, 3의 5집단을 더 뺄 수 있다. 따라서 답은 45로 구했다."

$$1.35 \div .03$$
$$= 135 \div 3$$

| | |
|---|---|
| ×40 | 120 |
| ×4 | 12 |
| ×3 | 9 |
| ×2 | 6 |
| ×1 | 3 |

$$\begin{array}{r|l} 45 & \\ 3\overline{)135} & \\ -120 & 40 \\ \hline 15 & \end{array}$$

위의 예제에서처럼 반으로 나누고 또 반으로 나누기 전략은 소수 나눗셈 문제에서 왜, 그리고 어떻게 소수점을 옮겨야 하는지 학생들을 이해시키는 데 효과적인 방법이 될 수 있다. 그러나 이 전략을 통해 학생들이 전통적인 방법에 의한 소수 나눗셈 문제를 풀게 할 경우에는 복잡한 사고를 요구할 수 있다.

**소수 예시 문제 ▸▸▸ 13.57 ÷ 0.6**

"제수와 피제수에 100을 곱하면, 주어진 문제는 1357 ÷ 60이 되며, 이 경우 60의 20배, 1200을 빼면 157이 남게 되고, 60의 2배, 120을 빼게 되면, 37이 남게 된다. 따라서 답은 $22\frac{37}{60}$이나 대략적으로 $22\frac{2}{3}$라 할 수 있다."

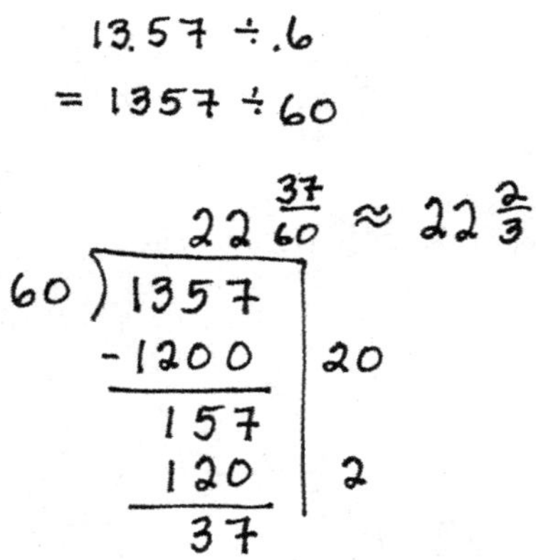

이와 같은 경우, 반으로 나누고 또 반으로 나누기 전략은 정확한 답을 구하기보다는 어림값을 구하는 데 유용한 방법이라고 할 수 있다. 소수 나눗셈 문제에 분수가 포함된 답을 구하는 것이 문제가 되는지는 교사가 결정해야 할 것이다.

분수 나눗셈 문제의 경우, 분수를 자연수로 쉽게 바꿀 수 있기 때문에 반으로 나누고 또 반으로 나누기 전략은 분수 연산에도 유용하게 사용될 수 있다.

**분수 예시 문제 ▸▸▸ $\frac{1}{3} \div \frac{1}{6}$**

"$\frac{1}{6}$에 6을 곱해서, 제수를 1로 만들고, $\frac{1}{3}$에 6을 곱하여 피제수를 2로 만들어, 주어진 문제는 $\frac{6}{3} \div 1$이 되어 답으로 2를 구했다."

**분수 예시 문제 ▸▸▸ $\frac{1}{2} \div \frac{2}{3}$**

"$\frac{2}{3}$에 3을 곱해서, 제수를 2 또는 $\frac{6}{3}$으로 만들었다. 그 뒤, $\frac{1}{2}$에 3을 곱하여 피제수를 $\frac{3}{2}$으로 만들어, 주어진 문제는 $\frac{3}{2}\div 2$로 만들어 답으로 $\frac{3}{4}$을 구했다."

$$\frac{1}{2} \div \frac{2}{3}$$
$$\times 3 \qquad\qquad \times 3$$
$$\frac{3}{2} \div \frac{6}{3}$$
$$= \frac{3}{2} \div 2$$
$$= \frac{3}{4}$$

또는 "$\frac{2}{3}$에 $\frac{3}{2}$을 곱해서 제수를 1로 만들고, $\frac{1}{2}$에 $\frac{3}{2}$을 곱하여 피제수를 $\frac{3}{2}$으로 만들면, 주어진 문제가 $\frac{3}{4}\div 1$이 되어 답 $\frac{3}{4}$을 구했다."

$$\frac{1}{2} \div \frac{2}{3}$$
$$\times \frac{3}{2} \qquad\qquad \times \frac{3}{2}$$
$$\frac{3}{4} \div 1$$
$$\frac{3}{4}$$

반으로 나누고 반으로 나누기 전략은 9장 탐구활동에서 소개되는 '1로 나누기'Divide by One 전략과 밀접하게 관련되어 있다.

자연수 나눗셈, 소수와 분수 나눗셈과 관련하여 다양한 전략을 학습하는 것은 학생들이 나눗셈을 이해하고, 단순히 암기에 의존한 전통적인 나눗셈 방법이나 계산기에 의존하지 않도록 도와준다. 무엇보다도, 넘버토크는 모든 학생들이 수학을—나눗셈을 포함하여—이해할 수 있다는 메시지에 충실하게 실천할 수 있게 해준다!

CHAPTER

# 8 분수, 소수, 퍼센트 이해하기

어느 날 캐시 험프리Cathy Humphreys가 6학년을 대상으로 다양한 방법을 사용하여 분수를 비교하도록 도와주었다. 그러나 이 날은 다른 날과 달리 학생들이 굉장히 수동적이고, 공부하기 싫어하는 것이 역력했다. 마침내 캐시는 수업을 중단하고, 학생들에게 왜 그런지, 무엇이 잘못 되었는지 물었다. 몇 분 지나지 않아, 앤터니가 이야기했고, 몇 년이 지난 지금에도 캐시는 그가 한 말은 잊혀지지 않는다고 한다. "선생님, 우리는 분수를 3학년에서 시작해서, 4학년, 5학년에 걸쳐서 공부해왔어요. 하지만 그 때도 분수를 이해하지 못했고, 지금도 분수가 어려워요. 더 이상 분수나 분수 연산에 대해서 공부하고 싶지 않아요!" 앤터니는 분수를 이해하지 못했고, 그러한 경험은 수학을 학습하는 데 있어 실패했다고 느끼게 한 것이다. 실제로 어떤 누가 실패했다고 느끼는 것을 계속 학습하고 싶을까?

하지만 고등학교 수학을 잘 학습하기 위해서는 분수를 피할 수 없다. 분수 개념을 잘 이해하지 않고서는 고등학교에서 학습하는 개념을 이해할 수 없다. 고등학교 수학에서 성공을 경험하기 위해서는 분수 개념에 대한 개념적인 이해를 해야 한다. 대수, 삼각함수, 미적분학 등의 복잡한 개념을 성공적으로 배우고 있는 학생들도 실제 방정식에서 중간에 제시되어 있는 분수 개념 때문에 대해 혼동할 수 있다. 캐시는 고등학교에서 '대수 2'를 가르치고 있었는데, 한 학생이 분수 개념 때문에 좌절하는 것을 보았다. 캐시의 수업을 듣는 고등학교 2학년 학생 중, 케이티는 굉장히 활발하고 성실하며, 학생부 활동도 열심히 하며, 영어와 역사에서는 다른 학생들보다 좋은 성적을 보이는 학생이었다. 그러나 수학 교실에만 들어가면 자신감이 떨어지는 모습을 보이고, 특히 분수 개념에 대한 부진은 케이티의 진로를 방해했다. 어느 날 케이티는 캐시에게 방정식을 풀 수 있도록 도와 달라고 했다.

$$0=\left(\frac{3}{4}\right)\cdot 2+b$$

케이티: [$\left(\frac{3}{4}\right)\cdot 2$를 가리키며] 이 식의 의미가 뭐예요?

캐시: (케이티가 부호에 대해 혼동했다고 생각하면서) 그것은 $\frac{3}{4}$에 2를 곱하라는 말이지.

케이티: 저는 분수를 계산할 수 없어요! 2를 3과 4 어디에 곱해야 하나요?

아마도 대부분의 중·고등학교 선생님들은 비슷한 경험을 했을 것이다. 분수에 대해 깊이 이해하지 못한다면 학생들은 공식에 의존할 것이며, 반 드 월과 로빈(Van de Walle & Lovin, 2006)이 이야기한 것처럼 "이해 없이 공식에 의존한 분수 연산에 관련된 절차들은 수학을 학습하는 데에 대한 아무런 의미를 부여하지 못한다"(88). 소수와 퍼센트에 관련된 문제들도 이해 없이 공식에만 기반을 두어 학습을 할 경우, 학생들은 분수 학습에서 겪은 좌절을 다시 겪게 될 것이다. 예를 들어, 소수 연산을 가르칠 때, 소수점을 어디로 움직이고, 얼마나 움직이는지 중점을 두어 가르치는 방식들은 양이 어떻게 관련되어 소수 연산에 역할을 하는지에 대해 전혀 의미를 부여하지 못한다.

그래서 이 장에서는 자연수에 관한 장과 다른 목표와 구조로 구성된다. 이는 분수 관계에 대한 이해는 소수와 백분율에 대한 이해를 돕기 때문이며, 이 장에서 대부분의 내용을 학생들의 분수 이해를 증진하는 데 초점을 둔다. 이 장에서 이러한 분수 내용에 기반을 두어 소수에 대한 이해를 증진하는 내용도 제시하고, 마지막으로 퍼센트를 이해하는 데 도움이 되는 내용과 퍼센트를 수로 이해할 수 있도록 도와주는 내용도 제시할 것이다.

## ▌분수에 대해 생각하기

다음에 제시되는 넘버토크의 주요한 목표는 많은 학생들이 가지고 있고 분수가 무엇인지에 대한 절차에 기반을 둔 이해나 잘못된 이해를 증진하는 데 있다. 분수를 절차나 공식에 기반을 두어서 이해한 학생들은 분수를 하나의 양을 나타내는 수라고 생각하기보다는 분모와 분자를 나타내는 관련성 없는 두 수의 조합으로 생각하는 경향이 있다. 예를 들어, 케이티의 경우, $\frac{3}{4}$을 1보다 작은 수라고 생각하지 않고, 분자와 분모인 3과 4를 각각의 개별적인 수라고 생각한다. 이러한 잘못된 이해는 학생들이 전통적인 방식으로 분수의 덧셈, 뺄셈, 곱셈, 나눗셈을 할 때 영향을 주며, 분모와 분자를 각각의 수로 계산하도록 유도한다. 그래서 이 장에서의 넘버토크는 학생들에게 분수, 소수, 퍼센트에 관한 수 감각을 개발하는 데 주안점을 둔다.

이 장에서는 다른 장에 비하여 소수 학생들의 '생각들'voices을 들을 것이다. 이는 학생들이 여러 학년에 걸쳐 누적된 분수 개념에 대한 이해 부족이나 오개념을 가지고 있기 때문이며, 이 장에서 더 어려운 문제로 학생의 이해를 심화하려고 하지 않았다. 이 장은 언제나처럼 분수 개념 기초를 위한 것이다. 당신은 다음 제시되는 넘버토크에서 어느 것이 당신의 학생들에게 가장 유익할지를 판단해야 할 것이다.

## '더 많나요 아님 적은가요?'와 관련된 넘버토크

'더 많나요 아님 적은가요?'More or Less?와 '가까운가요?'Close To와 관련된 넘버토크에서는 정확한 답을 구하는 것을 강조하지 않는다. 대신, 이 넘버토크는 주어진 분수를 1이나 $\frac{1}{2}$에 비교하여 상대적인 크기를 추론하도록 돕는 데 목적을 두고 있다. 또한 넘버토크는 분수에 관련된 복잡한 어림과 관련된 전략을 개발하는 데 목적이 있는 것이 아니라 분수와 관련된 직감을 기르는 데 목적이 있다.

'더 많나요 아님 적은가요?' 넘버토크에서 학생들은 주어진 분수가 $\frac{1}{2}$보다 큰지 작은지 결정해야 한다. 다음의 교실 상황vignette은 7학년 교실에서 넘버토크가 어떻게 전개되는지를 보여준다.

### $\frac{1}{2}$보다 클까요 아님 작을까요?

조던 교사: 오늘의 넘버토크를 위해서 분수를 칠판에 제시하겠습니다. 이 분수를 보고, $\frac{1}{2}$보다 큰지 작은지 결정해서 왜 그렇게 생각하는지 발표해보세요.

조던 교사가 $\frac{5}{8}$를 칠판에 적자 마자 여러 학생들이 엄지를 치켜들었다. 교사가 승희에게 답을 말하라 하자, 승희는 "크다고 생각해요"라고 이야기했다.

조던 교사: 큰 데 뭐보다 크다는 거지요?

승희: $\frac{1}{2}$보다 큽니다.

조던 교사: 다른 답을 가진 사람 없나요? (아무도 없었다.)

조던 교사: 왜 그렇게 생각하는지 누가 이야기해볼래요?

진우: 4는 8의 $\frac{1}{2}$이고 5는 4보다 큽니다. 그래서 $\frac{5}{8}$는 $\frac{1}{2}$보다 큽니다.

조던 교사: 왜 숫자 4가 중요한가요?

진우: 그것은 $\frac{4}{8}$가 $\frac{1}{2}$이기 때문이고, 그래서 $\frac{5}{8}$가 $\frac{1}{2}$보다 커야 합니다.

조던 교사는 다른 학생에게 진우의 생각에 대해서 어떻게 생각하는지 설명하도록 물어볼 수도 있었다. 그러나 대신 학생들에게 다른 방법을 설명하도록 했다.

조던 교사: 다르게 생각한 사람 없습니까?

지연: 저는 5를 2배 했습니다. 5 더하기 5는 10이므로 10은 8보다 커서 $\frac{5}{8}$가 $\frac{1}{2}$보다 커야 합니다.

조던 교사는 이제 학생들이 분수의 크기를 결정하기 위한 보다 일반적인 방법에 대해 생각하기를 원했다.

조던 교사: 지연의 방법과 진우의 방법이 어떻게 비슷하고 어떻게 다른지 이야기해볼 수 있을까요? (아무도 손을 들지 않았다). 그럼, 자기 주변에 있는 학생들과 먼저 이야기해볼까요?

소수의 학생들만이 대답을 하려 할 때, 조던 교사는 먼저 소그룹 상황에서 생각해보게 한 뒤, 전체 그룹에서 발표하게 했다.

상철: 내가 생각하기에 진우는 어떤 수의 반이 4인지를 알아보려고 8을 반으로 나누었고, 지연은 2와 5를 곱한 것 같습니다.

조던 교사: 상철, "진우는 분모를 반으로 나누었고, 지연이는 분자를 두 배 했다는 것을 이야기하는 거니?" (상철이 고개를 끄떡였다.) 그럼, ($\frac{50}{99}$을 칠판에 쓰면서) 이 분수는 $\frac{1}{2}$보다 클까요 아님 작을까요?

이 활동을 위한 문제를 선택할 때, 분모가 짝수인 분수를 사용하고, 분모가 홀수인 분수를 다 사용하여 $\frac{1}{2}$에 비교하여 분수의 크기를 결정하는 문제를 제시하는 것이 좋다. 또한 $\frac{50}{99}$와 같이 분자와 분모가 둘 다 큰 수를 사용하여, $\frac{1}{2}$에 가까운지를 비교하도록 하는 활동을 제시하면, 학생들이 보다 양에 초점을 두어, 더 재미있게 참여할 것이다! 아마도 넘버토크를 할 때, 하나 이상의 분수 문제를 갖고 위의 활동을 할 수 있을 제안하자.

다음과 같은 문제들로 시작할 수 있다(Reys et al., 1987).

$\frac{3}{8}$ $\frac{16}{31}$ $\frac{14}{25}$ $\frac{50}{99}$ $\frac{5}{9}$ $\frac{8}{5}$ $\frac{13}{23}$ $\frac{24}{49}$

**유용한 질문들**

- 누가 분수가 $\frac{1}{2}$보다 큰지 작은지 결정할 수 있는, 모든 분수에 다 적용될 수 있는 방법에 대해서 이야기할 수 있나요?
- 이러한 원리를 다른 방법으로 발견한 사람 없나요?
- 이러한 방법들이 어떻게 비슷하고, 어떻게 다를까요?

(참고: 학생들이 제시한 전략을 칠판에 기록하게 하여 모든 사람이 보게 하는 방법은 학생들에게 도움이 될 수 있다. 틀린 전략도 기록할 수 있으며, 이러한 기록들은 학생들이 수학적 용어를 분명하게 사용하게 하도록 도와주고, 나중에 이러한 전략들을 지칭하면서, 각 전략들에 대해 이야기하도록 도와준다.)

## ❚ '0, $\frac{1}{2}$ 또는 1에 가까운가요?' 넘버토크

이 활동은 앞에서 전개된 '더 많나요 아님 적은가요?' 넘버토크를 토대로 학생들이 0, $\frac{1}{2}$, 1에 비추어 주어진 분수의 상대적인 크기를 고려하도록 해야 한다. 먼저, 분수의 분모가 학생들이 익숙하거나, 분모가 소수나 퍼센트로 쉽게 바꿀 수 있는 분수를 사용하자.

레이즈 외(Reys et al., 1987) 연구에서 선택된 다음과 같은 문제로 시작할 수 있다.

$$\frac{13}{24} \qquad \frac{16}{25} \qquad \frac{5}{16} \qquad \frac{3}{10} \qquad \frac{2}{5} \qquad \frac{10}{21}$$

학생들이 분수의 크기를 비교하는 데 자신감을 얻게 되면 다음과 같은 보다 복잡한 문제를 제시하여, 학생들이 다른 생각들이나 오개념에 대해 이야기하는 기회를 제공하는 것이 중요하다.

$$\frac{3}{17} \qquad \frac{6}{71} \qquad \frac{17}{24} \qquad \frac{31}{41}$$

학생들에게 수학적인 어려움을 증가시키기 위해 분수 비교에 있어서 $\frac{1}{4}$과 $\frac{3}{4}$을 비교 기준benchmark으로 사용하게 하라!

학생들이 분수를 양quantities으로 생각함에 따라 학생들은 넘버토크를 통해 제안된 수학적 실천에 대한 규준Mathematical Practices을 경험하게 된다. 예를 들어, 학생들은 자기의 생각을 분명하게 이야기하고 다른 학생들을 설득시킬 수 있는 수학적 논의를 이끌어내야 하며, 이를 통해 수학적 실천에 대한 규준 3를 실천할 수 있다(MP3). 학생들이 언제나 다른 학생의 아이디에서 대해 동의하는 것은 아니며, 논리적으로 사고하지 않기도 한다. 따라서 넘버토크는 학생들에게 학생들이 서로 다른 의견을 가지고 있을 때, 교사의 '정답'에 의존하지 않으며, 어떻게 다른 의견들을 조정하는가에 관한 능력을 기르는 데 도움을 준다. 다음은 넘버토크를 통해 이러한 기회가 어떻게 교실 상황에서 발생하는지 보여준다.

### $\frac{2}{3}$는 0, $\frac{1}{2}$, 1 중 어디에 가까울까?

이 교사는 이 문제를 제시하기 전에, 7학년 학생들과 함께 한 분수에서 분자와 분모가 비슷할 때, 그 분수는 1과 가깝다는 것에 대해 학습했다.

아영: $\frac{2}{3}$는 $\frac{1}{2}$에 가까워요. (아영이 답하자마자 많은 학생들이 손을 들고 다른 답을 발표했다. 이 교사는 학생들에게 손을 내리게 하고 대신 다른 답을 갖고 있으면, 엄지손가락을 들어 표시하도록 했다.)

이 교사: 누구 다른 답 가진 학생 있나요?

진우: $\frac{2}{3}$는 1에 가까워요.

이 교사: $\frac{2}{3}$가 0에 가깝다고 생각한 학생 있나요? (아무도 없었다). 좋아, 그럼, 이 문제 대해 두 개의 답이 나왔네요. 이 현상은 주어진 문제에 대해 수학적으로 다르게 생각한다는 거고, 같은 답을 가진 학생 중에서 왜 자기의 답이 옳은지에 대해 설명할 수 있나요?

영주: 저번주에 분자와 분모가 비슷할 때, 그 분수가 1과 가깝다는 원리에 대해서 배웠고, 그것에 비추어서 제가 생각할 때는 2와 3은 가까운 수이기 때문에, $\frac{2}{3}$는 1에 가까운 것 같아요.

수정: 네, 그리고 저번주에 $\frac{3}{4}$은 $\frac{1}{2}$과 1의 정확히 중간에 있어요.

이 교사: 수정아, 그럼 $\frac{3}{4}$이 이 문제를 해결하는 데 어떻게 도움을 줬어?

수정: 제가 생각하기에 $\frac{2}{3}$는 $\frac{3}{4}$보다 작고, 그래서…. (목소리가 점점 작아졌다.)

이 교사: 흠… 여러분들이 생각하기에 수정이가 뭘 이야기하려고 하는 것 같나요? 옆 사람과 한 번 이야기해봅시다.

학생들이 서로 생각을 공유한 후, 이 교사는 현아에게 발표하도록 했다.

현아: 수정이는 $\frac{2}{3}$가 $\frac{3}{4}$보다 작다는 것을 이야기하려 한 것 같아요.

이 교사: 수정아, 현아의 말에 동의하니? (수정이가 동의한다.). 그럼, 다시 한 번 더 생각해봅시다. $\frac{2}{3}$가 $\frac{3}{4}$보다 작다는 사실은 $\frac{2}{3}$가 $\frac{1}{2}$과 가까운지 아님 1과 가까운지 어떻게 도움을 줬는지 생각해봅시다.

상철: 아… 알았어요! 분수 $\frac{1}{2}$의 경우, 1과 2는 아주 가까워요. 하지만 $\frac{1}{2}$은 1과 가깝지 않아요, 왜냐하면 $\frac{1}{2}$은 $\frac{1}{2}$이어서요.

이 교사는 수정의 해결 방법에 대해 더 이야기하는 게 학생들에게 도움이 되겠다고 생각해서 다음과 같이 이야기하였다.

"상철아, 좋은 생각이구나. 상철이의 해결 방법에 대해 나중에 다시 이야기해보고, 지금은 수정이가 제시한 문제해결 방법에 대해 좀 더 깊게 이야기해보도록 해요. 수정이가 먼저 $\frac{2}{3}$는 $\frac{3}{4}$보다 작다는 것이 주어진 문제를 푸는데 어떻게 도움을 줬는지 말해볼까요."

수정: $\frac{3}{4}$이 $\frac{1}{2}$과 1 중간에 있기 때문에… 칠판에 나가서 설명할 수 있을까요?

이 교사: 그래요. (수정이 칠판으로 나와서 수직선을 그린 다음, $\frac{1}{2}$과 1을 표시하고, $\frac{3}{4}$을 $\frac{1}{2}$과 1 사이에 나타내었다.)

수정이가 이 교사를 향해 발표하자, 이 교사는 수정이에게 학생들을 보면서 발표하라고 했다. 수정이는 다음과 같이 이야기를 했다. "만약 $\frac{2}{3}$가 $\frac{3}{4}$보다 작다면 ($\frac{1}{2}$과 $\frac{3}{4}$ 중간에 있는 선분을 가리키면서) $\frac{2}{3}$는 여기에 위치해야 하며, 이는 $\frac{2}{3}$가 $\frac{1}{2}$과 더 가깝다는 것을 이야기합니다."
(많은 학생들은 "아 이제 알았어!"라고 중얼거렸다.)

이 교사: 수정이가 한 설명에 대해 어떻게 생각하나요? (몇몇의 학생들이 고개를 끄떡였지만, 아무도 이야기하지 않았다.)

이 교사: 흠… 수정이가 한 이야기를 누가 다시 이야기해볼 수 있나요?

정은: 수정이는 만약 $\frac{3}{4}$이 $\frac{1}{2}$과 1 사이의 중간에 있고, $\frac{2}{3}$는 $\frac{3}{4}$보다 작다면, $\frac{2}{3}$는 $\frac{1}{2}$과 보다 가깝다고 생각한 것 같아요.

이 교사: 수정아, 정은이가 한 말에 대해 어떻게 생각해요? 맞나요? (수정이가 고개를 끄덕였다.) 여러분은 지금 수학적으로 중요한 사고를 하고 있는 거예요. 수학자들은 자주 다음과 같이 이야기하지요. "만약 이것이 사실이면, 그것은 사실이다.*" 다시 수정이 한 이야기를 정리하면, "만약 $\frac{3}{4}$이 $\frac{1}{2}$과 1의 중간에 있다면, 그리고 만약 $\frac{2}{3}$가 $\frac{3}{4}$보다 작다면, $\frac{2}{3}$는 1보다는 $\frac{1}{2}$에 가깝다고 할 수 있어요, 왜냐하면 $\frac{2}{3}$가 $\frac{1}{2}$과 $\frac{3}{4}$ 중간에 있기 때문이에요"라고 할 수 있어요.

이 교사는 수정의 생각을 다시 설명했는데, '만약 …이라면' 사고'if..then' thinking는 수학적 추론에 매우 중요하다. 이 교사는 수정의 논리를 칠판에 다음과 같이 적었다.

만약 $\frac{3}{4}$이 $\frac{1}{2}$과 1의 중간에 있다면,

그리고 만약 $\frac{2}{3}$가 $\frac{3}{4}$보다 작다면,

$\frac{2}{3}$는 1보다 $\frac{1}{2}$에 보다 가깝다.

이 교사: 그런데 $\frac{2}{3}$가 $\frac{3}{4}$보다 작다는 것을 어떻게 확신할 수 있나요? 옆에 있는 친구들과 한 번 이야기해봅시다. 어떻게 $\frac{2}{3}$가 $\frac{3}{4}$보다 작다는 것을 다른 학생들에게 이해시킬 수 있나요?

학생들은 소그룹으로 3~4분 동안 토론한 뒤, 성진이가 그룹에서 도출된 생각을 발표했다.

* 이 문장의 원문은 'if this is true, then that is true'이다. 즉 수학자들은 종종 '함수적인 사고를 하고' 그것에 기반을 두어 '만약 어떠한 수학 정리들이 사실로 가정된다면, 그것과 관련된 종속적인 수학 정리들도 사실'이라는 의미이다.

성진: $\frac{2}{3}$는 $\frac{4}{6}$로 나타낼 수 있고, $\frac{1}{2}$은 $\frac{3}{6}$으로, 1은 $\frac{6}{6}$으로 나타낼 수 있어요. $\frac{2}{3}$는 1보다 $\frac{1}{2}$에 더 가까운데, 이는 4가 6보다는 3에 가깝기 때문입니다.

이 교사: 그럼, 성진이는 수정이가 생각한 $\frac{2}{3}$는 1보다 $\frac{1}{2}$에 가깝다는 것에 동의하지만, 다른 방법으로 생각한 것인가요? 수정이나 성진이와 다른 방식으로 $\frac{2}{3}$는 $\frac{1}{2}$에 가깝다는 것을 생각한 사람 없나요?

재호: 방금 전까지 생각하지 못했는데요, 성진이와 비슷한 방법으로 $\frac{3}{4}$은 $\frac{9}{12}$로, $\frac{2}{3}$는 $\frac{8}{12}$로 나타낼 수 있으며, 그래서 $\frac{8}{12}$은 $\frac{9}{12}$보다 작다라고 생각할 수 있습니다.

이 교사: 수업을 마치기 전에, 상철이 했던 생각으로 돌아가봅시다. 만약 분모가 분자와 비슷하면, 분수는 1에 가깝다는 추론에 대해 어떻게 생각하나요?

## ‘어떤 수가 더 큰가요?’ Which is Greater 넘버토크

이 활동은 학생들에게 분수의 상대적인 크기에 대해 사고하고 추론할 수 있는 또 다른 학습 기회를 제공하는 데 있다. 대부분의 학생들은 분수를 비교하기 위해 공통분모를 찾거나 또한 분수를 소수로 바꾸어 비교해왔다. 다시 말하여, 여전히 많은 학생들은 단순히 절차에 의존하여 상대 분수의 분모나 분자에 곱한 뒤cross-multiply 두 분수가 같은지를 살펴보는 전통적인 방법에 의존하여 비교하는 방법을 배워왔다. 그러나 모든 학생들은 분수를 비교하는 데 각기 자신이 이해하는 방식으로 비교할 수 있으며, ‘어떤 수가 더 큰가요?’ 넘버토크는 이러한 방식에 기반을 두어 분수에 대해 사고하여 분수에 대한 개념적인 이해를 증진하는 데 도움이 되고자 한다.

다음에 제시되는 분수들은 분모가 소수나 퍼센트로 쉽게 바뀌지지 않기 때문에 분수를 비교하는 데 필요한 학생들의 유창성과 융통성 개발에 도움이 될 것이다. ‘어떤 수가 더 큰가’를 중심으로 하는 넘버토크에서는 다음의 질문을 중심으로 시작하자. — “분수를 비교하는 데 공통분모나 전통적인 방식인 분수의 분모나 분자에 곱하는 방식

cross-multiplying을 사용하지 않고, 분수의 크기를 비교할 수 있을까요?"

**예시 문제 ▸▸▸** $\frac{3}{6}$과 $\frac{7}{15}$

학생들은 다음과 같이 생각할 수 있다.

"$\frac{3}{6}$은 $\frac{1}{2}$이고, $\frac{7.5}{15}$는 $\frac{1}{2}$과 같다. 그래서 $\frac{7}{15}$은 $\frac{1}{2}$보다 작다."
또는 "3과 3은 6이어서, $\frac{3}{6}$은 $\frac{1}{2}$이다. 하지만 7과 7은 14이고, $\frac{14}{15}$는 1보다 작다. 그래서 $\frac{7}{14}$은 $\frac{1}{2}$보다 작다."
또는 "제가 궁금한 게, 6 곱하기 2.5는 15이고, 3 곱하기 2.5는 7.5이에요. 그래서 $\frac{7}{15}$에서 7과 15는 $\frac{1}{2}$이 되기에는 충분치 않다는 거예요. 이게 가능한가요?"

다음 문제들로 넘버토크를 시작할 수 있다.

$\frac{3}{6}, \frac{7}{15}$ $\frac{1}{7}, \frac{1}{5}$ $\frac{11}{13}, \frac{9}{11}$ $\frac{31}{64}, \frac{37}{50}$

$\frac{8}{35}, \frac{15}{70}$ $\frac{8}{9}, \frac{10}{11}$ $\frac{7}{11}, \frac{7}{9}$ $\frac{15}{38}, \frac{5}{13}$

학생들의 생각을 자극하기 위해 다음의 좀 더 '복잡한'thorny 문제를 제시할 수 있다.

$\frac{4}{5}, \frac{17}{24}$ $\frac{3}{16}, \frac{4}{21}$

## '수직선에서의 분수' 넘버토크

(Burns, 2007에서 수정된 넘버토크)

학생들은 분수가 전체의 부분이라고 생각하지만, 분수를 수직선에서 나타낼 수 있는 단위나 수직선 위에 점으로 나타낼 수 있는 수라고 생각하는 경험을 거의 가지고 있지 않다. '수직선에서의 분수' 넘버토크에서 학생들은 분수의 정확한 위치보다는 상대적인 위치를 생각하며 열린 수직선open number line에서 분수의 순서를 정하는 활동을 한다.

교사는 오직 0, $\frac{1}{2}$과 1만을 나타낸 열린 수직선을 칠판에 그린 뒤, 넘버토크를 시작한다. 수직선은 0에서부터 시작할 수도 있고, 1에서도 시작할 수 있으며, 넘버토크를 시작하기 전에 다음과 같은 여러 분수를 스티커 메모에 기록해둬야 한다. $\frac{3}{4}$, $\frac{4}{5}$, $\frac{5}{6}$, $\frac{11}{13}$, $\frac{9}{11}$, $\frac{7}{9}$, $\frac{7}{11}$. 다음의 교실 상황은 처음의 두 분수인 $\frac{3}{4}$과 $\frac{4}{5}$를 가지고 넘버토크가 어떻게 전개될 수 있는지를 보여준다.

**열린 수직선에 분수 나타내기**

강 교사는 분수 $\frac{3}{4}$이 쓰인 스티커 메모를 보여주며, 다음과 같이 이야기하였다. "누가 $\frac{3}{4}$을 수직선에 나타내볼까요?"

유정이가 자진해서 앞으로 나와서 분수 $\frac{3}{4}$이 쓰인 스티커를 $\frac{1}{2}$과 1의 중간 지점에 붙였다.

강 교사: 유정이가 붙인 장소가 맞았다고 생각하면 엄지손가락을 들어서 보여주세요. (모든 학생들이 동의를 표했다.)

강 교사는 여기서 멈춰서 유정이에게 왜 그렇게 생각하는지 물을 수 있었다. 그러나 강 교사는 그 질문을 하는 대신, 학생들에게 다른 분수들을 수직선에 나타내도록 하였다.

강 교사는 분수 $\frac{4}{5}$가 쓰인 스티커 메모를 들고, 학생들에게 수직선 어디에 붙여야 할지 생각하게 했다.

강 교사: 누가 $\frac{4}{5}$를 수직선에 나타내볼까요?

선영이 앞으로 나와서 $\frac{3}{4}$의 오른쪽에 붙였다.

강 교사: 선영이가 붙인 장소가 맞았다고 생각하면 엄지손가락을 들어서 보여주세요. (많은 학생들이 동의를 표했다.) 선영아, 어디에다 $\frac{4}{5}$를 나타낼까를 어떻게 결정했는지 설명해볼까?

선영: 네. 제가 생각하기에 $\frac{3}{4}$은 75%와 같고, $\frac{4}{5}$는 80%와 같기 때문에 $\frac{4}{5}$가 $\frac{3}{4}$보다 조금 더 크다고 생각했습니다. (강 교사는 수직선에 표현되어 있는 $\frac{3}{4}$ 위에 75%를 적고, $\frac{4}{5}$ 위에 80%를 적었다.)

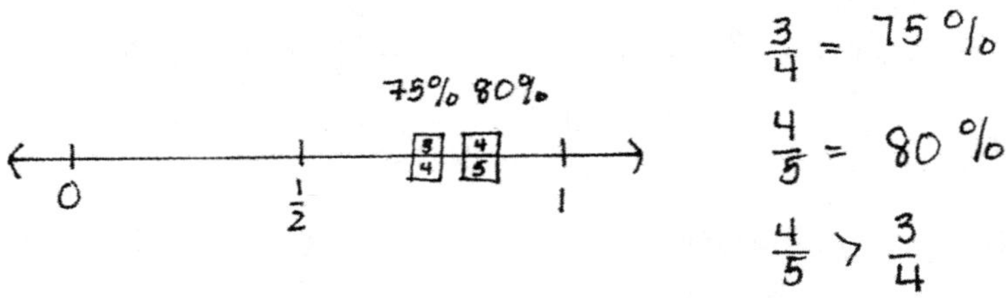


강 교사: 다르게 생각한 사람 없나요?

상욱: 제가 생각하기에 $\frac{3}{4}$은 $\frac{1}{2}$과 1 중간 정도에 있고, $\frac{2.5}{5}$는 $\frac{1}{2}$입니다.* 2.5의 반은 1.25 또는 $1\frac{1}{4}$이므로 $\frac{2.5}{5}$의 반은 $\frac{1.25}{5}$로 나타낼 수 있어요. 그래서 $\frac{3.75}{5}$는 $\frac{1}{2}$과 1의 중간 정도에 있으며, 4는 3.75 또는 $3\frac{3}{4}$보다 크기 때문에, $\frac{4}{5}$는 $\frac{3}{4}$보다 크다고 생각했습니다.

상욱이가 제시한 방법은 $\frac{4}{5}$가 $\frac{3}{4}$보다 큰지 작은지를 결정하는 정말 재미있는 방

* 원 책에서는 $\frac{2\frac{1}{2}}{5}$을 $2\frac{1}{2}$ fifths로 나타내었고, 이는 $\frac{2.5}{5}$를 나타낸다. 또한 $\frac{2\frac{1}{2}}{5}$의 반은 'half of $2\frac{1}{2}$ fifths'로, $1\frac{1}{4}$ fifths로 나타내며, 이는 $\frac{1.25}{5}$를 나타낸다. $\frac{3\frac{3}{4}}{5}$은 $\frac{3.75}{5}$를 나타낸다.

법일 수 있다. 하지만 강 교사는 $\frac{4}{5}$와 $\frac{3}{4}$의 상대적인 크기를 비교하는 데 초점을 두지 않았다. 먼저, 교사로서 강 교사는 상욱이의 방법을 충분히 이해하지 못했다. 또한 강 교사는 상욱의 방법을 다른 학생들 또한 쉽게 이해하기 힘들 뿐만 아니라 이해시키기 위해서는 많은 시간이 걸린다고 생각했다. 그래서 강 교사는 상욱이의 생각을 시각적으로 표현해서 이야기를 하는 것이 더 중요하고 효과적일 수 있다고 생각했다.

강 교사는 수직선에 $\frac{2\frac{1}{2}}{5}$을 $\frac{1}{2}$ 위에 나타냈고, $\frac{3\frac{3}{4}}{5}$을 $\frac{3}{4}$ 위에 나타내었다.

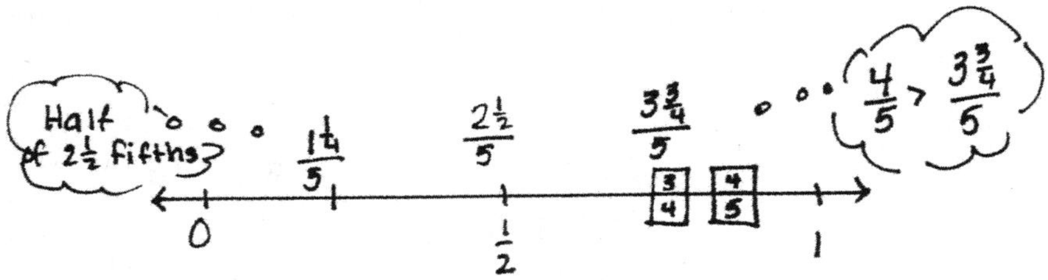


강 교사: 이 수직선에 나타낸 분수와 분수 관계에 대해 다르게 생각한 사람 없나요?

건우: 제가 생각할 때, $\frac{3}{4}$은 1에서 $\frac{1}{4}$만큼 떨어져 있고, $\frac{4}{5}$는 1에서 $\frac{1}{5}$만큼 떨어져 있습니다. $\frac{1}{4}$이 $\frac{1}{5}$보다 크기 때문에, $\frac{3}{4}$은 $\frac{4}{5}$보다 1에 좀 더 멀리 떨어져 있습니다. 그래서 $\frac{4}{5}$가 더 큽니다.

강 교사와 학생들은 계속 해서 며칠 동안 스티커 메모에 여러 분수를 써서 수직선 위에 나타내는 활동을 통해, 분수의 상대적인 크기에 대해 학습할 것이다.

## 활동 5: 합과 차를 어림하기

기록을 위한 팁

**분수 덧셈에 관한 학생들의 이해**

1982년, 미국의 교육 진전을 위한 국가 평가National Assessment for Educational Progress (NAEP)에서 6학년과 8학년 학생들에게 다음 문제를 풀게 했다.

$\frac{12}{13} + \frac{7}{8}$을 어림하여라.

학생들은 네 가지 선택지 중에 하나를 골랐다.

a. 1
b. 2
c. 19
d. 21

그러나 6학년 중에 단지 24%만 각각의 분수가 1과 가깝기 때문에 두 분수의 합이 2라고 추론하였다. 하지만 24%는 누군가가 주머니에 들어 있는 4개의 물건 중에 하나를 무작위로 뽑았을 때 발생하는 확률과 같은 것이며, 불행스럽게도 8학년의 경우 단지 37%만이 2를 두 분수 합의 어림값으로 생각하였다.

미국 학생들의 수학 성적과 수업 실제에 관한 계속적인 논쟁에 있어서, 1982년도 기초능력 중심 교육basic skill instruction이 거의 끝나는 시기라는 것을 주목하는 것은 중요하다. NCTM의 교육과정과 평가에 관한 기준(1989)이 아직 출판되지 않았으며, '수학전쟁'math wars*은 1982년에 비하면 먼 미래의 이야기였던 것이다. 물론 확실하지는 않지만 많은 학생들이 앞에 제시된 문제를 두 수의 공통분모를 찾은 뒤, 두 분수를 더하려 했던 것 같다. 하지만 학생들이 두 수의 합을 맞게 구하였더라도, 학생들은 자신의 답이 왜 올바른 답인지, 왜 공식을 이용해야 하는지에 대한 이해를 전혀 하고 있지 못한 것처럼 보인다. 이러한 경우, 공식을 이용하는 게 무슨 의미가 있는가?

중요한 사실은 교사는 교사에게 요구되는 것을 정확하게 해왔다는 것이다. 많은 교사들도 아마 각 교사들에게 교육정책 변화에 따라 요구되는 것을 정확하게 해왔고, 그러한 방법들이 비효과적이라는 사실에 좌절감을 느꼈을 것이라 생각한다. 예를 들어, 가르쳐야 하는 것을 열심히 가르쳤으나, 나중에 이러한 방법들이 학생들에게 전혀 효과적이지 않다는 것을 발견하고, 최악의 상황에는 이러한 방법들이 학생들에게 많은

* 수학 전쟁은 1989년 미국 수학 교사 협의회(NCTM)에 의해 학교 수학을 위한 커리큘럼 및 평가 기준의 출판과 이 표준에서 영감을 얻은 차세대 수학 커리큘럼의 후속적인 개발 및 보급, 채택에 의해 촉발된 현대 수학 교육, 교과서 및 커리큘럼에 관한 논쟁이다. 수학 기술에 대한 논의가 수십 년 동안 지속되었지만, '수학 전쟁'이라는 용어는 존 반 드 월John A. Van de Walle과 데이비드 클레인David Klein과 같은 주석가들에 의해 만들어졌다. 논쟁은 접근법과 내용이 크게 다른 전통적인, 교사 중심 수학 교수방법과 개혁적인 학생 중심 수학 교수방법과 교과 과정에 기반한 것이다.

문제를 야기한다는 것을 발견하게 되어, 많은 좌절감을 느껴왔을 것이라 생각한다. 특히, 전통적으로 분수를 가르쳐왔던 방식은 학생들에게 효과적이지 못하며, 반 드 월과 로빈의 연구(Van de Walle & Lovin, 2006)가 발표된 것처럼 학생들에게 '공통 분수에 관한 미신'the myth of common denominators을 야기한다는 것을 경험했을 것이다.

> 교사들은 학생들에게 분수를 더하거나 뺄 때, 먼저 공통분모를 찾아야 한다" 고 가르친다. [왜냐하면] 이는 "결국, 사과와 오렌지를 더할 수 없기 때문이다"라고 이야기한다. 하지만 이러한 의도된 교사의 말은 본질적으로 잘못된 것이다. 정확한 표현은 다음과 같아야 한다. "**전통적인 방식**을 이용해서 분수를 더하거나, 빼기 위해서는 **공통분모**를 찾아야 한다." 하지만 학생들은 전통적인 방식이 아닌 자기 스스로 해결 전략을 발견하여 사용할 때, 학생들은 공통분모를 찾는 활동 없이 많은 문제를 풀 수 있다는 것을 알게 될 것이다.

그러므로 넘버토크를 통해 학생들이 두 분수를 더하거나 빼는 데 있어 정확한 답을 요구하기보다는 **어림값**을 찾는 것을 학습할 수 있도록 해야 한다. 다음의 넘버토크는 분모나 분자에 무엇을 해야 하는가에 초점을 두는 게 아니라 각 분수가 양으로서 덧셈이나 뺄셈을 하는 데 더해지는 양이나 빼지는 양에 초점을 두어야 한다. 이를 위해 공통분모를 찾기에 힘든 두 쌍의 분수를 제시하여 넘버토크를 시작하는 것이 좋다.

**예시 문제 ▸▸▸ $\frac{10}{41}+\frac{2}{11}$, 약 $\frac{1}{2}$, 약 1, 약 2**

분수에 관한 수 감각을 잘 개발한 학생들은 위의 문제를 보고 다음과 같이 이야기할 것이다. "$\frac{10}{41}$은 $\frac{10}{40}$과 비슷하며, 따라서 $\frac{10}{41}$은 $\frac{1}{4}$로 나타낼 수 있다. $\frac{2}{11}$는 $\frac{2}{10}$에 가까우며, 이는 $\frac{1}{5}$로 어림할 수 있다. $\frac{1}{4}$ 더하기 $\frac{1}{4}$은 $\frac{1}{2}$이고, $\frac{1}{5}$은 $\frac{1}{4}$과 가깝기 때문에, 나의 답은 '대략 $\frac{1}{2}$'이다."

다른 학생은 다음과 같이 생각할 수 있다. "$\frac{10}{41}$은 대략 $\frac{1}{4}$이라고 나타낼 수 있고, $\frac{2}{11}$는 $\frac{2}{10}$보다 작기 때문에 두 수를 합해도 1이 될 수는 없다."

그러나 또 다른 학생들은 “두 분수가 $\frac{1}{2}$보다 훨씬 작기 때문에, 두 수의 합은 1이나 2가 될 수 없다”라고 생각할 수 있다.

다음 문제는 레인 카운티 수학 프로젝트(Lane County Mathematics Project, 1983b) 문제를 수정한 것으로 ‘분수 합과 차 어림하기’ 넘버토크를 시작해보자.

| | | | |
|---|---|---|---|
| $\frac{88}{91}+\frac{5}{6}$ | 약 $\frac{1}{2}$ | 약 1 | 약 2 |
| $\frac{1}{7}+\frac{5}{16}$ | 약 $\frac{1}{2}$ | 약 1 | 약 2 |
| $\frac{7}{8}+\frac{1}{9}+\frac{12}{13}$ | 약 1 | 약 2 | 약 3 |
| $1\frac{1}{19}+2\frac{17}{18}$ | 약 4 | 4보다 크다 | |
| $6\frac{3}{4}-2\frac{1}{5}$ | 약 3 | 3보다 크다 | |

## ▮활동 6: 곱과 몫

### 곱셈

분수 덧셈, 뺄셈과 마찬가지로 학생들은 분수 곱셈과 나눗셈을 잘 이해하지 못하고, 공식에 의존하여 문제를 해결하려고 한다. 따라서 분수 곱셈 넘버토크에 있어서 곱셈과 나눗셈의 관련성(예를 들어, 학생들이 어떤 양의 $\frac{1}{4}$을 찾는 것은 그 양을 4로 나누는 것과 같다는 성질)을 이해하고, 곱셈과 관련된 수 감각을 기르는 데 초점을 두어야 한다. 다음의 여러 활동들은 학생들에게 분수와 관련된 수 감각을 기르는 데 도움이 될 것이다.

## ▮분수와 자연수를 곱하기

앞서 이야기한 분수 덧셈, 뺄셈 넘버토크와 달리 분수 곱셈 넘버토크에서는 정확한 답을 구해야 한다. 처음 몇 개의 문제는 자연수 곱하기 단위 분수(예를 들어, 분자가

1인 분수)로 시작하자. 먼저, 학생들의 이해 정도를 확인하기 위해서 단위 분수의 분모가 자연수이 약수가 되는 12의 $\frac{1}{3}$, 100의 $\frac{1}{4}$, 20의 $\frac{1}{5}$과 같은 문제로 시작하자. 많은 학생들이 이 문제들이 쉽다고 생각할지라도 여전히 어떤 학생들은 이 문제를 어려워할 것이다. 넘버토크의 미는 아직 개념을 이해하지 못한 학생들일지라도 다른 학생들이 이야기하는 문제해결 방법을 듣고 개념을 이해할 수 있다는 것이다.

15분 동안 행해지는 한 번에 걸친 넘버토크를 통해서도 학생들은 분수와 자연수 곱하기를 충분히 이해할 수 있을 것이다. 위의 문제들을 넘버토크를 통해 간단히 토론하게 한 뒤, 보다 복잡한 문제를 제시하여 학생들의 이해를 심화시켜야 한다. 예를 들어, 학생들이 위의 문제를 쉽게 해결하면, 분수의 분모가 자연수의 약수가 아닌 문제를 제시하도록 하자. 단순히 반복 연습을 하는 것보다 학생들의 사고를 연장할 수 있는 문제를 통해 학생들은 수 감각을 잘 개발할 수 있다.

다음 문제들은 레이즈 외 연구(Reys et al., 1987)와 레인 카운티 수학 프로젝트(Lane County Mathematics Project, 1983)에서 제시된 문제를 기반으로 수정된 문제들이다.

**예시 문제 ▸▸▸ 24의 $\frac{1}{4}$**

어떤 학생들은 위의 문제를 24의 반은 12, 12의 반은 6을 통해 해결할 것이다. 다른 학생들은 4의 배수를 통해 4의 몇 배가 24인가를 생각할 것이다. 또 다른 학생들은 24를 4로 나눌 것이다. 이러한 방식의 사고가 다소 쉬워보일지라도 교사는 학생들에게 각각의 문제해결 방법에 대해 설명하게 하여, 각기 다른 해결 방법들이 어떻게 관련되어 있는지 학생들이 토론하고 이해할 수 있도록 유도해야 한다.

다음 문제로 넘버토크를 시작해보자.

32의 $\frac{1}{4}$ 240의 $\frac{1}{3}$ 56의 $\frac{1}{8}$ 98의 $\frac{1}{2}$ 350의 $\frac{1}{5}$

앞의 단위 분수들은 다른 분수를 학습하는 데 중요한 토대building block가 될 수 있다. 예를 들어, $\frac{3}{5}$은 $\frac{1}{5}$을 3번 반복하는 것 $\frac{1}{5}+\frac{1}{5}+\frac{1}{5}$로 해석될 수 있다. “만약 36의 $\frac{1}{4}$이 9이면, $\frac{3}{4}$의 36은 $9+9+9$(또는 $9\times3$) 또는 $\frac{27}{36}$로 나타낼 수 있다.”

물론 학생들은 다음 문제들을 위에서 제시한 것과 다른 방법을 통해 풀 수 있도록 격려해야 한다.

50의 $\frac{3}{10}$ 27의 $\frac{2}{3}$ 30의 $\frac{3}{5}$ 200의 $\frac{3}{4}$ 16의 $\frac{5}{8}$

만약 학생들이 9의 $\frac{2}{3}$를 사고 과정을 통해 해결할 수 있다면, $\frac{9}{37}$의 $\frac{2}{3}$를 해결할 수 있는지를 탐구하게 하고, 더 나아가 $\frac{12}{13}$의 $\frac{3}{4}$이나 $\frac{20}{12}$의 $\frac{3}{5}$에도 사용할 수 있는지를 생각해보게 하자. (교사는 이러한 방식으로 학생의 사고를 확장시키는 방법을 생각해봐야 하며, 더 나아가 9장에서 제시한 것처럼 이러한 문제를 탐구활동으로 제안해보자.)

## '다루기 힘든'Messy 분수와 다루기 쉬운 자연수Friendly Whole Numbers

이 넘버토크에서 학생들은 다루기 힘든 분수를 다루기 쉬운 분수로 바꾸어 두 수의 곱의 대략적인 어림값을 구해야 한다. 이 활동에서는 두 수의 곱이 얼마나 커야 적정하고 합리적인지를 결정하기 위해 수 관계를 융통성 있게 사용하게 하는 데 초점을 둔다.

**예시 문제 ▸▸▸ 15의 $\frac{8}{25}$ ≈**

15의 $\frac{8}{25}$은 대략 얼마나 될까? 학생들은 다음과 같은 방법으로 문제를 풀 것이며, 다양한 방법을 사용할수록 학생들에게 도움이 될 것이다!

> "$\frac{8}{25}$은 $\frac{8}{24}$과 가까워서 $\frac{1}{3}$로 어림할 수 있고, 주어진 문제는 15의 $\frac{1}{3}$로 바꾸어 답을 5로 구할 수 있다. 그래서 15의 $\frac{8}{25}$은 5에 가까운 것으로 어림할 수 있다."
>
> 또는 "$\frac{5}{25}$는 $\frac{1}{5}$이고, 15의 $\frac{1}{5}$은 3이다. $\frac{3}{25}$은 $\frac{5}{25}$의 절반보다 조금 많으며, 그래서 주어진 문제에 대한 답은 $4\frac{1}{2}$ 또는 5라고 어림할 수 있다."

"답이 5보다 클까요 아니면 작을까요"와 같은 후속 질문은 학생들의 분수에 대한 수 감각을 개발하고, 수학적으로 심도 있게 개념을 형성하도록 도울 수 있다. 이러한 질문들은 학생들이 가장 흔하게 가지고 있는 오개념을 밝혀낼 수 있다.

학생들은 25가 24보다 크기 때문에 $\frac{8}{25}$이 $\frac{1}{3}$보다 크다고 생각할 수 있다. 반대로 다른 학생들은 $\frac{8}{25}$이 $\frac{1}{3}$보다 작을 수 있다고 생각할 수도 있다. 이렇게 다른 의견들을 학생이 제시할 때, 교사로서 학생들이 가지고 있는 오개념을 해결하기 위해 설명하고자 하는 유혹을 멀리하고, 학생들이 토론을 통해 해결하도록 유도한다. 예를 들어, 만약 호영이가 "25는 24보다 크기 때문에 $\frac{8}{25}$은 $\frac{1}{3}$보다 크다"라고 이야기했을 때, 교사로서 호영이의 생각을 다음과 같이 이야기할 수 있다. "호영아, 너는 두 분수에서 분자는 같고, 분모가 더 클 때, 분모가 큰 분수가 더 크다고 이야기하는 거지?" 또, 단순히 학생의 생각을 다시 설명하기보다는 다른 학생들에게 "호영이의 생각conjecture에 대해 어떻게 생각하나요?"와 같은 질문을 제시하여 학생의 전략에 대해 토론하도록 유도한다. 그와 함께 $\frac{2}{3}$와 $\frac{2}{99}$를 비교하는 문제를 제시하여, 호영이의 사고 전략의 적합성에 대해 생각하는 기회를 위해 제시하는 것이 좋다.

다음의 어림값을 구하는 문제로 시작해보자.

80의 $\frac{15}{31}$ 어림값 　 60의 $\frac{10}{99}$ 어림값 　 900의 $\frac{12}{35}$ 어림값

60의 $\frac{40}{99}$ 어림값 　 900의 $\frac{24}{35}$ 어림값 　 600의 $\frac{51}{61}$ 어림값

## ▌다루기 쉬운 분수와 '다루기 힘든' 수

수학 교실과 달리 대부분의 일상생활 문제들은 정확한 값을 구하기보다는 어림값을 구하는 문제들로 구성되어 있다. 따라서 쉽게 어림할 수 있는 수와 학생들에게 친숙한 분수로 구성된 문제로 시작한다.

**예시 문제 ▸▸▸ 61의 $\frac{1}{3}$**

"61은 60으로 어림할 수 있고, 60의 $\frac{1}{3}$은 20이다. 그래서 위의 문제에 대한 답은 20보다 약간 큰 수이다."

"61을 3집단으로 나누면, 각 집단은 20을 갖게 되고, 1이 더 남게 된다. 그래서 위의 문제에 대한 답은 $20\frac{1}{3}$이다."

다음과 같은 문제로 시작해보자.

$29.95의 $\frac{1}{2} \approx$ $61의 $\frac{3}{4} \approx$ $89.95의 $\frac{1}{3} \approx$

## 분수와 분수의 곱 어림하기

다음은 레인 카운티 수학 프로젝트(Lane County Mathematics Project, 1983b)에서 사용된 문제를 수정한 것으로 학생들의 수학적 사고를 심화하기 위해 사용할 수 있다.

| | | |
|---|---|---|
| $6\frac{3}{8} \times 7\frac{9}{10}$ | 48보다 크다 | 48보다 작다 |
| $1\frac{2}{3} \times \frac{3}{4}$ | 1보다 크다 | 1보다 작다 |

## 분수 나눗셈

분수 나눗셈 공식은 학생뿐 아니라 교사들에게도 이해하기 힘든 내용 중의 하나이다. 아래와 같은 일반적으로 제시되는 분수 나눗셈 공식을 기억하는가?

왜 그런지 이해하려 하지 마라.
단순히 분모와 분자의 위치를 바꾼 뒤 곱해라!
(Yours is not reason why: just invert and multiply!)

하지만 학생들은 분수 나눗셈이 무엇을 의미하는지, 왜 앞의 나눗셈 공식이 적용될 수 있는지에 대한 이해 없이는 분수를 바꿀 때 종종 어떤 분수를 바꿔야 하는지 기억하지 못한다. 사실, 분수 나눗셈 공식이 무엇을 의미하는지 알지 못한다면, 학생들이 어떤 답을 제시하더라도 그 답은 의미가 없게 되는 것이다.

다음의 9장에서는 분수 나눗셈의 의미와 왜 전통적인 공식[invert-and-multiply]이 가능한지 이해하도록 돕는 두 탐구활동investigation을 제시할 것이다. 계산기와 컴퓨터의 급속한 보급은 학생들에게 자신들이 구한 답이 왜 적절한지에 대한 적합성reasonableness을 판단할 수 있는 능력을 기르는 것이 중요하다는 것을 강조하며, 이에 넘버토크를 통해 학생들이 분수 나눗셈을 이해할 수 있도록 도와야 한다.

먼저, 분수 나눗셈의 결과인 몫이 1보다 큰지 작은지에 대해 사고하는 활동을 통해 분수 나눗셈에 대한 넘버토크를 시작하자.

### 측정 모델을 사용한 분수 나눗셈

분수 나눗셈 문제는 문제 상황에 따라 두 가지 의미로 해석될 수 있다. 첫 번째 의미는 측정 모델measurement or quotative model을 통해 해석될 수 있는데*, 예를 들어, 자연수 나눗셈 15÷3의 경우, 측정 모델을 사용하여 해결할 때, 15÷3은 "15를 3개씩 묶을 때, 얼마나 많은 집단을 만들 수 있는가 또는 3이 15에 몇 번이나 들어가는가?"라는 질문으로 해결할 수 있다.

자연수 나눗셈과 비슷하게 분수 나눗셈의 경우, $\frac{3}{4} \div \frac{1}{2}$은 "$\frac{1}{2}$이 $\frac{2}{3}$에 몇 번이나 들어갈 수 있을까?"라는 질문을 통해 해결될 수 있다. 이러한 모델의 경우, 나누어지는 수, 피제수 $\frac{3}{4}$이 나누는 수, 제수 $\frac{1}{2}$보다 클 때는 계산하기가 쉽지만, $\frac{1}{3} \div \frac{7}{8}$과 같이 나누어지는 수 $\frac{1}{3}$이 나누는 수 $\frac{7}{8}$보다 작을 때는 계산하기 쉽지 않다. 측정 모델을 사용하여 분수 나눗셈을 이해하는 것은 학생들에게 문제에 대한 답의 크기에 대해 생각할 수 있도록 도와줄 수 있다. (측정 모델에 대한 설명이 더 필요한 경우, 마[Ma, 1999]나 포즈낫과 돌크 연구[Fosnot and Dolk, 2002]를 참조하자.)

다음의 예시 문제는 학생들이 그림을 통해 쉽게 시각적으로 표현할 수 있는 분수를 사용하여, 학생들이 무엇을 요구하는지에 대해 이해할 수 있게 한다. 또, 다음 문제는

* 분수 나눗셈의 의미는 상황에 따라 포함제와 등분제로 구분될 수 있으며, 이 장의 첫 번째 의미는 한국에서 소개되는 포함제의 의미이고, 두 번째 나눗셈의 의미는 등분제에 해당된다. 15÷3의 경우, 포함제는 '3이 15에 몇 번이나 들어가는지'를 통해 해결하게 되고, 등분제의 경우 '15를 3등분하면 몇 개씩 되는지'를 통해 해결하는 방법이다.

학생들이 분수, 분수 나눗셈 기호에 대해 흔히 갖고 있는 오개념을 해결하는 데 도움을 줄 것이다('분수 기호' 참조).

**예시 문제 ▸▸▸ $\frac{1}{2} \div \frac{1}{4}$은 1보다 크다? 1보다 작다?**

$\frac{1}{2} \div \frac{1}{4}$에 있어($\frac{1}{4}$이 $\frac{1}{2}$보다 작기 때문에) 어떤 학생들은 $\frac{1}{2} \div \frac{1}{4}$의 몫이 1보다 크다고 생각할 수 있지만, 반대로 어떤 학생들은(같은 이유를 제시하며!), 몫이 1보다 작다고 생각할 것이다. 학생들이 이러한 오개념을 나타낼 때, 15 ÷ 3과 같은 자연수 분수 문제를 제시하고, 이 문제가 무엇을 의미하는지 이야기하게 하자. 만약 학생들이 "3이 15에 몇 번 들어가는지 찾아야 해요"라고 이야기하면, "그 방법 말고, 이 문제가 무엇을 물어보고 있는지 생각할 수 있을까요?"와 같은 질문을 제시하자. 그 다음 3 ÷ 15와 같은 자연수 분수 문제를 제시하여, 학생들에게 "문제가 무엇을 요구하나요?"라고 질문하자. 3 ÷ 15와 같이 제수가 피제수가 클 때, 학생들이 생각해야 하는 질문들은 "15의 어떤 부분이 3에 해당하나요, 또는 15의 얼마만큼이 3에 들어가나요?"로 바뀌게 된다는 것을 이해하는 것은 학생들에게 분수의 나눗셈에 대해 더 잘 이해하도록 도와준다.

> **나눗셈 기호**
>
> 7장에서 이야기한 ÷ 기호는 학생들이 나눗셈을 읽는 데 있어, '나누기'divide by로 읽기보다는 '들어가기'into로 종종 이해하곤 한다. 이는 학생들이 처음 나눗셈 문제를 접할 때, $3\overline{)45}$ 와 같은 문제로 제시되어, 학생들에게 '3이 45에 몇 번이나 들어가는지'로 읽도록 가르치기 때문이다. 이러한 나눗셈 기호와 관련된 문제를 처음부터 해결하기보다는 나눗셈 문제를 제시하여, 이러한 문제들이 발생하게 하여 토론하게 하자.

레인 카운티 수학 프로젝트(Lane County Mathematics Project, 1983b)에서 기반한 다음 문제로 넘버토크를 시작해보자.

$\frac{1}{3} \div \frac{7}{8}$ 1보다 크다 1보다 작다

| | | |
|---|---|---|
| $2\frac{1}{2} \div 1\frac{7}{8}$ | 1보다 크다 | 1보다 작다 |
| $1 \div \frac{3}{4}$ | 1보다 크다 | 1보다 작다 |
| $2\frac{7}{8} \div 2\frac{1}{2}$ | 1보다 크다 | 1보다 작다 |

## ▌분수 나눗셈에 관한 사고/추론하기

이 넘버토크 문제는 학생들에게 정확한 답을 찾도록 요구한다. 학생들이 분수 나눗셈의 의미와 나눗셈에서 찾아지는 답의 적합성을 판단하는 능력을 잘 개발했다면, 아래의 문제들을 여러 가지 방법을 써서 잘 해결할 수 있을 것이다.

**예시 문제 ▸▸▸ $1 \div \frac{2}{3}$**

학생들은 다음과 같이 사고할 것이다.

- $\frac{2}{3}$는 1에 한 번 들어갈 수 있고, 2개의 $\frac{2}{3}$는 1에 들어가기에 너무 크다. 그래서 답은 1과 2 사이에 있다.
- 1에 $\frac{2}{3}$는 한 번 들어가고, $\frac{1}{3}$이 남게 된다. $\frac{1}{3}$은 $\frac{2}{3}$의 반절이며, 그래서 답은 $1\frac{1}{2}$이다.
- $\frac{1}{3}$은 1에 3번 들어가므로, $\frac{2}{3}$는 1에 $1\frac{1}{2}$번 들어가게 된다. 그래서 답은 $1\frac{1}{2}$이다.

여기에서 중요한 질문은 “무엇을 기준으로 한 $1\frac{1}{2}$인가?”이다. 앞의 예시 문제와 관련되어 넘버토크가 7학년 교실에서 어떻게 전개되는지를 보려면, 볼러와 험프리 연구(Boaler & Humphreys, 2005, 40-53)에서 제시되는 수업 상황과 비디오를 참조하자.

다음 문제를 사용하여 넘버토크를 제시하고, 각 넘버토크에 2～3문제를 제시하자.

$1 \div \frac{1}{3}$ $3 \div \frac{1}{3}$ $\frac{1}{3} \div 3$ $\frac{2}{3} \div \frac{1}{2}$ $\frac{3}{5} \div \frac{1}{4}$

$\frac{2}{5} \div \frac{1}{3}$ $\frac{2}{5} \div \frac{2}{3}$ $\frac{4}{5} \div \frac{1}{4}$ $1\frac{3}{4} \div \frac{1}{2}$ $1\frac{3}{4} \div 2$

이러한 문제들은 단지 시작이다. 각 넘버토크는 교사가 다음에 어떤 문제를 가지고 시작할 것인가 결정하는 데 도와줄 것이다.

## ▌소수에 대해 생각하기

### '더 클까요 작을까요?'에 관한 넘버토크

분수에 관한 넘버토크와 비슷하게 소수에 관한 '더 클까요 아님 작을까요?'More or less 넘버토크는 소수를 비교하는 데 어림을 이용하여 소수 이해에 도움을 준다. 이 넘버토크는 학생들이 소수를 수의 크기와 관련된 수의 값에 대해 생각해볼 수 있게 한다.

각 연산에 있어서 답에 가까운 소수들을 조합하여 학생들이 각 소수에 대해 생각해볼 수 있는 문제를 제시하였다.

다음의 레인 카운드 수학 프로젝트(Lane County Mathematics Project, 1983b)에서 도출된 문제로 넘버토크를 시작해보자.

| | | |
|---|---|---|
| 3.94+6.83 | 10보다 작다 | 10보다 크다 |
| 15.8+13.89 | 30보다 작다 | 30보다 크다 |
| 8.6−4.8 | 4보다 작다 | 4보다 크다 |
| 3.8−1.86 | 2보다 작다 | 2보다 크다 |
| 4.9×3.8 | 20보다 작다 | 20보다 크다 |
| 9.91×0.9 | 10보다 작다 | 10보다 크다 |
| 16÷1.9 | 8보다 작다 | 8보다 크다 |

**학생의 생각을 증진시키는 문제**

학생들이 앞서 제시된 문제들에 대해 잘 이해했다면, 반 드 월과 로빈(Van de Walle & Lovin, 1988, 125)에서 제시된 다음과 같은 문제로 시작할 수 있다.

≫ 어림하고, 어림한 방법에 대해 설명하여라.

$$73.46 + 6.2 + 0.582$$

## ▌'소수점이 어디에 있지요?' 넘버토크

반 드 월과 로빈Van de Walle & Lovin은 《학생 중심으로 수학 가르치기(Teaching Students-Centered Mathematics, 1988)》에서 넘버토크를 하기에 적합한 분수와 소수 문제를 제시하였다. 예를 들어, 다음의 두 문제를 생각해보자.

**1. 나눗셈** (p. 148)

아래 문제를 칠판이나 문서카메라document camera에 적고, 학생들에게 정확한 답을 표현하기 위해 소수점을 어디에 찍어야 하는지 생각한 뒤, 엄지손가락을 들어 표시하도록 한다.

$$146 \div 7 = 20857$$

학생들이 답을 제시하게 한 뒤, 왜 그렇게 생각하는지 설명하게 하고, 다른 방법이나 다른 답을 가진 경우 다시 설명하게 한다. 그 후, 다음 문제를 순차적으로 제시하여 앞에 제시된 나눗셈을 통해 알게 된 내용을 이용하여, 정확한 답에 가까운 어림값을 구하게 한다.

$146 \div 0.07$

$1.46 \div 7$

$14.6 \div 0.7$

$1460 \div 70$

많은 학생들은 앞의 146÷7 문제의 답에 소수점 자리를 잘 찾고, 소수점 위치에 대한 합리적인 설명을 하지만, 위의 문제를 해결하는 데 소수점 자리를 왜 움직여야 하는지에 대한 이해 없이 공식과 절차에 의존하여, 엉뚱한 설명을 하는 경우를 많이 봐왔다. 이런 경우에 다음과 같은 후속 설명을 통해 학생들이 이해하도록 할 수 있다. 예를 들어, 146÷7 문제의 경우 소수점을 20 뒤에 찍은 뒤(20.857), "7은 14에 2번 들어가서, 140에는 7이 20번 들어가고, 6이 남아 있기 때문에 답은 20보다 조금 크거나 20.857이다"라고 제시한다. 그 뒤 많은 학생들은 소수점을 움직이는 규칙을 사용하여(소수점이 제수에 있기 때문에), 소수점을 왼쪽으로 움직여 문제를 해결하곤 하였다. 예를 들어, 앞에 제시된 146÷0.07의 경우, 나누는 수가 0.07이기 때문에 소수점의 자리를 움직이는 규칙에 의존하여, 146÷7=20.857이므로 146÷0.07의 경우, 소수점을 왼쪽으로 2번 움직여서 0.20857 답이라고 추론하곤 한다. 그러나 이것은 잘못된 추론 방법으로 실제 0.07이 7보다 100배 작아서 147에 0.07은 7일 경우보다 100배 더 많이 들어감에도 학생들은 더 작게 들어간다고 생각한다.

**2. 곱셈** (p. 126)

학생들에게 24×63을 계산하게 해보자. 학생들은 종이와 연필을 사용해서 노트에 기록할 수 있으며, 학생들과 답을 체크했으면 다음 문제를 칠판이나 문서카메라에 제시한다. 24×63의 계산 결과를 이용해서, 다음 문제에 대한 답을 찾게 한다.

$$0.24 \times 6.3$$

$$24 \times 0.63$$

$$2.4 \times 63$$

$$0.24 \times 0.63$$

넘버토크의 경우, 한두 문제를 순차적으로 이용하여 학생들이 답을 찾게 하는 것이 좋다. 먼저 한 문제를 제시하여 학생들에게 생각하게 하고 답을 발표하게 하며, 다른 방식으로 문제를 푸는 방식을 듣게 해야 한다.

일단 학생들이 소수를 가지고 추론하고 수학적으로 사고하는 것을 학습하고 나면, 학생들은 수학을 학습할 때 소수를 어림하는 활동이 중요하다는 것을 이해하게 될 것이다.

## ▌퍼센트에 대해 생각하기

1985년, 캘리포니아 주의 평가 도구인 캘리포니아 평가 프로그램CAP: California Assessment Program에서 학생의 성취도가 발표되었던 해에 이 책의 저자인 루스Ruth와 캐시Cathy는 캘리포니아에서 수학을 가르치고 있었다. 주에 있는 많은 중학교 교사들과 마찬가지로 8학년을 대상으로 하는 다음의 평가 문항에 따른 학생들의 성취도 검사 결과에 많은 우려를 표현하였다.

≫ 32의 100%는 얼마인가?

학생들은 다음의 4개의 선택지가 제시되었다.

a. 0.32
b. 32
c. 132
d. 3200

캘리포니아의 8학년 중에서 단지 50%만이 문제를 맞혔다.

4년 후 1986년에 행해진 교육 진전에 대한 국가적 평가NAEP 결과는 신문이나 방송을 통해 미국 전역에 걸쳐 아래의 문제에 있어 12학년 학생들의 성취에 대해 큰 관심을 불러일으키는 중요한 계기가 되었다.

≫ 다음 항목 중 10의 87%를 바르게 나타낸 것은 무엇인가요?

a. 10보다 크다.
b. 10보다 작다.
c. 10과 같다.
d. 이해할 수 없음
e. 모름

만약 당신이 최악의 사태를 생각했다면, 바로 그러하다. 전체 12학년 중에 단지 51%만이 정답인 '10보다 작다'를 구하였다.

수학 공식이나 절차들은 수학과 수학교육에서 중요한 위치를 차지하고 있다. 그러나 단순히 수학 공식이나 절차를 아는 것만으로 학생들이 학습해야 하는 중요한 개념을 대신 할 수는 없다. 만약 중학생과 고등학교 학생들이 앞서 이야기한 8학년과 같이 절차적인 내용만을 학습하여 오개념을 가져온다면, 개념적인 이해를 증진하지 않고, 다시 소수점의 위치만을 중심으로 가르치는 학습 방법은 학생들이 오개념을 해소하는 데 도움이 되지 않을 것이다. 다음에 제시되는 넘버토크는 학생들이 단순히 소수점을 움직이는 데 벗어나 수개념과 양적 감각을 기르는 데 도움을 줄 것이다.

## 활동 6: 분수를 퍼센트로 표현하기

수학 수업에서 넘버토크는 5분에서 15분 정도의 상대적으로 적은 시간을 필요로 하지만, 학생들에게 분수와 퍼센트의 수학적 관계를 이해하고 추론하고 논리적으로 사고하도록 하여 분수와 퍼센트에 자신감을 갖을 수 있도록 할 수 있다. 학생들은 직관적으로 퍼센트와 소수를 더 쉽게 생각하는 경향이 있기 때문에 분수와 관련된 넘버토크를 할 때 퍼센트와 소수를 중심으로 한 활동을 제시하면 좋다. 문제를 선택할 때 가장 보편적으로 보이는 다음과 같은 분수를 사용할 수 있다. 이 활동의 목표는 분수와 퍼센트의 관계를 암기하기보다는 그 관계성을 이해하고, 추론하는 능력을 돕고자 하는 것이다.

**예시 문제 ▸▸▸ $\frac{3}{4}$를 퍼센트로 나타내보세요**

"선생님이 칠판에 분수를 쓸 텐데, 주어진 분수를 공식이나 절차를 사용하지 말고, 퍼센트로 어떻게 나타낼 수 있는지 생각해보세요. 공식이나 절차를 알고 있더라도 여러분이 알지 못하는 새로운 방법을 써서 주어진 분수를 퍼센트로 나타내보세요."

다음은 학생들이 생각할 수 있는 방법이다.

- $\frac{1}{2}$과 $\frac{1}{4}$을 더하면 $\frac{3}{4}$이다. $\frac{1}{2}$은 50%이고, $\frac{1}{4}$은 $\frac{1}{2}$의 $\frac{1}{2}$이며, 50%의 $\frac{1}{2}$은 25%이다. 따라서 $\frac{3}{4}$은 50%와 25%의 합이므로 75%이다.
- 1달러의 $\frac{1}{4}$은 25센트이고, 그래서 $\frac{1}{4}$은 25%와 같다. $\frac{1}{2}$이 50%이므로 50% 더하기 25%는 75%가 된다.
- 나는 ____가 했던 방법을 썼는데, 나는 100%에서 25%를 뺐다.
- 4개의 쿼터quarters가 1달러이므로, 3개의 쿼터는 75센트이다.* 그래서 $\frac{3}{4}$은 75%

---

* 쿼터quarters는 미국의 화폐 단위로 25센트를 의미하고, 4개의 쿼터가 모여 1달러가 된다.

와 같다.

위와 같은 추론 능력을 길러주기 위해 다음 문제로 시작해보자.

$$\frac{7}{10} \quad \frac{2}{5} \quad \frac{1}{8} \quad \frac{3}{8} \quad \frac{5}{6} \quad \frac{2}{3}$$

아래 문제를 통해 좀 더 심화된 추론능력을 개발할 수 있다.

$$\frac{3}{16} \quad \frac{2}{25} \quad \frac{5}{12} \quad \frac{7}{20} \quad \frac{3}{100}$$

**학생들의 사고를 증진하는 질문**

- 다른 방법을 사용해서 문제를 해결할 수 있나요?
- 여러분이 사용한 전략/방법들이 왜 맞다고 생각하나요?
- 우리는 __________ 을 해결했습니다. 이것에 기반하여 __________ 를 어떻게 해결할 수 있을까요? 예를 들어, 지금 $\frac{1}{4}$을 퍼센트로 나타냈어요. 이에 $\frac{1}{12}$을 나타내는 퍼센트를 어떻게 찾을 수 있을까요? 또는 $\frac{1}{8}$을 나타내는 퍼센트에 $\frac{7}{8}$을 어떻게 퍼센트로 나타낼 수 있을까요?

## 활동 7: 주어진 수/양의 퍼센트를 나타내기

(다음 내용은 레인 카운티 수학 프로젝트(1983a)에 기반을 두어 구성한 것이다.)

수학 학습에서뿐 아니라 중요한 삶의 기술로서 학생들은 계산기를 사용하지 않고 주어진 수나 주어진 양의 퍼센트를 구할 수 있어야 한다. 학생들은 일반적으로 어떤 수나 양의 50%를 어려움 없이 잘 나타낼 수 있으며, 다음의 넘버토크에서는 먼저 이러한 학생들의 50%를 나타내는 기술에 따라 주어진 수나 양의 퍼센트를 구하는 활동을 제시한다. 이러한 방식은 학생들이 추론적 사고 '만약 …라면'[if… then]의 함수적 사고를 개발하는 데 도움을 줄 수 있다. 예를 들어, 만약 $400의 50%가 $100라면, $400의 12.5%는 $50가 되어야 한다. 왜냐하면 25의 절반은 12.5이며, $100의 절반은 $50이기 때문이다.

이 넘버토크의 목표는 학생들이 이미 자신이 알고 있는 문제에 대한 지식을 이용하여 다른 문제를 해결하는 능력을 기르게 하는 데 목적이 있다. 이러한 학습 기회의 필요성은 이 책의 저자가 한 고등학교를 방문하여, 수학 교실을 관찰했을 때 더욱 분명해졌다. 교사가 학생들에게 360°의 5%에 대해 찾게 했을 때, 학생들은 360°의 10%가 36임을 알면서도, 360°의 5%에 대해 다섯 가지 다른 답을 제시하였다.

**예시 문제 ▸▸▸ $200의 25%**

학생들은 위의 문제를 여러 가지 다른 방법으로 해결할 것이다. 어떤 학생들은 다음과 같이 이야기할 것이다. "$200의 50%는 $100이고, 25%는 50%의 절반이다. 그래서 $100의 $\frac{1}{2}$을 찾아야 하며, 이는 $50이다." 다른 학생들의 경우, "$100의 25%는 $25이며, $200의 25%는 $100의 25%의 두 배가 되어야 하며, 그래서 답은 $50가 되어야 한다."고 생각할 수 있다. 또 다른 학생의 경우, "$200의 10%는 $20이고, 20%는 $40가 되어야 한다. 5%는 10%의 절반에 해당하므로 $20의 반은 $10가 되어, $20 + $20 + $10 = $50가 된다"라고 추론할 수 있다.

또 다른 방법으로, 아주 소수의 학생이 사용하지만 주어진 수의 1%를 찾아 주어진 퍼센트를 찾을 수 있다. 이러한 방법을 사용하는 학생은 다음과 같이 설명할 수 있다. "$200의 1%는 $2이고 25%는 25 곱하기 2는 $50이다."

### 다운로드 진행 막대그래프 사용하기

페이스북, 비디오 스트리밍, 비디오 게임을 통한 경험으로 대부분의 학생들은 다운로드 진행 막대그래프에 익숙하다. 다운로드 진행 막대그래프는 대부분 퍼센트와 함께 표현되며, 시각적인 이미지는 학생들이 퍼센트에 대한 감각을 개발하는 데 좋은 도구가 될 수 있다. 비슷한 모델로 이중으로 된 더블 수직선 double number line은 비와 비율을 표현할 수 있는 좋은 모델이다.

여기에서 다운로드 진행 막대그래프를 사용하여 어떻게 학생들의 이해를 도울 수 있는가를 보여주기 위해 $200의 25%를 예로 사용한다. 두 열린 수직선이 하나로 나타내는 형태로 다운로드 진행 막대그래프를 사용하여, 0%, 50%, 100%를 기준으로 제시한다. 아래의 막대그래프는 $200의 25%를 나타낸다.

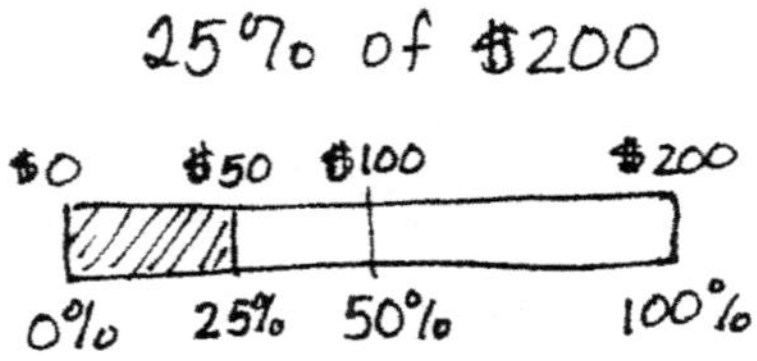


다운로드 바는 다양한 방식으로 사용될 수 있다. 어떤 교사들은 이 막대그래프를 분수와 시간을 비교하기 위해 사용하고, 다른 교사들은 다운로드된 정도를 상태로 나타내기 위해 사용하기도 한다.

다음 문제로 시작해보자.

여기에서 단지 소수의 예들이 제시된다. 학생들이 주어진 처음 문제를 어떻게 하느냐에 따라 다음에 어떤 문제를 제시할 것인가는 달라져야 한다. 다음의 예들은 달러나 온도와 같이 동일한 단위를 사용해서 양을 나타내고 있으며, 학생들이 단지 암기나 절차적 지식에 의존하지 않고, 추론하여 사고하는 정도에 따라 화살표에서 제시되는 순서에 따라 학생을 지도하는 것이 바람직하다.

$200의 50% → $200의 25%;

그 다음 $200의 5%나 $200의 10% 또는 $200의 1%를 제시하자.

만약 학생들이 25%와 50%를 이해했으면, $200의 75%를 찾도록 하자.

800의 50% → 800의 25% → 800의 75% → 아마도 10%를 찾게 할 수 있다….

360°의 50% → 360°의 10% → 360°의 5% → 360°의 35%

### 10%에 관한 지침

우리의 경험에 의하면, 다양한 수/양의 10%를 발견하는 내용은 잠시 보류하는 것이 좋다. 10%는 소수점을 움직이게 하는 데 초점을 두게 하며, 학생들이 추론하고 수학적으로 사고하는 것을 방해할 수 있다.

학생들이 일단 특정한 양을 중심으로 다양한 퍼센트를 파악하는 것에 익숙해지면 다음과 같은 문제를 제시하여 여러 다양한 방법으로 논리적인 사고 능력을 기르는 데 주안점을 둬야 한다. 다음 문제들은 학생들에게 수학적 이해와 자신감을 함양하는데 도움을 줄 것이다.

| | | | |
|---|---|---|---|
| 60의 85% | 60의 12% | \$500의 37% | \$300의 45% |
| \$800의 250% | \$100의 2.5% | \$350의 20% | 150의 45% |

때때로 문제가 어렵고 복잡해보일 때, 학생들은 문제를 푸는 데 더 관심을 보이기도 한다. 고등학생의 경우, 분수의 퍼센트를 찾는 문제로 넘버토크를 시작할 수 있다. 두 고등학교 교사는 먼저 여러 분수의 200%를 찾는 문제로 시작하였고, 그 뒤 다음 문제, 즉 $\frac{1}{4}$($\frac{3}{5}$의 200%)을 제시하였다.

### 어떤 양의 퍼센트 찾기percent of 대 어떤 양에서 퍼센트 줄이기percent off

한 고등학교 수학 교실에서 주어진 수의 퍼센트를 찾는 문제를 중심으로 넘버토크를 시작했다. 처음 넘버토크를 시작했을 때, 학생들은 \$200의 50%을 쉽게 구할 수 있었다. 그러나 \$200의 25%를 찾으라고 했을 때, \$50, \$150, \$175의 세 가지 다른 답이 나타났다. 그러자 한 학생이 손을 들고 다음과 같이 이야기하였다. "어떻게 25%가 50%보다 큰 수를 가질 수 있나요?" 이 학생의 질문은 많은 학생들이 갖고 있는 오개념에 대해 다시 생각하게 하는 기회를 제공했다. 다시 말하면, 많은 학생들이 \$200의 25%(25% of \$200)를 구하는 문제를 \$200에서 25%를 빼는 문제로(25% off \$200) 착각하여 \$175로 답을 구했으며, 교사의 지속적인 질문을 통해서 학생들은 25%를 빼기보다는 \$25를 뺐다라는 것을 알게 했다.

학생들의 실수는 보통 학생들이 배운 내용에 기반을 둔 내적인 논리에 의해 발생하고, 넘버토크는 이러한 학생들의 오개념이나 실수를 토론할 수 있는 중요한 기회를 제공해줄 수 있다.

학생들이 넘버토크를 통해 수개념을 개발하고, 더 잘 이해하게 되면 좀더 수학적으로 복잡한 문제를 제시하여 분수, 소수, 퍼센트에 관한 넘버토크를 경험하도록 해야 한다. 상위 학년의 수학은 분수, 소수, 퍼센트에 관한 내용으로 구성되어 있으며, 15분을 통해 제시되는 넘버토크를 통해 학생들에게 줄 수 있는 학습 가능성을 생각하여, 학생들에게 기회를 제공할 수 있어야 한다.

CHAPTER

# 9 탐구를 이끌어내는 넘버토크

수학은 우리를 놀라게 할 가능성을 지니고 있다. 신비한 것을 관찰했을 때 "왜 이게 발생했지? 어떻게 이게 가능하지?"라는 질문을 하곤 한다. 궁금해지면 그 이유를 발견하려 하고, 그래서 조사하고 탐구한다. 이 장에서는 그러한 탐구 과정에 대해 이야기할 것이다. 넘버토크Number Talks를 하는 동안 교사와 학생들은 여러 넘버토크에서 제시되는 여러 전략들이 왜 적용 가능한지, 또 그런 전략들이 언제나 적용 가능한지에 대해 궁금해하는 경우를 자주 경험하게 될 것이다. 이러한 질문들이 발생할 때, 교사로서 넘버토크를 학생들과 함께 할 수 있는 탐구나 조사활동으로 전환시킬 수 있다. 이러한 '탐구활동'은 학생들이 중요한 수학적 개념을 이해하는 데 도움을 줄 수 있다. 교사가 "이 방법은 언제나 적용할 수 있나요?"와 같은 탐구 질문을 할 때, 학생들이 여러 다른 관점에서 문제해결 방법에 내재되어 있는 수학이나 수학적 원리를 조사하고, 수, 대수, 기하학과 같이 서로 관련되지 않은 수학 내용과 아이디어 간의 관련성을 찾아보려고 노력할 것이다. 학생들 스스로 자신들이 가지고 있는 수학적인 질문들을 조사한다는 것은 그 자체로 얼마나 가치 있는 일인가!

탐구활동investigation은 수학적 문제해결 방법의 하나이다. 학생들에게 "왜", "이것으로부터 무엇을 발견할 수 있나요?"와 같은 질문을 스스로 답하게 함으로써 자연적인 탐구 성향을 기를 수 있다. 물론 정답이 하나만 있는 것이 아니라 다양한 답이 존재하며, 발견을 통해 여러 가지 문제해결 방법이 강조되어야 한다. 탐구활동은 학생들에게 가장 기초적인 수학적 탐구를 위한 시간을 제공하고, 수학적 아이디어를 생각하게 하고, 패턴을 찾게 하고, 가설을 만들어, 가설을 실험할 수 있는 기회를 제공한다. 이 장에서 마지막에 제시되겠지만, 탐구활동은 미국의 수학과 공통 핵심 규준Common Core Standards for Mathematics에서 강조된 수학 실제Mathematical Practices에 대한 규준을 구현한 것으로 학생들에게 수학이 무엇인지에 대해 경험하도록 도와줄 것이다.

탐구활동이 가진 가능성을 현실화하기 위해 교사들은 학생들이 자신의 질문들을 어떻게 해결하고, 무엇을 발견하는지에 대해 관심을 가지고 지켜봐야 한다. 학생들에게 일정한 방향으로 학습하도록 너무 많은 가이드를 주는 것은 학생들이 스스로 문제를 해결하는 데 방해가 될 수 있다. 따라서 학생들이 탐구활동에 적극적으로 참여시키기 위해서 교사는 용기와 인내심을 가지고, 학생들이 스스로 수학적인 개념을 추구할 수 있는 기회를 제공해야 한다.

탐구활동은 시간을 필요로 한다. 탐구활동은 오랜 시간을 요구하거나 복잡한 문제일 필요가 없지만, 탐구활동에 시간을 투자할 가치가 있으며, 어떤 상황도 그런 기회를 학생에게 박탈해서는 안 된다.

많은 탐구활동은 넘버토크에서 사용되는 수학 문제해결 방법/전략으로부터 발생하며, 학생들에게 왜 그러한 문제해결 방법들이 가능한지를 생각할 수 있는 기회를 제공한다. 이 장에서는 8개의 탐구활동이 제시된다. 덧셈 탐구활동(1개), 뺄셈 탐구활동(2개), 곱셈 탐구활동(2개), 나눗셈 탐구활동(3개). 모든 탐구활동은 어떤 수학적 패턴이나 원리가 지속적으로 발생할 때, **특별한 이유가 있다**는 것을 이해하도록 도와주는 데 목적이 있다. 특히 학생들은 탐구활동을 통해 "이유가 뭐지?", "그러한 원리나 패턴이 **언제나** 적용될까?", "왜 그렇지?", "증명할 수 있을까?", "언제나 적용되지 않는다면, 언제 적용되고, 언제 적용이 안 되는 걸까?"라는 질문을 탐구해야 한다. 우리는 이러한 질문을 '그 방법은 언제나 적용될까? 왜 그렇지?'Will it always work? And Why? 탐구활동이라고 부른다.

각 탐구활동을 위해 교사들이 사용할 수 있는 여러 문제와 관련된 교사 질문과 관련된 수학적 내용을 제시한다. 특히 각 탐구활동과 관련된 중요한 수학 개념과 가능한 학생들의 오개념을 같이 제시한다. 또한 이 장에서는 다양한 탐구활동을 위해 일반적인 탐구활동의 개요, 개요를 구성하고 있는 다른 구성요소를 제시하며, 교사가 이러한 탐구활동을 잘 준비하도록 돕기 위해 각 요소를 설명할 것이다.

학생과 교사의 대화와 각 탐구활동을 통한 학생의 경험을 마무리로 포함시키고 싶었지만, 이러한 내용들은 교사와 학생들의 경험을 방해할 수 있기 때문에, 또 교사들인 각 탐구활동과 관련된 구체적인 결론이나 수학적인 답만을 찾도록 유도하고 싶지 않아서 의도적으로 포함시키지 않았다. 우리의 경험에 의하면 이러한 탐구활동은 모든 학생들이 쉽게 시작할 수 있으며, 학생들의 의해 전개되는 탐구활동은 넘버토크를 한 단계 더 심오한 수준으로 이끌 수 있으며, 모든 학생들이 수가 어떻게 작용하는지에 대한 이해를 풍부하게 증진시킬 수 있다.

수학적 개념들과 즐거운 시간을 보내길 바란다. 교사로서 힘든 일 중의 하나는 문제를 제시하고, 학생들이 문제를 스스로 풀 수 있도록 기회를 제시하는 것이고, 학생들이 스스로 탐구활동을 통해 문제를 이해할 수 있다고 믿는 것이다.

다음에서 '그러한 전략을 언제나 적용할 수 있는가?'의 탐구활동이 어떻게 전개되는지에 대한 일반적인 개요를 제시할 것이다.

## I. 탐구활동 전

(기회를 잃지 말고) 탐구활동을 스스로 해보자! 그 다음 학생들이 사용할 수 있는 다양한 방법에 대해 생각해보자. 당신이 학생의 가능한 모든 접근 방법을 생각했다고 할지라도 학생들은 당신이 생각하지 못한 다른 방법으로 당신을 놀라게 할 것이다. 학생들의 다양한 아이디어를 수용하고, 당신과 당신 학생들은 탐구활동을 통해 더 많이 배울 것을 기대하라.

## II. 탐구활동 제시하기

비록 탐구활동에서 학생들이 스스로 문제해결 방법이나 전략들을 발견하기를 원하지만, 그리 쉽게 전략들을 발견하지 못하므로 이런 경우 교사들은 전략을 소개시켜줘야 한다. 만약 수학 시간이 짧다면 탐구활동을 여러 날에 걸쳐 소개할 수 있다. 다음은 탐구활동을 제시하는 예를 보여준다.

1. 평상시에 하듯이 넘버토크를 하라. 학생들이 해결전략을 설명했지만, 어떤 학생도 탐구활동에 필요한 전략을 발견하지 못했을 때, 학생들에게 새 전략을 다음과 같이 제시할 수 있다. "이 전략은 _____ 의 수업에서 사용한 것을 보았는데, 또는 이 전략을 어떤 학생이 사용하는 것을 보았는데"라고 하면서 제시할 수 있다. 만약 어떤 학생이(지우) 스스로 이 전략을 사용하는 것을 보았으면, 학생들에게

지우의 전략을 분석해보기를 원한다고 이야기할 수 있다.

2. 새로운 해결 방법을 보여준다. 학생들에게 친구와 함께 이 전략이 어떻게 사용되는지 이야기해보라고 한 뒤, 발표하게 해라. 학생들은 아마 여러 가지 다양한 방법으로 새로운 해결전략을 설명할 것이다.

> **지도 요령**
>
> 한 가지 방법으로 학생들에게 이 전략을 다른 교실에 있는 학생들에게 말로 설명한다고 가정하면서 발표하게 할 수 있다.

3. 학생들은 자신들이 탐구/조사하는 것이 무엇인지를 알아야 한다. 그래서 다른 문제를 제시하여 지우의 전략으로 문제를 풀어보게 한다. 학생들에게 앞으로 나와서 "지우라면 이 문제를 어떻게 푸는지" 보여주도록 요청한다.
4. 학생들에게 새롭게 제시된 전략을 어떻게 적용하는지[tinker] 가르쳐라. 학생들에게 다음과 같이 이야기할 수 있다. "친구와 함께 세 가지 문제를 만들어서 지우의 전략으로 문제를 풀어보자." 학생들에게 문제해결 과정을 조직적으로 기록하게 하고 중요성을 강조하라. 그 뒤 학생들에게 문제 풀이과정을 발표하게 한다.
5. 학생들에게 다음과 같은 데모를 통해 궁금해하도록 가르쳐라. "흠… 이 전략이 계속 적용될 수 있는 이유가 있어야 하겠지. 누가 이 방법이 왜 가능한지 가설을 만들어볼까?"

> **학생이 '왜'라는 질문을 발견하고 궁금해하도록 돕기 위한 지침**
>
> 전통적인 절차를 따라하도록 배운 학생들은 '왜'라는 질문을 좀처럼 하지 않는다. 오래전 메리 버레타-로튼[Mary Baratta-Lorton]는 "사물에 대해 이해하도록 요구되는 학생들은 사물을 볼 때 이해하려고 노력한다. 사물에서 패턴을 찾지 않는 학생은 사물을 이해하려고 하지 않고, 모든 것들이 개별적이고 관련이 없는 것으로 생각한다"(Burn, 1984, p. 98). 일단 학생들이 수학을 이해해야 하는 것으로 요구된다면, '궁금'해하며 '왜'를 추구하며, 이해하고 알려고 하는 것은 모든 활동의 기본[norm]이 되며, 수학의 세계가 학생들에게 열리게 될 것이다.

6. 숙제를 제시하라. "지우의 전략이 언제나 작동될 수 있을까? 너의 생각/가설을 내일 수업 시간에 발표할 수 있도록 준비해보자. 수학적으로 설득력 있는 주장을 할 수 있어야 해."

> **숙제를 위한 지침**
>
> 넘버토크와 관련한 '숙제'는 일상적이지는 않지만 일반적인 숙제와 구별되는 가치 있는 일이 될 수 있다. 물론 이것은 필수 단계는 아니지만, 넘버토크와 관련하여 숙제를 하는 것은 학생들이 다른 학생들과 문제를 풀기 전에 개개의 학생들에게 주어진 문제에 대해 생각해볼 수 있는 시간을 제공할 수 있다. 숙제에 대해, 교사들은 학생들에게 자기의 생각에 대한 구체적인 예나 증거를 가져와 그룹 토론에 기여하도록 요구하는 것이 중요하다. 어떤 학생들은 숙제를 할 때, 부모에게 배운 좀더 수학적으로 복잡한 해결 방법을 가져오기도 하는데, 학생이 왜 그러한 전략이 옳은지에 대해 설명할 수 있다면, 좋은 방법 중 하나가 될 수 있다. 경우에 따라서 어떤 학생들은 숙제를 하지 않는 경우도 있다. 그러한 학생들에게 다른 학생들의 생각을 듣게 해서, 나중에 다른 토론에 기여할 수 있도록 유도해야 한다.

## III. 소그룹 활동

학생들에게 구체적인 조작물과 모눈종이를 제공해라.

1. 문제를 다시 제시하기: "어제 우리가 배웠던 문제에 대해서 누가 다시 이야기해 볼래요?"

> 소그룹 활동을 위한 다양한 모델이 있으며, 당신에게 적합한 방법을 찾을 수 있을 것이다. 무작위로 4명으로 구성된 그룹을 만들어서 소그룹 활동을 하게 하자. 경우에 따라 더 적은 수로 구성된 소그룹을 형성하거나, 2명으로 구성되어 파트너와 함께 일하도록 한다.

2. 소그룹 활동을 위한 지시사항: 소그룹 활동을 위한 지시사항을 칠판이나 문서카메라에 기록하자.
   - 숙제를 통해 새롭게 안 것을 순서를 바꿔가며 이야기하자.
   - 창선이의 문제해결 방법을 언제나 적용할 수 있는지에 대해 그룹 안에서 합의를 도출하기 위해 노력해보자.
   - 그룹에서 도출된 생각을 다른 그룹 학생들에게 효과적으로 설득시킬 수 있는 방법을 찾아보자.

### 증명이나 반례를 강조할 때 참고해야 할 점

어린 학생들도 일반적인 논증을 하도록 배울 수 있다.[더 많은 정보를 위해서 카펜터, 프랭크와 래비(Carpenter, Franke & Levi, 2003, 85-103)를 참조하자.] 다음은 학생들의 이러한 논증 활동을 촉진하기 위해 고려해야 하는 두 가지 아이디어이다.

- 만약 학생들이 가설이 옳다는 것을 입증하기 위해 두 가지 예를 사용한다면, 교사는 "어떻게 그 가설이 적용되지 않는 예가 없다는 것을 확신할 수 있나요?라고 질문할 수 있다.
- 반례는 아주 효과적이다. 학생들은 가설이 옳지 않다는 것을 증명하기 위해서 가설이 적용되지 않는 오직 한 예만 찾아도 된다는 사실에 아주 기뻐할 것이다.

또한 학생들이 자신의 생각을 설명할 때, 교사와 학생들은 무엇으로 수학적인 설명을 구성해야 하는가에 대한 사회-수학적인 규범[socio-mathematical norm]을 형성하게 된다. 예를 들어, 어떤 경우에는 단순히 학생들이 문제를 어떻게 풀었는지를 말하는 것 자체로 충분할 수 있다. 수학적 실천에 대한 규준은 학생은 실행 가능한 주장을 하고 다른 사람의 추론을 비판할 수 있어야 한다(MP3). 다음과 같은 질문들이 빈번하게 사용해야 한다. "네가 생각할 때 그것은 수학적으로 설득력이 있니? 왜 그렇게 생각하니? 왜 그렇지 않다고 생각하니?" 교사는 학생들과 함께 수학적인 주장을 정당화한다는 것이 무엇인가에 대한 공통된 이해를 개발하도록 하자.

3. 학생들이 얼마 동안 소그룹 활동을 해야 하는지에 대해 최대한 추측을 해서 학생들에게 소그룹 활동 시간을 알려준다. 시간을 제한하는 것은 옳지 않다. 충분한 시간을 주는 게 중요하다.

4. 학생들이 소그룹 활동을 하는 동안, 교사는 학생들이 소그룹에서 무엇을 하는지 다음과 같은 질문을 하면서 관찰해야 한다. 학생들은 소그룹에서 비슷한 방식으로 문제를 접근하고 있는가?, 마주앉아 공유함으로써 이익을 얻을 수 있는 접근법이 있는가?, 특이한 접근법이 있는가?, 한 소그룹에서 그룹의 논의가 어디로 갈 것인지에 대한 요지를 얻을 수 있을 정도로 충분한 시간을 주어라. 잘 듣고, 탐구 질문을 하라. 또 힌트를 주려는 유혹에 굴복하지 마라. 이것은 학생들이 풀어야 할 문제이다. 만약 교사가 너무 많은 가이드를 제시하면, 교사는 학생들에게 깨달음Aha의 기쁨과 행위주체성sense of agency을 빼앗는 것이다. 종종 학생들은 자신이 시도한 것을 분석하고 배우는 방식으로 자신의 생각을 발전시키는 것을 고려하지 않는다. 교사로서 학생들이 학습할 때 그들의 생각을 추적하도록 격려해야 하지만 어떻게 하는지 보여주지 않으려고 노력해야 한다.

5. 학생들의 내면의 회의적인 사고inner skeptic를 발전시킬 수 있는 질문들: 학생들은 다른 대안을 생각해보기 이전에 어떤 것이 맞는다는 성급한 결론을 내리는 데 습관화되어 있다. 예를 들어, 학생들은 종종 다른 수로 테스트해볼 생각을 하지 못한다. 이러한 태도에 주의를 기울이는 것이 중요하고, 다음과 같은 질문을 사용하여 학생들의 회의적인 사고를 발전시켜야 한다. 다음과 같은 질문을 할 수 있다. "그러한 방법이 음수에도 적용될까요?" 또는 "분수에 적용해봤나요?" "0도 사용해봤나요?"

교사는 또한 학생이 한 가지 방법에 만족하지 않을 정도로 충분히 회의적이기를 바란다. 그래서 학생들 스스로 뭔가를 증명할 수 있는 다른 방법을 찾아보기를 원한다. 따라서 다음 질문을 사용해서 학생들의 회의적 사고/탐구정신을 개발할 수 있다. "이 방법을 기하학이나 대수를 사용해서 표현해봤나요?", "의심하는 친구들을 설득시킬 수 있나요?" 마지막으로 다른 그룹들이 아직 전체 토론을 위해 준비되지 않았는데 마친 그룹이 있다면, 이 그룹에게 교사는 다음과 같은 질문을 하자. "다른 학생들의 도전 의식을 자극할 수 있는 몇 가지 문제를 만들 수 있나요?"

### 지속성stamina에 대한 메모

학생들 스스로 어떤 것을 바로 발견해낼 수 없다는 것을 배우는 것은 중요하다. 학생들은 스스로 사물을 알아내는 데 익숙하지 않으며, 근육이 점차적으로 증가함에 따라 강해지는 것처럼 연습을 필요로 한다. 이런 사실들에 대해 학생들이 어떻게 느끼는지에 대해 솔직히 대화를 나누고, 학생들이 장애에 부딪쳤을 때, 할 수 있는 일에 대해 브레인스토밍 시간을 가지는 것도 도움이 될 수 있다. 학생들이 좀더 탐구 경험의 기회를 갖게 될 때, 정확히 무엇을 해야 할지 모르는 것에 대한 지속성과 지구력은 증가될 것이다. 우리에게도 똑같은 사실이 적용될 수 있다. 교사로서 우리는 학생들이 필요한 시간을 줄 수 있는 지속성을 개발해야 한다.

타당한 이유를 제시한다는 것이 무엇이고 타당한 이유를 제시하지 않는 것에 대해 이해하는 것은 시간이 걸린다. 학생들이 중학교에 들어갔을 때, 교사의 말이나 책에서 읽은 것, 또는 권위 있는 외부자의 말을 전적으로 신뢰하며, 그런 '외부 권위'에서 주어지는 말들을 절대적인 사실로 받아들여 타당성의 근거로 제시하곤 한다(Hiebert et al., 1997). 반대로 미국 공통중심교육과정의 핵심 메시지는 학생들이 수학을 학습하는 데에 있어 주된 일는 수학적인 이해를 통해 주어진 주장들의 타당성에 대해 평가하고, 실행 가능한 주장을 세우고, 다른 사람의 추론을 비판하는 데 있다.

## IV. 전체 그룹 활동을 통해 이해하기

전체 그룹 활동은 수학적 지식을 쌓기 위한 것이다. 그룹이든 개인이든 학생들이 자신들이 발견한 것을 공유함에 따라 다른 학생들은 고려하지 못한 아이디어를 생각할 수 있는 기회를 준다. 학생들에게 자신들이 사용한 다른 모델들 간의 관계를 발견하도록 질문을 해야 한다. 소그룹 활동에서 발견한 내용을 공유하는 동안 모든 학생들은 관련된 수학 내용들을 보다 깊이 이해하는 기회를 갖게 될 것이다. 자신의 탐구활동에 스스로 깊게 파고들지 않은 학생들도 자신들의 방법에 대해 더 생각해볼 수 있는 기회를 갖게 될 것이다.

### 학생들의 아이디어 발표 순서에 대한 지침

그룹 활동 시 그룹의 아이디어를 어떤 방식으로 어떤 순서로 발표하도록 결정해야 하는가에 대해 의견 차이가 있다. 그룹 활동 발표 순서는 각기 다른 철학과 우선순위에 기반하고 결정될 수 있고, 각 접근 방식은 장단점이 있다.

현재, 전략의 복잡성에 기반하여, 쉬운 것부터 복잡한 순으로 발표 순서를 결정하는 것은 가장 대중적인 방법이다. 이 방법은 학생들의 기초가 되는 수학적인 개념을 형성하도록 도와준다. 교사는 전적으로 쉬운 것부터 복잡한 순으로 발표하도록 할 수 있지만, 다음과 같은 유기적인 접근 방식을 취할 수도 있다. 예를 들어 주변을 돌아다니면서 학생의 토론을 보고, 듣고, 때때로 질문을 하자. 때때로 독특한 문제해결 방법을 봤을 때나, 모든 학생들이 이해하면 좋을 방법, 모델, 수학적 아이디어를 강조하고자 할 때, 그 학생에게 조용히 다가가서 아이디어를 공유하고 싶은지를 물어보자. 만약 학생들이 꺼려하는 경우, 교사가 그 아이디어를 공유할 수 있는지를 학생에게 물어볼 수 있다.

패티 로프그랜Patty Lofgren은 학생들이 자신의 아이디어를 공유할지 말지를 결정하는 주체가 되었을 때 발생하는 시너지 효과에 대해 소개하였다.

---

수학 문제를 풀게 할 때마다 학생들은 언제나 새로운 접근 방식을 사용하여 문제를 해결하여 놀라게 한다. 그래서 교사가 학생들에게 무언가 공감을 불러일으켜서 다음과 같이 이야기하는 것은 건방진 말이다. “아하, 나는 휘트니의 방법을 이용해서, 왜 ___ 이 작용하는지 알겠어요. 그리고 만약 …이면, 결과가 어떻게 되는지 궁금해요.” 이러한 문제해결 방법의 연결성을 찾는 것은 학생들 각각의 학습 페이스에 따라 학생 자신이 만들어내는 것이며, 학생들의 토론을 통해 발생한다. 학생들이 이러한 연결성을 찾고 발표할 때, 교사는 많은 것을 배울 수 있다. 가장 좋은 설명을 위해서 학생들의 생각에 대한 발표순서나 지도scaffolding 순서를 사전에 정하는 것은 학생들의 자주성과 능동적인 행동을 침해할 수 있어 결국 전체 토론과정processing time을 절차 중심으로 이끌 수 있다(개인적인 대화).

전체 그룹 활동을 통해 교사로서 설명하고 싶을 때가 있을 것이다. 일반적으로 이를 추천하고 싶지 않다. 그러나 때때로 설명해주는 것도 나쁘지는 않다. 어떤 것이 당신에게 분명하다고 해서 이를 학생들에게 전해주려고 하지 마라. 학생들은 교사의 설명을 듣는데 익숙하며, 교사가 설명했다고 하여 학생들이 이해한다고 기대하지 말아야 한다. 학생들은 스스로 개념을 이해해야 한다.

## V. 마무리

일단 탐구활동으로 도출된 결과나 개념이 공유되었으면 학생들에게 자신이 학습한 내용 중에 중요한 아이디어를 정리하도록 요구하자. 학생들이 공유함에 따라 칠판에 학생의 생각을 기록하고 학생들에게도 노트에 기록하게 해보자. 자신의 학습에 대해 반성적으로 사고하는 것은 교사가 학생에게서 개발해야 하는 중요한 성향이다.

## 탐구활동

**'항상 적용이 가능할까? 왜?' 탐구활동**

- 뺄셈: 같은 차이
- 덧셈: 숫자 바꾸기
- 분수 곱셈: 분모나 분자 바꾸기
- 곱셈: 반으로 나누고 두 배 하기
- 나눗셈: 반으로 나누고 반으로 나누기

**다른 탐구활동**

- 나눗셈: 1로 나누기
- 곱셈: 곱셈을 기하학적으로 표현하기
- 뺄셈: 자연수에 작용하는 뺄셈 전략이 소수와 분수에도 효과적으로 작용할까?

## 항상 적용이 가능할까? 탐구활동 1: '뺄셈에서 같은 차'를 이용한 전략

예제 문제 ▸▸▸ 63 – 29

"29를 30으로 만들고 63을 64로 만들어, 주어진 문제를 64－30으로 바꾸었다. 63－29는 64－30과 같고, 정답은 34이다."

탐구활동을 위해 모눈종이, 색 타일이나 정사각형 모양의 종이, 가위, 자를 준비한다.

다음에 제시되는 일반적인 절차에 따라 학생들이 4장에서 학습한 '동일한 차이' 전략을 사용하여 뺄셈에 관한 탐구활동하도록 지도하자. 학생들은 이 활동에서 '같은 차' 전략이 언제나 작동되는지, 왜 그렇지 않은지에 대해 조사해야 한다.

**탐구활동 제시하기**

문제 73－28로 넘버토크를 하자. 학생들의 해결 방법을 기록하라. 만약 어느 누구도 같은 차 전략을 사용하여 주어진 문제를 75－30으로 바꾸어 해결하지 않았으면, 이 전략을 '누군가가 사용한 문제해결' 방법으로 소개하면서 다음과 같이 칠판에 제시하자.

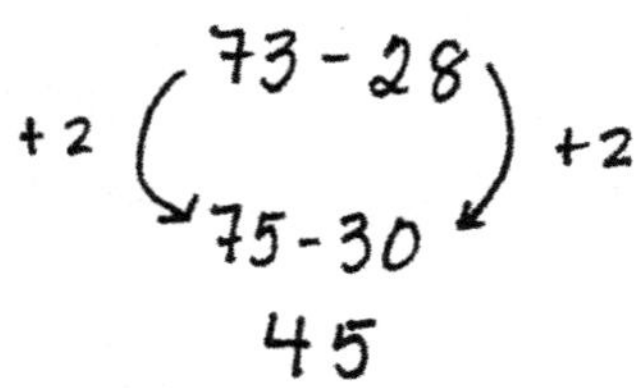


학생들에게 위의 전략에 대해 주변에 있는 학생들과 토론하게 하자. 학생들이 어떻게 이 전략을 사용해서 문제를 풀었는지, 왜 적용했는지, 다른 문제를 해결하는 데 어떻게 사용했는지 토론하게 하자. 특히 다른 세 가지 뺄셈 문제를 만들어서 이 전략을 사용한 뒤, 이 전략이 언제나 적용되는지, 왜 적용되는지, 왜 그렇지 않은지 이해하기 위해 함께 노력하도록 요구하라.

**소그룹 활동**

학생들이 그룹 활동을 시작하면 돌아다니며 학생들의 그룹 활동을 관찰하자. 상황에 따라 학생들에게 아래와 같은 생각을 요하는 질문을 하고, 교사가 질문한 것을 숙고하게 한 후 떠나는 것이 좋다.

- 두 수에서 같은 양을 뺄 수 있나요?
- 이 전략이 덧셈에도 적용할 수 있을까요?

- 소수나 분수에도 적용할 수 있을까요?

**전체 그룹 활동**

학생들 또는 학생 그룹에게 칠판이나 문서카메라[document camera]를 사용해서 활동 결과를 공유하게 해보자. 학생들에게 그룹으로서 중요한 일은 그룹의 아이디어를 공유하는 것이라고 상기시키자. 각기 그룹이 발표하는 동안 다른 학생들은 발표된 아이디어를 이해하려고 노력해야 하며, 만약 그룹이 발표한 아이디어를 이해하지 못했다면, 학생들은 발표한 그룹이 학생들의 이해를 도울 수 있도록 질문을 해야 한다고 알린다. 또한 다른 그룹에서 공유된 아이디어와 각자 그룹이 발견한 다른 아이디어가 어떻게 연결되는지를 찾고, 이를 발표해야 한다는 것을 상기시켜야 한다.

때때로 한 그룹이 발표할 때, 다른 그룹의 학생들이 서로 이야기하는 것을 볼 것이다. 이것은 때때로 발표된 내용이 다른 그룹들의 아이디어를 자극했거나 다르거나, 아니면 이해하도록 도왔기 때문이다. 만약 이러한 경우라면 발표를 멈추고, 다른 그룹에게 서로 아이디어에 대해 이야기할 수 있도록 시간을 주는 것이 필요하다. 다른 경우, 학생들은 단순히 집중하지 않을 수 있다. 이런 경우 학생들에게 "○○야, 다른 학생들이 집중하고, 너의 발표를 들을 수 있게 기다려줄래?"라고 이야기해야 한다. 계속해서 다른 그룹들이 발표하도록 하자.

다음과 같은 수학적인 접근법들을 학생들이 발표하였다.

- 어떤 학생들은 수직선을 그린 뒤 특정 길이의 종이 조각을 잘라내어, 종이 조각을 수직선 위아래로 밀면서 같은 수를 더하고 빼는 전략을 사용하여 두 수 사이의 거리에 변화를 주지 않는다는 것을 보였다. [참고: 이 접근법은 일반적인 원리를 보여주기 위해 특별한 경우(종이 조각)를 사용한 예이다. 더 일반적인 경우는 신축성 있는 줄을 상상해서 어떤 길이로 늘리거나 줄이더라도 원래의 길이에 변화가 없다는 것이다.]
- 다른 학생들은 두 수를 나타내기 위해 두 줄의 색 타일을 만들어 두 수의 차이에 주목하면서 각각의 줄에 같은 수를 더하더라도 두 수의 차는 여전히 같다는 것을 보여줬다. [이 접근법 또한 특별한 경우(타일의 수)를 사용하여 일반적인 원리를 보여준다.]
- 대수를 학습한 학생들은 다음과 같은 대수적 기호를 사용하여 일반화를 증명할 수 있다. 물론 이런 대부분의 학생들은 이 방법을 잘 이용하지는 않는다.

$$\begin{aligned} a-b &= (a+c)-(b+c) \\ &= a+c-b-c \\ &= a-b+c-c \\ &= a-b \end{aligned}$$

만약 학생들이 대수적 기호만을 사용하여 논증하려 한다면, 학생들에게 시각적 모델이나 기하학적 모델을 사용하여 대수적 논증을 시각화하여 논증하도록 해야 한다. 또한, 학생들이 자연수 연산에 대한 성질에 대해 학습했다면, 학생들에게 대수를 이용한 논증과 관련된 자연수 연산에 대한 성질을 알아보게 하자.

**마무리**

학생들에게 그룹별로 아님 전체 그룹으로 탐구활동을 통해 발견한 '중요한 개념'big idea에 대해 알아보게 하자. 이러한 아이디어를 칠판이나 도표에 기록하거나, 학생들이 각자의 공책에 기록하게 하자.

## 항상 적용이 가능할까? 탐구활동 2: 덧셈에서 숫자 바꾸기

학생들에게 깨끗한 종이, 자릿값 블록Place value block을 준비물로 제공한다. 이 탐구활동에 자릿값 블록이 유용하게 사용될 수 있지만, 자릿값 블록 없이도 활동을 할 수 있다.

**예제 문제 ▸▸▸ 93 + 29**

"각 수에서 일의 자리에 있는 숫자를 바꿔서 위의 문제를 99 + 23으로 만들었고, 정답은 122이다."

이 전략은 학생들 스스로 발견할 것 같지는 않지만, 그래도 학생들이 종종 사용하며, 어떤 문제에는 아주 효과적인 방법이다. 이 전략에 대한 탐구활동은 학생들이 수 자릿값과 덧셈 연산을 더 잘 이해하는 데 도움을 줄 수 있다.

**탐구활동 제시하기**

문제 93 + 29로 넘버토크를 하자. 학생들의 해결 방법을 기록하라. 만약 어느 누구도 숫자 바꾸기 전략을 사용하지 않았다면, 이 전략을 당신이 본 문제해결 방법으로 소개한다. 숫자를 바꿔서 주어진 문제를 99+23으로 바꿀 수 있다.

$$
\begin{aligned}
&93 + 29 \\
&= 93 + 29 \\
&= 99 + 23 \\
&99 + 1 = 100 \\
&\qquad\quad +22 \\
&\qquad\quad 122
\end{aligned}
$$

학생들에게 위 방법에 대해 주변 사람들과 이야기하게 하자.

그 다음 학생들에게 이 전략을 29+91과 같은 문제에 적용하게 하고, 다음과 같은 질문을 하자. "이 전략이 항상 적용이 가능할까? 왜 그럴까, 왜 그렇지 않을까?"

**소그룹 활동**

학생들이 소그룹 활동을 할 때, 다음과 같은 질문을 할 수 있다.

- 어떤 숫자를 바꿀 수 있나요? 어떤 숫자를 바꿀 수 없나요?
- 숫자 바꾸기 전략은 뺄셈에도 사용할 수 있을까요, 아니면 사용할 수 없을까요?
- 이 전략을 곱셈에도 사용할 수 있나요?

아주 어린 학생일지라고 탐구활동을 통해 이 전략을 배우면서 수 자릿값과 덧셈에 관한 중요한 수학적 발견을 할 수 있다. 즐겨라!

## 항상 적용이 가능할까? 탐구활동 3: 분수 곱셈에서 분모와 분자 바꾸기

**예제 문제 ▸▸▸** $\frac{5}{6} \times \frac{6}{7}$

"저는 각 분자의 분자를 바꿔서 위의 문제를 $\frac{6}{6} \times \frac{5}{7}$로 바꿨어요. 이는 $1 \times \frac{5}{7}$와 같아서 답은 $\frac{5}{7}$입니다."

종이와 모눈종이를 학생에게 제공한다.

### 탐구활동 제시하기

교사나 학생들은 이 전략을 잘 알지 못할 수 있기 때문에, 다음에 이 전략을 중심으로 행한 넘버토크를 제시한다. 이 대화는 루스가 교사들을 대상으로 '분수 곱셈 분모와 분자 바꾸기' 전략을 제시했을 때 발생한 대화를 중심으로 한 넘버토크이다.

루스는 교사들에게 전통적인 알고리즘을 사용하지 말고 $\frac{6}{7}\times\frac{2}{3}$를 풀어보라고 했다. 다음은 루스와 교사들의 대화를 보여준다.

루스: 지금 여기 문서카메라에 문제를 쓸 텐데, 이 문제를 이미 알고 있는 규칙을 사용하지 말고, 문제를 풀어보세요.

루스는 문서카메라에 $\frac{6}{7}\times\frac{2}{3}$라 쓴 뒤, 엄지손가락이 올라올 때까지 기다렸다.

루스: 누가 이 문제를 어떻게 이해했는지 발표해보시겠어요?

두현: $\frac{6}{7}$을 3그룹으로 나눠서, $\frac{6}{7}$을 $\frac{2}{7}+\frac{2}{7}+\frac{2}{7}$로 표현한 뒤, 2그룹의 $\frac{2}{7}$를 가지고 $\frac{4}{7}$로 표현했습니다.

주완: 왜 2그룹을 사용했어요?

두현: 왜냐면 $\frac{2}{3}$는 3그룹 중 2그룹을 의미하기 때문에, 3그룹의 $\frac{2}{7}$ 중에 2그룹의 $\frac{2}{7}$를 나타냈어요.

주완: 아, 알았어요!

루스: 누가 두현 선생님에게 질문 있나요? (아무도 질문이 없었다.) 다르게 문제를 푼 분이 계시나요?

준호: 이 문제는 어떤 단위 또는 무언가의 6이 있을 때, $\frac{2}{3}$를 찾아야 하는데, 이 문제에서 어떤 단위[something]가 무엇인지는 중요하지 않은 것 같다고 생각했어요. 6의 $\frac{2}{3}$는 4이어서 어떤 단위의 4을 가졌고, 어떤 단위가 $\frac{1}{7}$이어서, 저의 답은 $\frac{4}{7}$입니다.

루스는 준호 교사가 다른 질문이 있는지를 보기 위해 기다렸고, 아무도 질문이 없었다. 그러자 루스는 다음의 질문을 했다.

루스: 준호 선생님, 선생님은 어떤 단위의 6이 있을 때, $\frac{2}{3}$를 찾아야 한다고 했는데, 이게 무슨 의미인지 좀 더 이야기해보시겠어요?

준호: 글쎄요, 만약 제가 \$6의 $\frac{2}{3}$가 필요하다면, \$4를 의미해요. 또는 제가 야구선수 6명의 $\frac{2}{3}$가 필요하면, 6의 $\frac{2}{3}$는 4이기 때문에, 선수 4명이 필요해요. 그래서 저는 단지 6의 $\frac{2}{3}$인 4가 필요하다고 생각했어요. 그 다음, $\frac{6}{7}\times\frac{2}{3}$의 경우, 어떤 단위의 6은 $\frac{1}{7}$이어서, $\frac{6}{7}$의 $\frac{2}{3}$는 $\frac{4}{7}$이에요.

루스는 준호 교사에게 다른 질문이 있는지를 보기 위해 기다렸지만 질문은 없었다.

루스: 이 문제에 대해 생각할 다른 방법이 있습니까?

하나: 저는 두현 선생님과 같은 방법으로 문제를 풀었어요. 그러나 진우 선생님은 더 나은 방법을 사용했어요.

루스: 진우 선생님, 선생님의 방법을 발표해보시겠어요?

진우: 저는 분모를 바꿨어요, 그래서 $\frac{2}{3}\times\frac{6}{7}$을 $\frac{6}{3}\times\frac{2}{7}$로 바꿨어요. 그래서 $2\times\frac{2}{7}$로 $\frac{4}{7}$를 구했습니다.

$$\frac{6}{7}\times\frac{2}{3}$$
$$=\frac{6}{3}\times\frac{2}{7}$$
$$=2\times\frac{2}{7}$$
$$=\frac{4}{7}$$

승희: 와우! 그렇게 할 수 있어요?

루스: 좋은 질문이에요. 승희 선생님, 우리 모두 이 방법으로 문제를 풀어봐야 할 것 같아요. 진우 선생님이 한 방법에 대해 이야기해 볼까요?

진우 교사의 해결 방법에 대해 잠깐 생각해본 후, 루스는 교사들에게 진우 교사의 방법에 대해 설명하도록 했다. 그 뒤, 교사들에게 진우 교사의 전략을 사용해서 $\frac{2}{3} \times \frac{3}{5}$을 풀어보게 했다. (스스로 이 문제를 풀어보도록 하자.)

교사들에게 진우 교사라면 이 문제를 어떻게 풀지를 설명하게 한 후, 루스는 다음의 문제에 풀어서, 이 전략이 언제나 적용되는지, 왜 적용되는지 토론하게 했다.

$$\frac{2}{5} \times \frac{3}{4} \qquad \frac{3}{7} \times \frac{2}{6} \qquad \frac{5}{9} \times \frac{3}{5} \qquad \frac{4}{7} \times \frac{1}{2} \qquad \frac{6}{7} \times \frac{2}{3}$$

교사들이 함께 문제를 푸는 동안, 루스는 돌아다니면 각 그룹들이 어떻게 생각하고 있는지 확인했다. 그룹들이 진우 교사가 사용한 전략을 잘 이해하지 못한다면 교사들에게 모델을 사용해서 그러한 모델들이 이해하는 데 도움이 되는지 보라고 했다. 루스는 또한 혼합수에서 이 방법을 사용해보도록 했고, 이 방법이 효과적인지 보기 위해서 과정들을 기록하도록 했다.

### 전체 그룹 활동

- 전체 그룹 활동을 하는 동안 학생들이 언제 이 전략이 효과적이고 비효과적인지, 이 전략을 효과적으로 하는 분모와 분자의 관계에 대해 발견한 것을 강조한다.
- 이 활동은 곱셈의 교환법칙을 검사하는 기회이기도 하다.

## ▌항상 적용이 가능할까? 탐구활동 4: 곱셈에서 반으로 나누고 두 배 하기

**예제 문제 ▸▸▸ 8 × 13**

"8을 반으로 나누고 13을 2배로 해서, 위의 문제를 4×26으로 바꿨다. 그 다음 4×25는 100이고 4×1은 4이므로, 답은 104입니다."

$$\begin{aligned} & 8 \times 13 \\ &= 4 \times 26 \\ &= 4 \times (25+1) \\ & 4 \times 25 = 100 \\ & 4 \times 1 = +4 \\ & \qquad\quad 104 \end{aligned}$$

다음의 준비물을 제공한다. 모눈종이, 색 타일 또는 정사각형 모양의 종이, 가위.

이 탐구활동은 5장에 소개한 '반으로 나누고 두 배 하기' 전략을 연구한다.

**탐구활동 제시하기**

문제 8×27을 가지고 넘버토크를 시작한 뒤, 앞서 제시한 일반적인 개요를 따라 탐구활동을 제시한다. 학생들에게 이 전략을 연구하라고 지시할 때, 주어진 문제보다 작은 수로 구성된 4×6 또는 3×6과 같은 문제로 시작한다. 일단 학생들이 이 작은 수로 위의 전략을 사용할 수 있으면, 다른 수를 사용해서 시도해보도록 결과를 학급과 공유하도록 준비하게 한다.

**소그룹 활동**

소그룹 활동을 위해 다음과 같은 질문을 제시할 수 있다.

- 이 전략은 단지 짝수에만 적용할 수 있나요?
- 한 인수의 반을 구하지 않고 $\frac{1}{3}$을 한다면, 무엇이 발생할까요?
- 이 전략을 기하학적으로 나타낼 수 있습니까?
- 이 전략을 나눗셈에도 적용할 수 있습니까?

마지막 질문은 〈항상 적용이 가능할까?: 탐구활동 5〉를 할 수 있는 기반을 마련한다.

**전체 그룹 활동**

다음은 학생들이 사용한 수학적 논증을 제시한다.

- 학생들은 4×6의 곱셈 문제를 색 타일을 사용해서 직사각형으로 나타냈다. 그 다

음 직사각형의 4열을 반으로 나누고, 위에 있는 2열을 옆에 나열해서, 2×12 직사각형을 만들었다. 그 다음, 다른 크기의 사각형으로 전략에 대해 조사했다.

• 다른 학생들은 모눈종이를 사용했다. 4×6을 나타내는 직사각형을 그리고, 직사각형의 반이 어떻게 다른 측면으로 움직일 수 있는 것을 보여줘서 직사각형 반절의 한 측면이 다른 측면을 두 배 한다는 것을 보여줬다.

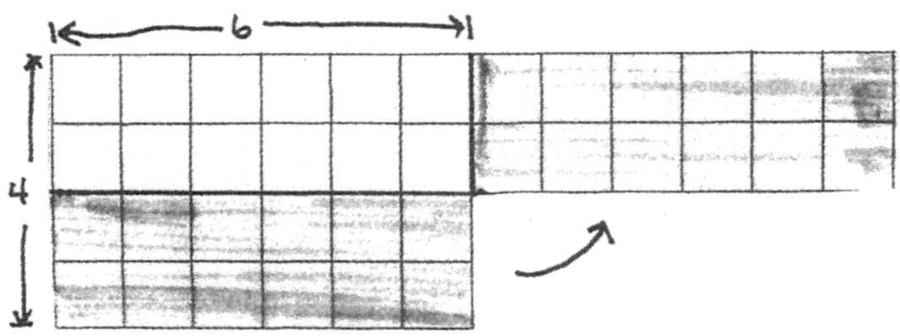


(두 가지의 해결 방법은 구체적인 예이고, 학생들이 일반화하는 방법을 생각하도록 하기 위해 다음과 같은 질문을 해야 한다. "어떻게 이러한 전략이 적용되지 않는 직사각형이 있다는 것을 확신할 수 있습니까?")

• 어떤 그룹의 학생들은 구체적인 예를 가지고 무엇이 발생했는지를 설명하기 위해 곱셈에 관한 연합 법칙을 사용할 수 있다.

$$4\times6=(2\times2)\times6=2\times(2\times6)$$

- 다른 그룹은 다음에서 보는 것이 같은 대수를 사용하였다. 뺄셈 탐구활동에서처럼 각 절차에서 어떤 수학적 성질이 사용되는지 나타내도록 하는 것은 중요하다.

$$\begin{aligned} ab &= \left(\frac{1}{2}\cdot 2\right)\cdot ab \\ &= \frac{1}{2}(2a)b = \frac{1}{2}(a\cdot 2)b \\ &= \left(\frac{1}{2}a\right)(2b) \end{aligned}$$

- 이 전략이 2 이외 다른 숫자에게 적용될 수 있는지 생각한 후에 학생들은 다음과 같은 곱셈의 역연산 성질과 곱셈의 항등식identify을 나타내는 대수적인 표현을 사용하여 이 전략을 보다 일반화할 수 있다.

$$\begin{aligned} ab &= \left(\frac{1}{c}\cdot c\right)a\cdot b \\ &= \frac{1}{c}(ca)\cdot b = \frac{1}{c}(ac)\cdot b \\ &= \left(\frac{1}{c}\cdot a\right)(cb) \end{aligned}$$

일반적으로 학생들이 대수를 사용하여 이 문제를 풀었을 때, 학생들이 주어진 문제 상황을 기하학적으로 표현하게 하는 것이 좋다. 학생들이 대수가 기하학적인 관계를 나타내는 데 사용될 수 있는 것처럼 기하학이 대수적 관계를 보여주는 데 사용될 수 있다는 것을 아는 것은 중요하다. 미국의 경우, 보통 대수와 기하학이 서로 관련이 없는 내용으로 가르치는 반면, 국제수학평가에서 좋은 성적을 보이는 나라의 경우, 대수와 기하학을 통합하여 가르치고 있다.

## ▌항상 적용이 가능할까? 탐구활동 5: 나눗셈에서 반으로 나누고 또 반으로 나누기

**예제 문제 ▸▸▸ 26 ÷ 4**

"위의 문제를 13 ÷ 2로 바꿨고, 6 × 2는 12이므로 답은 $6\frac{1}{2}$입니다."

다음의 준비물을 제공한다. 모눈종이, 가위, 색 타일 또는 정사각형 모양의 종이는 유용하지만, 이 탐구활동을 위해서 반드시 필요하지는 않다.

학생들이 반으로 나누고 두 배 하는 곱셈 전략을 배울 때, 이 전략을 곱셈뿐 아니라 나눗셈에도 사용하기를 원한다. 이런 일이 발생했을 때, 왜 이 전략이 나눗셈에는 적용되지 않는지 이야기하고, 왜 적용되지 않는지 나중에 토론해보자는 식으로 학생들의 관심과 흥미를 유도하는 것이 좋다. 이것은 학생들이 이러한 질문을 자기 스스로 조사해보는 중요한 기회가 된다.

### 탐구활동 제시하기

문제 48 ÷ 16을 가지고 넘버토크를 시작하자. 학생들에게 이 문제를 해결하는 다양한 방법을 기록하게 하는 것이 좋다. 만약 아무도 반으로 나누고 반으로 나누는 전략을 사용하지 않는다면 이 전략을 학급과 공유하고, 다음과 같이 기록한다.

$$48 \div 16$$
$$24 \div 8$$
$$\textcircled{3}$$

42 ÷ 12를 제시하고, 학생들에게 반으로 나누고 반으로 나누는 전략을 사용하여 이 문제를 풀게 한다.

학생들에게 이 전략이 모든 나눗셈 문제에 적용될 수 있는지 생각해보게 한다. 학생들에게 서로 다른 세 가지 나눗셈 문제를 만들어서 이 전략을 사용한 뒤, 언제나 적용되는지, 왜 적용되는지, 왜 그렇지 않은지 이해하기 위해 함께 노력하도록 요구한다.

### 소그룹 활동

소그룹 활동을 위해 다음과 같은 질문을 제시할 수 있다.

- 두 배 하고, 또 두 배 하는 것을 시도해봤습니까? 이 방법으로 문제를 풀 수 있습니까?
- 이 전략은 2가 아닌 다른 수를 사용해서 (예를 들어, 3로 나누고 3로 나누는 것) 적용할 수 있습니까?

- 이 전략은 소수에 적용할 수 있습니까?
- 어떤 일반화된 증명을 만들었습니까?
- 이 전략을 기하학적으로 나타낼 수 있습니까?
- 이 전략이 사용했을 때, 나머지에 어떠한 영향이 있습니까? 이 전략을 통해 같은 결과를 얻습니까?
- 왜 곱셈에서는 반으로 나누고 두 배를 하는 반면, 나눗셈에서는 반으로 나누고, 또 반으로 나눕니까?
- 곱셈과 나눗셈에서 같은 것은 무엇이고, 다른 것은 무엇입니까?
- 이 전략을 분수나 소수에 적용해본 적이 있습니까?

7장 개요에서 서술했듯이, 반으로 나누고 반으로 나누는 전략과 다음에 소개하는 1로 나누는 전략과 연결하여 이해하게 되면, 학생들은 소수와 관련된 많은 분수 문제를 훨씬 더 쉽게 풀 수 있을 것이다.

다음에 제시되는 나머지 탐구활동들은 제시되는 전략의 적용여부를 탐구하도록 하지는 않지만 앞에서 제시되는 탐구활동과 비슷한 절차를 걸쳐 진행된다. 차이점은 각각의 탐구활동들은 하나의 구체적인 목표나 성취 결과가 있다는 것이다.

## ▌탐구활동 6: 1로 나누기

이 전략은 학생들 스스로 발견하는 전략이 아니기 때문에 학생들에게 제시해야 한다(2장 참조).

### 탐구활동 제시하기

이 탐구활동은 다음에 제시되는 문제를 하나씩 칠판에 기록한 뒤, 다음과 같은 질문을 하면서 시작한다. "( )를 1로 나누면 무엇인가요?" 또는 " __ 곱하기 1은 무엇인가요?"

3÷1 17÷1 44÷1 6÷1 9÷1 23×1 7×1

이 지점에서 어떤 수에 1을 곱하거나 나누면 그 자신과 같기 때문에 1을 곱셈의 항등원으로 소개하는 것이 좋다.

"그래서 우리가 나눗셈 문제에서 나누는 수가 1인 경우로 바꾸면, 우리는 주어진 문제를 아주 간단하게 풀게 되는 것이다. 여기에 여러 문제를 제시할 텐데, 주어진 문제를 제수가 1인 수로 바꿀 수 있는지 살펴보세요."라고 이야기한다.

다음 문제들을 문서카메라나 칠판에 제시하자.

$68 \div 2 \qquad 110 \div 5 \qquad 39 \div 3 \qquad 224 \div 2 \qquad 150 \div 5 \qquad 336 \div 3$

학생들에게 각 문제를 제수가 1인 수로 어떻게 바꿨는지 발표하게 한다.

그 다음, 1로 나누는 것이 분수 나눗셈이나 소수 나눗셈에도 적용될 수 있는지 조사하도록 요구한다. 학생들이 탐구하도록 하기 위해서 다음과 같은 학생들이 잘 보지 않은 형태의 분수 나눗셈 문제를 제시하여 넘버토크를 하는 것은 좋은 방법 중 하나이다.

$$\frac{1}{2}\overline{\Big)\,\frac{2}{3}}$$

학생들은 분수 나눗셈을 이런 형태로 보지 않았기 때문에 이 문제는 푸는 데 어려움을 겪을 것이다. '바꾸고 곱하기' 절차를 암기하게 하는 것은 도움이 되지 않는다. 왜냐하면 앞의 문제를 제시하고 풀게 하면, 이런 절차들은 숫자를 바꾸는 어려움을 겪을 것이기 때문이다. 위의 문제를 제시하고 학생들이 머릿속으로 문제를 풀게 하면, 학생들이 제안하는 각기 다른 답에 엄청 놀랄 것이다. 어떤 학생들은 실수로 위의 문제를 $\frac{1}{2}$의 $\frac{2}{3}$를 찾는 문제로 착각하고 $\frac{1}{2}$을 답이라고 생각하기도 한다. 다른 학생들은 잘못된 수를 바꿔서 $\frac{3}{4}$을 답으로 찾곤 한다. 다른 학생들은 위의 문제를 $\frac{2}{3}$의 $\frac{1}{2}$을 찾는 문제로 생각하고, $\frac{2}{6}$를 답으로 제시할 수 있다.

지금이야말로 다음과 같은 질문을 하기에 좋은 시기이다. "1로 나누기 전략은 우리가 문제를 풀 수 있도록 도와줄까요?", "1을 만들기 위해서 어떤 수에 $\frac{1}{2}$을 곱해야 합니까?" 두 질문은 1을 만들기 위해서 어떤 수를 곱해야 하는가에 대한 탐구활동을 하게 만들 것이다. 위 질문의 대답에 학생들은 대수 방정식을 푸는 데 중요한 곱셈의 역연산 성질을 조사해야 한다.

그 다음 $\frac{2}{3} \div \frac{1}{3}$을 칠판에 적는다. 학생들에게 주어진 나눗셈 문제를 제수가 1인 등가 문제equivalent problem로 바꾸도록 요구한다. 다음과 같이 이야기한다. “모두에게 스스로 생각할 수 있는 기회를 주려고 해요. 그룹별로 활동이 끝나 준비가 되면, 함께 했던 것에 대해 서로 공유해봅시다.” 그 다음 학생들에게 문서카메라나 칠판에 문제해결 방법을 공유할 지원자를 요청하자.

그 후, 다음 문제를 문서카메라나 칠판에 쓴 뒤, 학생들에게 각 문제를 제수가 1인 등가 문제로 바꾸어 풀어보게 하자. 학생들이 해결 방법을 공유한 뒤, 1로 나누기 전략이 분수와 소수에도 적용될 수 있는지, 왜 그런지 생각해보게 하자.

$\frac{2}{5} \div \frac{1}{5}$ $\frac{3}{4} \div \frac{1}{4}$ $\frac{3}{4} \div \frac{1}{8}$ $\frac{2}{3} \div \frac{1}{3}$ $\frac{4}{3} \div \frac{2}{3}$ $\frac{2}{5} \div \frac{2}{5}$

**마무리**

다음은 중요한 각 전략과 관련된 중요한 수학적 아이디어를 나타내고 있다.

- 1로 나누기 전략은 1은 곱셈의 항등원, 다시 말하면 어떤 수에 1을 곱하거나 나누면 자기 자신의 수가 된다는 사실에 기반을 둔다. 그래서 만약 제수를 1로 만들 수 있다면, 나눗셈 문제를 쉽게 풀 수 있다. 예를 들어, 주어진 $3 \div \frac{1}{3}$ 문제에 제수와 피제수에 3을 곱하여 $9 \div 1$로 바꾸면, 답은 9가 된다.
- 1로 나누기 전략은 반으로 나누고 반으로 나누기 전략에 기반하며, 학생들에게 신기한 전략인 ‘바꾸고 곱하기’ 절차가 왜 적용되는지에 대해 이해하도록 도와준다. 여기서 $\frac{2}{3} \div \frac{3}{4}$을 사용하여 이 과정을 다음과 같이 설명할 수 있다.

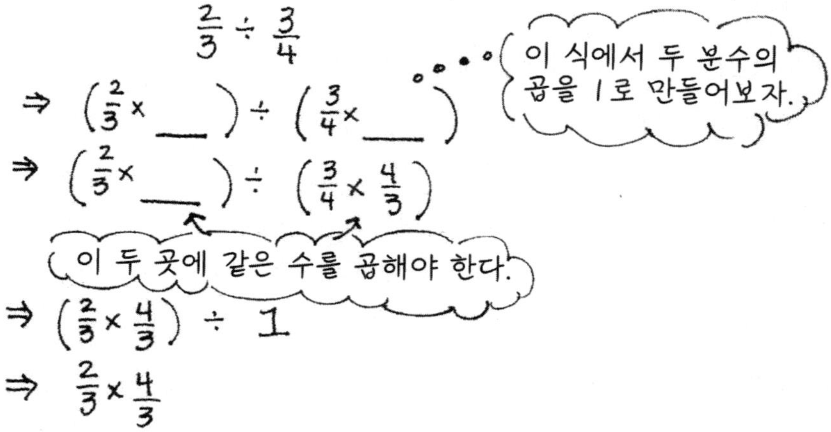

분수 나눗셈 알고리즘은 효율성을 위해서 어떻게 분수 나눗셈의 의미가 감추어지고, 나눗셈의 복잡한 절차가 단순화되었는지를 나타내는 좋은 예이다. 배스(Bass, 2003)가 이야기했듯이, "우리가 단순히 문제를 해결하는 기계를 원한다면, 알고리즘은 우리가 원하는 답변을 얻기 위해 기계가 수행해야 하는 단계를 어떻게 프로그래밍해야 하는지에 대해 알려준다"(333). 그러나 학생들은 기계가 아니며, 학생들은 의미를 간절히 알고자 한다. 학생에게서 이해할 수 있는 기회를 박탈하는 것은 사물이 왜 작용하는지를 알고자 하는 자연스러운 욕망을 없애게 되는 것과 마찬가지가 된다.

## ▌탐구활동 7: 곱셈의 기하학적인 표현

이 탐구활동을 위해 모눈종이가 아니라 일반 용지가 필요하다.

인자를 2개 이상의 가수addend로 나누는 전략을 탐구하는 것은 학생들에게 수의 연산, 기하학, 대수학 사이를 연결하기 위해서 기하학 모델을 사용해서 중요한 수학적 관련성을 이해하도록 도와줄 수 있는 기회를 제공한다. 이 탐구활동을 통해 얻고자 하는 구체적인 학습 결과가 있기 때문에 다음에 이 탐구활동이 어떻게 전개될 수 있는지에 대한 보다 복잡한 상황을 보여줄 수 있다.

### 탐구활동 제시하기

학생들에게 다음과 같이 이야기하여 학습 기회를 제공하자. "우리는 '인수를 2개 이상의 가수addend로 나누는 전략'을 기하학적으로 나타내는 방법에 대해 알아보려 합니다. 먼저 문제 8×13을 생각해봐요. 충분한 시간을 가져 머릿속으로 문제를 해결해보세요." 학생들 중 13을 (10+3)으로 나눈 뒤, 8×10과 8×3을 구하여 문제를 풀 수 있는 학생이 있을 것이다. 이 학생을 '지영'이라고 부르고, 해결 방법을 다음과 같이 기록하자.

$8 \times 13$

지영

$8 \times (10+3)$

$8 \times 10 = 80$

$8 \times 3 = 24$

$104$

다음과 같이 이야기한다. "지영의 문제해결 방법을 기하학적으로 표현할 수 있는지 생각해봅시다. 기하학적으로 표현하는 방법은 여러분들에게 새로운 경험일 수 있습니다. 모든 학생들에게 자기 방식으로 생각할 수 있는 충분한 시간을 주려고 합니다. 여러분 그룹에서 각 그룹원이 지영의 방법을 기하학적으로 표현하는 것에 대해 준비가 되면, 그룹별로 충분히 다양한 아이디어를 공유할 시간을 갖도록 합시다." 어떤 학생들은 '기하학적'의 의미가 무엇인지를 알지 못한다는 것을 예상하고, 소그룹 활동을 통해 이 의미를 토론하게 한다. 만약 교사가 예를 보여주면, 학생들은 교사가 한 것을 그대로 따라 하려고 할 것이다. 몇 분이 지난 뒤에도 학생들이 서로 이야기하지 않는다면, 소그룹 내에서 '기하학적'의 의미가 무엇인지 토론하게 한 뒤, 전체 그룹에 공유해야 한다는 것을 알린다.

그 다음, 학생들에게 칠판이나 문서카메라를 통해 기하학적인 방법으로 문제를 해결하는 방법을 발표하게 한다. 만약 학생들이 기대하지 않은 방법을 제시하거나 또는 설명한 방법이 충분하지 않거나, 방법이 이해 가능하지 않더라도 놀라지 마라. 예를 들어, 학생들은 종종 13열 그리고 각 열이 8개의 원으로 구성된 그림을 그릴 수 있다. 물론 이런 기하학적 표현을 당신을 생각하지 못했거나 큰 수나 분수를 나타내기에 비효율적일지라도 8×13을 시각적으로 나타내는 학생의 방법이다. 이런 경우, "8이 어디에 있지요?", "10이 어디에 있지요? "3은요?"와 같은 질문을 한다.

만약 아무도 아래의 기하학적 모델을 사용하지 않았다면, 다음과 같이 질문한다. "만약 기하학적 모델을 사용하여 8×13을 표현한다면, 어떻게 그릴 수 있을까요? (이 활동은 사각형을 그리지 않고서도 학생들에게 각 측면을 나타내는 경험을 제공한다.)

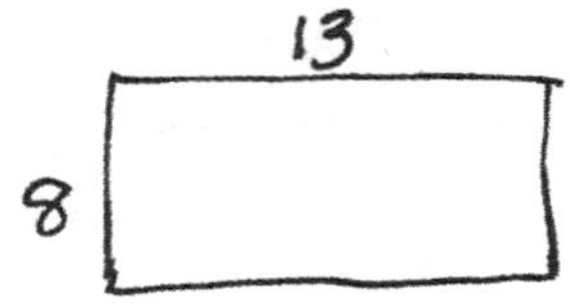


"좋아. 그럼, 어떻게 104가 이 직사각형과 관련 있을까?" (넓이)

그 다음, "잠깐 생각해봅시다. 어떻게 이 직사각형을 사용하여 지영이의 8×13 문제의 해결 전략과 관련하여 표현할 수 있을까요?" (학생들에게 소그룹으로 이야기하게 하자.)

그 뒤 "누가 지영이의 방법이 이 직사각형에서 어떻게 나타낼 수 있는지 설명할 수 있을까요?"

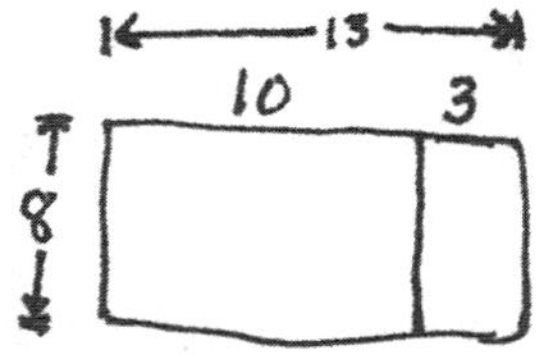


그 뒤, "이 직사각형에서 (8×10)은 어디에 있습니까? (8×3)은요?

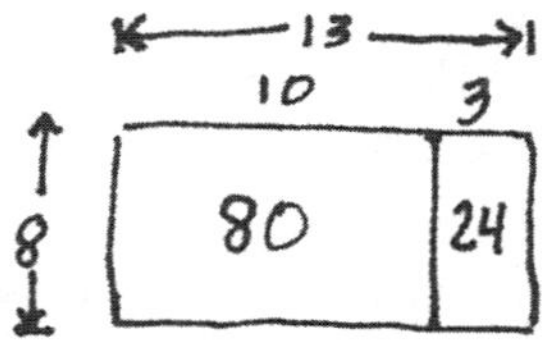


만약 학생들이 위 모델을 사용하였다면, 그 모델을 파고들어라. 학생의 경험에 따라 지영이의 기하학적인 방법을 보다 형식적인 수를 사용한 표현 방법과 관련시키고, 두 표현을 서로 연결해보자.

$$8 \times 13$$
$$8 \times (10 + 3)$$
$$(8 \times 10) + (8 \times 3)$$
$$80 + 24$$

## 기하학적 모델에 관한 노트

사각형을 그릴 때 비례가 맞도록 나타낸다. 정확하게 나타내는 것에 대해 걱정하지 마라. 그러나 두 자리 수 곱하기 두 자리 수 곱하기 문제에서 다음에서 보는 것처럼 사각형을 4개의 동일한 부분으로 나누고, 각 부분을 부분곱partial product으로 채우지 않는 것이 좋다.

$$12 \times 14$$

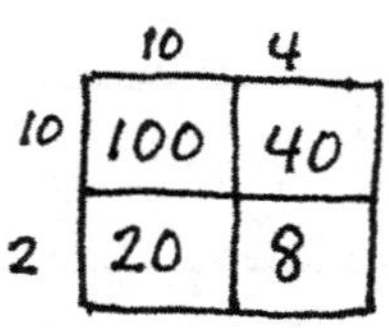

이러한 관행은 수학적인 관계를 이해하기 위한 모델보다 답을 생성하는 도구가 될 수 있다. 예를 들어, 우리는 학생들이 $10^2$와 정사각형의 기하학적 의미를 관련시키기를 바란다.

학생들이 각 인수를 2개의 가수로 분리하는 방법을 생각하지 않는 한, 사각형을 4개로 나누는 방법을 반드시 소개할 필요가 없다. 예를 들어, 16×12를 풀 때, 어떤 학생들은 16×(10+2)로 나누어 생각하여 사각형을 단지 두 부분으로 나눌 수 있고, 이 표현 방법은 4개로 구분하는 것만큼 중요하다.

그 다음, 12×16과 같은 문제로 넘버토크를 한다. 칠판이나 도표에 학생들이 문제를 푸는 다양한 방법을 기록한다. 적어도 세 가지, 네 가지 다른 해결 방법을 보기를 기대한다. 각각의 방법을 칠판이나 도표에 기록하여, 학생들이 탐구활동 도중 참고할 수 있도록 한다. 만약 아무도 12를 (10+2)로, 16을 (15+1)로 바꾸어 풀지 않는다면, 당신은 학생들이 문제를 이 방법으로 해결하는 것을 보았다라고 하면서 제시한다. 학생들에게 사각형을 사용하여 함께 작업하여 문제를 기하학적으로 해결하도록 요구한다. 그룹을 다시 전체 그룹 토론을 위해 모았을 때, 만약 아무도 문제해결을 위해 사각형을 사용하지 않는다면, 당신은 문제를 표현하는 많은 재미있는 방법을 보았고, 사각형이 각 문제해결 전략에 어떻게 사용되는지 생각해보도록 한다. 문서카메라에 대략적으로 가로 12, 세로 16을 나타내는 사각형을 그린다.

그리고 다음과 같이 질문을 한다. "이 직사각형에서 12는 어떻게 표현될 수 있을까요? 16은 어떻게 표현될까요?" 그리고 다음의 질문을 한다. "12를 어떻게 했나요?" 직사각형에서 12를 나타내는 길이를 비례적인 길이를 생각하면서, 10과 2로 나누어라. 그 다음 "16을 어떻게 했나요?"라고 질문한다. 직사각형에서 16을 나타내는 길이를 비례적인 길이를 생각하면서, 15와 1로 나누어라. 학생들에게 사각형의 각 부분에 어떤 수가 들어가야 하는지 물어본 뒤, 각 부분 곱을 더하여 12×16의 곱을 나타낸다. 다음과 같은 사각형이 제시되어야 한다.

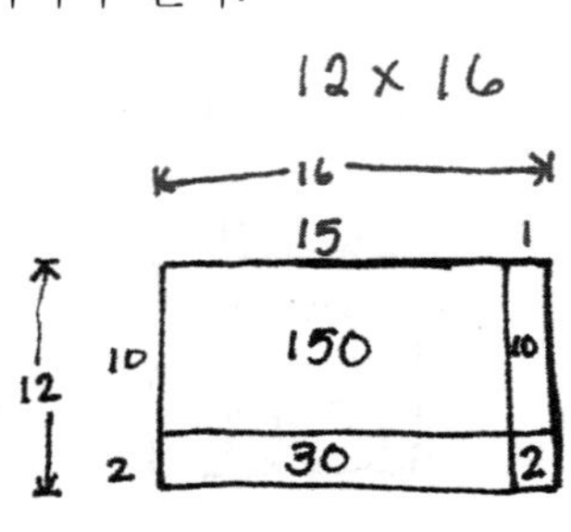

다른 학생은 12×16을 12×(12+4)라고 생각하면서 문제를 풀 수 있다. 이 경우 다음과 같은 사각형으로 제시되어야 한다.

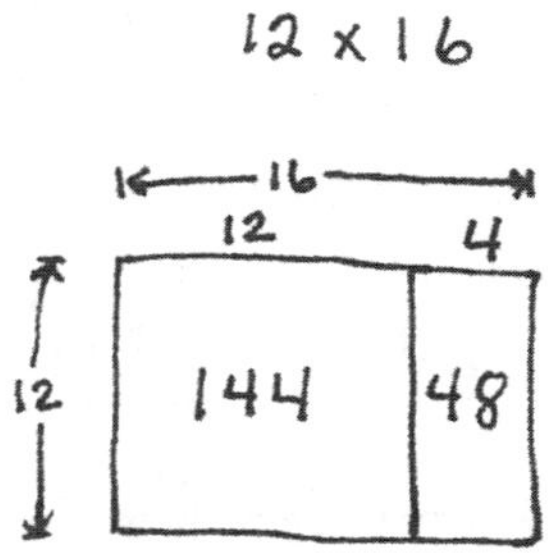


이 탐구과정에서 학생들에게 다양한 영역의 사각형을 사용하도록 하기 위해, 모눈종이보다 일반 용지를 사용한다. 그래프 용지는 학생들로 하여금 정확한 크기를 알아내기 위해 시간을 소비하게 하고 종종 관련된 곱셈에 대해 생각하기보다는 계산으로 이어지도록 유도한다.

**소그룹 활동**

학생들에게 사각형 모델을 사용하여 12×16을 중심으로 한 넘버토크를 하는 동안 공유되었던 각 전략을 나타낼 수 있는지 살펴볼 것이라고 이야기하자. 모두에게 생각할 시간을 갖도록 요구하고, 각자의 그룹이 준비가 되면 각자의 생각을 그룹과 공유하게 하자. (**참고**: 모든 전략들이 사각형 모델로 표현될 수 있는 것이 아니므로 학생들에게 모든 전략에 모델을 사용하도록 하지는 않는다! 학생들이 스스로 왜 그런지에 대해 이해하도록 한다.) 돌아다니면서 그룹이 하는 일을 관찰하자. 만약 학생들이 초기에 다양한 전략들을 생각해내지 못했다면, 소그룹 활동에서 사각형 모델을 사용해서 12×16을 풀 수 있는 가능한 한 많은 방법들을 생각하도록 격려해야 한다.

그룹들이 다 마쳤을 때 손을 들어야 하고, 교사는 그에 따라 보다 복잡한 문제를 제시해야 한다. 예를 들어, 28×48을 제시하고 학생들에게 소그룹 활동을 통해, 적어도 두 가지 다른 방법으로 문제를 해결하게 하고, 그러한 방법들을 기하학적 모델을 사용하여 나타내게 하자. 기하학적 표현을 사용하여 곱셈 문제를 쉽게 해결할 수 있을 때까지 다양한 곱셈 문제를 제시하고 이러한 다른 문제를 스스로 해결하게 하자. 기하학적 모델은 두 자리 이상으로 된 곱셈 문제를 풀 때, 자주 이용되는 방법이 된다.

이러한 기하학적 모델을 사용하여 곱셈을 푸는 방법은 곱셈을 대수적인 방법으로 푸는 중요한 기초가 된다. 대수를 가르칠 때, 학생들에게 "어떻게 $(x+1)(x+2)$을 기하학적 모델을 사용해서 표현할 수 있을까요?"라는 질문을 통해 앞에서 서술된 과정을 반복할 수 있다. 다음에서 제시된 내용을 앞에서 진술된 방법과 동일한 방식으로 학생들과 공유해라. 학생들에게 직사각형의 어느 측면이 $[(x+1)(x+2)]$을 나타내는지 질문한다.

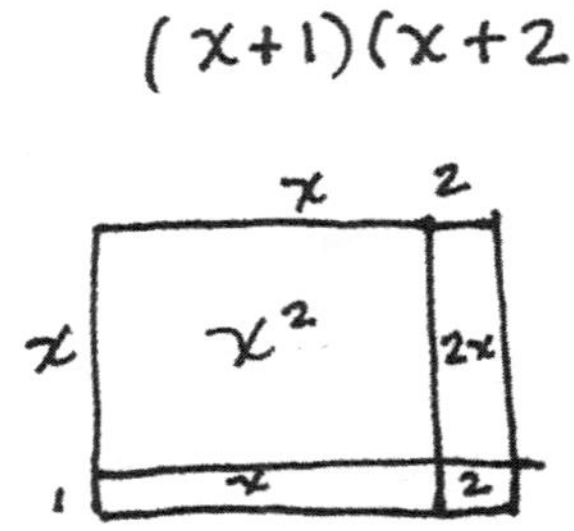


기록할 때, 두 2를 대략 같은 크기로, $+2$는 $+1$의 2배로 나타나게 하는 것은 중요하다. 기하학적 모델을 그리면서 볼 수 있는지 물어봐라. 다시 학생들에게 각 내부 사각형의 크기를 나타나게 하자. 학생들에게 다음과 같은 질문을 하여 비슷한 용어를 모으라고 하자. "얼마나 많은 2를 갖고 있나요?", "얼마나 많은 $(x+1)(x+2)$를 갖고 있나요?" 그리고 "어떤 수를 추가적으로 갖고 있나요?" 이후 누군가가 기꺼이 나와서 대수적으로 풀 수 있는 방법을 보여주는지 물어본다.

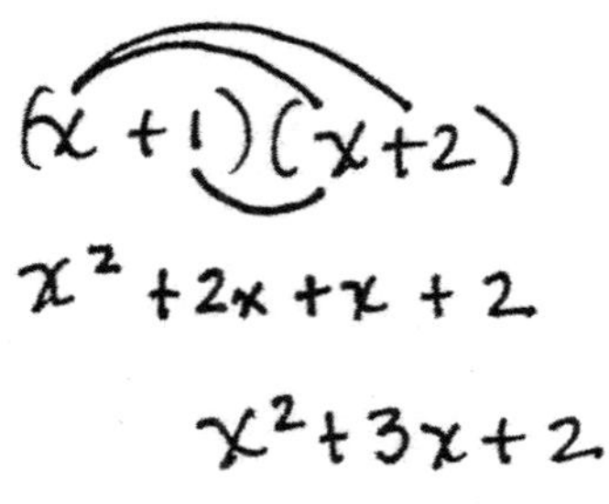


대수식의 항을 기하학적 모델에서 표현하게 하는 질문들은 학생들이 두 모델을 연결하도록 도와주고, 학생들의 기호표기법에 대한 이해를 심화하고 확대하는 데 도움이 된다. $x^2$을 '$x$의 제곱'으로 읽은 것을 많은 학생들이 재미있어 하는데, 이는 같은 길이를 갖는 사각형이 제곱이기 때문이다.

다음은 학생들이 탐구할 수 있는 여러 대수 곱셈 문제를 제시하고 있다. 기하학적으로 각 대수 곱셈 문제를 나타내도록 요구하라. 뺄셈과 이항법을 어떻게 표현해야 하는가에 대한 질문이 나오면, 설명하려는 욕구를 저지하고, 대신 그 질문을 바로 학생에게 되돌려 학생들이 어떻게 이해하는지 보길 바란다.

$$(2x+1)(x+2) \qquad (2x+1)(3x+3) \qquad (x+2)(x-1) \qquad (x-1)(x-2)$$

### 각 연산에 대한 효율적인 전략 요약하기

덧셈, 뺄셈, 곱셈, 나눗셈 등의 자연수 연산을 학습하는 데, 한 연산에서 다른 연산으로 옮길 준비가 될 때, 학생들에게 소그룹으로 그들이 사용한 전략 중에 몇 가지 가장 효율적인 전략을 찾아보고 각 전략의 이름을 만들라고 한다. 소그룹으로 이 과제를 함께 할 시간을 주고 나서, 그들이 제안한 각 전략을 차트 용지에 기록하고 각 전략의 이름을 무엇으로 하고 싶은지를 학생들에게 묻는다.

각 연산의 효과적인 전략들에 대한 요약을 마친 뒤, 자연수 연산에 작용하는 효과적인 전략들이 분수와 소수에도 작용하는지에 관한 탐구활동을 제시할 준비를 한다. 다음 이러한 탐구활동들이 어떻게 전개될 수 있는지에 대한 설명을 제시한다. 각 연산에 사용할 프로세스를 설명하기 위해 뺄셈에 대한 전략을 사용했다.

## 탐구활동 8: 뺄셈 전략 사용하기

학생들에게 부록 C에 제시된 〈뺄셈 전략〉 인쇄물을 2명당 한 장씩 나누어주고, 〈탐구해봅시다〉 인쇄물을 각 학생들에게 배포한다.

자연수를 사용하여 여러 번 뺄셈 넘버토크를 한 후, 다음과 같은 질문을 할 때 중학생 및 고등학생과 함께 훌륭한 탐구활동을 할 수 있다. “이 동일한 뺄셈 전략은 분수와 소수에도 적용할 수 있습니까?”, “이 동일한 뺄셈 전략은 양수와 음수에도 적용할 수 있습니까?”

### 탐구활동 제시하기

다음 질문을 제시하자. “자연수 뺄셈 전략은 모든 자연수에 적용됩니까?” 학생들에게 〈뺄셈 전략〉 인쇄물을 준다.

- 더하기 전략(열린 수직선과 함께, 열린 수직선 없이)
- 빼는 수(감수) 분리하기 전략(열린 수직선과 함께, 열린 수직선 없이)

- 감수와 빼지는 수(피감수)에 동일한 양을 더하는 전략(열린 수직선과 함께, 열린 수직선 없이)
- 감수를 10, 100, 100의 배수와 가까운 수로 어림하기 한 뒤 조정하는 전략
- 음수를 사용하는 전략

61 − 27을 칠판이나 문서카메라에 써라. 뺄셈 전략 인쇄물에 기록되어 있는 각 전략을 사용해서, 어떻게 61 − 27을 해결할 수 있는지 학생들에게 자발적으로 설명해줄 것을 요구한다.

다음, 학생들에게 〈탐구해봅시다〉 인쇄물을 나눠준다. 학생 모두에게 스스로 생각할 시간을 갖도록 하고, 준비되면 정수의 뺄셈을 위한 전략이 소수 및 분수에도 적용되는지 확인하는 것이 과제라고 이야기한다.

$7.46 - 6.85$

$8.2 - 0.97$

$3\frac{1}{5} - 2\frac{4}{5}$

$-3 - 2$

$60.12 - 0.2$

$3\frac{1}{4} - 1\frac{5}{8}$

$-5 - (-9)$

몇 분 후, 학생들이 문제를 해결할 때 함께 이야기하도록 독려한다. 그룹이 활동할 때 관찰한다. 적절한 때, 학생들이 각 문제를 다양한 방법으로 풀었는지 물어본다. 학생들이 음수 문제를 풀 때, 답이 음수인지 양수인지 어떻게 알 수 있는지 알아보게 한다. 만약 그룹들이 자기 스스로 하지 않으면, '같은 차'를 이용한 전략을 사용하도록 한다.

학생들이 하루에 이 탐구활동을 마치게 하기보다는 이틀에 걸쳐 약간의 시간을 보내게 한다. 그룹이 충분한 시간을 통해 문제를 마쳤을 때, 학생들을 다시 전체 그룹 활동으로 유도한다. 모든 학생들이 모든 문제를 풀 필요는 없다. 다음과 같은 질문을 한다. "우리가 확실히 이야기하고 싶은 문제가 있습니까?" 학생들은 음수 문제에 대해 이야기하고 싶어 할 것이다. 학생들에게 음수 문제에 대해 이야기할 것이지만, 그 문제로 토론을 시작하고 싶지 않다는 것을 알린다.

다음과 같은 지문으로 시작한다. "어떤 전략을 가장 많이 사용했나요?", "다른 전략을 요구하는 문제가 있습니까?"

학생들이 특히 효율적이라고 생각한 전략을 공유하게 한 뒤, 각 문제를 전체 학생과 함께 풀어본다. 다른 효율적인 전략이 있는지를 매번 물어본다.

만약 아무도 뺄셈 대신 더하기 전략과 동일한 차이 전략을 사용하지 않는다면, 학생들에게 이 전략을 소개하여 사용하도록 하고 그 전략을 발표하게 한다.

**분수와 소수를 이용한 뺄셈 대신 더하기 전략과 동일한 차이 전략**

처음 이 전략을 사용해서 문제를 풀게 했을 때, 단순히 소수를 소수점에 따라 수를 나열한 후 빼는 방법으로 소수 뺄셈을 배운 학생들을 도울 수는 없지만, 원래의 위치로 되돌리고자 했다. 전통적인 공식은 학생들에게 숫자의 자릿값에 대한 이해 없이 절차에 따르도록 요구하고 있어, 많은 학생들은 소수를 소수점에 따라 나열하는 데 힘들어 하고, 소수의 크기에서 0.205가 0.41보다 크다는 오개념을 가지고 있다. 그와 반대로 이 전략은 학생들에게 분수와 소수 뺄셈을 더 쉽게 풀게 하고, 수의 크기에 주목하게 한다.

수직선을 사용해서 음수 뺄셈 문제를 이야기할 때, 두 수 간의 차가 언제나 양수이더라도 답은 그렇지 않다는 것에 주목해야 한다. 학생들에게 정답이 음수인지 양수인지 어떻게 알아냈는지 설명하게 한다. 학생들이 이것을 어떻게 알아냈는가에 대한 다른 설명이 있는지 발표하게 한다.

## 탐구활동과 수학적 실천 규준

이러한 탐구활동들은 거의 모든 수학적 실천Mathematical Practice(MP)을 가르치는 데 있어 대단히 중요한 의미를 지닌다. 문제를 이해하고 끝까지 해결한다(MP1), 추상적이고 정량적으로 논증한다(MP2), 실행 가능한 주장을 세우고 다른 사람들의 추론을 비판하다(MP3), 정밀함에 주목한다(MP6), 구조를 찾고 구조를 이해한다(MP7), 반복적인 추론에서 규칙성을 찾고 표현한다(MP8). 이러한 수학적 규준이 교실에서 행해질 때, 탐구활동들은 학생들이 수학을 하고 볼 수 있는 성향을 길러주고, 수학적 규준을 현실로 가져온다.

요약하면, 넘버토크는 진정한 탐구활동의 기회를 풍부히 제공할 수 있다. 거의 매번 교사와 학생들은 "이 전략은 항상 적용 가능합니까", "왜 그렇죠?"라는 질문을 해서 수학적 탐구활동을 가능하게 한다. 다음과 같은 질문들을 통한 탐구활동은 학생들에게 연산과 일반적으로 연산이 여러 수를 통해 어떻게 작용하는지, 그리고 0과 1 사이의 숫자에서 어떻게 작동하는지에 관한 확실한 이해를 개발하도록 도울 수 있다.

교사가 학생 질문에서 수학적 잠재력을 인식하고, 학생에게 학생 질문을 조사하는 시간을 제공함으로써 질문을 존중하면, 학생들은 커리큘럼의 소비자뿐만 아니라 창조자가 될 수 있다.

우리는 《훌륭한 아이디어를 가지고 있다는 것(The Having of Wonderful Ideas, 1987)》을 쓴 엘리노 덕-워스[Eleanor Duck-worth]에게 오랫동안 감명받아왔고, 다음과 같은 그녀의 말과 지혜에 감사해왔다.

> 내가 언급한 멋진 아이디어가 반드시 외부 세계에 멋지게 보이지 않아도 됩니다. 나는 다른 많은 사람들이 이미 가지고 있는 멋진 아이디어와 아직 아무도 갖지 못한 멋진 아이디어 사이에는 차이가 없다고 봅니다. 우리가 아이들이 훌륭한 아이디어를 가질 수 있도록 하고, 그들 자신이 훌륭한 아이디어를 갖고 있는 것에 대해 좋다고 느낄수록 아이들은 다른 어느 누구도 전에 생각지 못했던 훌륭한 아이디어를 언젠가는 지닐 가능성이 높아집니다(14).

당신은 이러한 탐구활동을 학생들과 함께 진행하면서, 학생들의 놀라운 아이디어에 경탄할 수 있는 많은 기회를 얻을 것이다.

CHAPTER

# 10 넘버토크에 대한 Q & A

넘버토크는 짧은 시간 동안 규칙적으로 하는 수학 활동으로 일정한 틀이 있는 것은 아니다. 먼저, 넘버토크는 믿을 수 없을 정도로 실행하기 쉽다. 교사는 단지 칠판에 문제를 제시하고, 학생들에게 답을 어떻게 얻었는지 묻는 것이다. 모든 넘버토크는 학생들이 그들의 사고 과정에 대해 설명하기 시작할 때, 각기 다른 형태로 진행될 수 있으며, 반드시 따라야 할 로드맵은 없다. 그러나 교사로서 무엇을 학생들에게 묻고 어떻게 대응할 것인지에 관해 생각할 필요가 있다. 교사로서 누가 이야기하고, 누가 이야기하지 않고, 무엇을 어떻게 칠판에 적어야 하는지 생각해야 한다. 교사는 이 많은 질문들을 한 번에 머릿속에서 동시에 생각해야 한다. 당연히 다음에 무엇을 해야 하는지 아는 것은 어렵고, 넘버토크를 하고 있지만 교사는 잘 실행되지 않고 있다고 생각하기 쉽다.

이러한 점들로 인해 교사들은 넘버토크를 포기하게 된다. 하지만 포기하지 마라. 당신은 넘버토크를 효과적으로 실행할 수 있다! 그리고 넘버토크 동안 제기되는 어려움은 교사와 학생들에게 중요한 학습 기회를 제공할 것이다.

이 장에서는 교사들이 넘버토크를 실행할 때 제기될 수 있는 어려움과 구체적인 질문을 다루고 있다. 특히, 이러한 어려움과 질문을 해결할 수 있는 효과적이라고 생각하는 실제적인 전략을 제시한다. 이러한 전략들은 어떤 교실에서는 효과적일 수 있지만, 다른 교실에서는 효과적이지 아닐 수 있다. 우리는 이 장에서 넘버토크의 의도와 반대되는 결과를 초래하는 '저항해야 할 유혹'temptation to resist을 포함하고 있다.

수학 문제해결과 같이 좋은 교사들은 저항해야 할 유혹에 아주 다른 결정을 할 수 있으며, 당신과 학생들에게 무엇이 가장 효과적인지 발견할 때까지 넘버토크를 시도해야 한다. 이 장의 제안들은 당신이 학습 과정에 자연스럽게 직면하게 되는 도전에 지속적으로 인내하도록 도울 것이다.

## Q: 학생이 하는 말을 이해하지 못할 경우 어떻게 해야 하나요?

A 이것은 학생들에게 중요한 문제이다. 만약 한 학생의 설명을 당신이 이해하기 힘들다면, 다른 학생들도 아마 이해하지 못할 것이다. 넘버토크의 궁극적인 목표가 학생들이 서로의 이야기를 듣고 직접적으로 반응하도록 하는 것이기 때문에 모든 학생들이 수학에 대해서 분명하게 대화하도록 배워서 서로를 이해하도록 하는 것은 중요하다. 이것은 하룻밤 사이에 일어난 것은 아니다. 미국에서 수학과 공통 핵심 규준(Common Core State Standards for Mathematical Practice, NGA/CCSSO, 2010)을 채택하기 이전에 대부분의 학생들은 자신들의 추론이나 논리적인 사고에 대해 표현할 수 있거나 수학적 타당성을 발표할 수 있는 정기적인 기회를 갖지 못했다. 그래서 넘버토크를 시작하는 단계에서 학생들이 자신의 생각을 분명하게 표현하는 데 힘들어하는 것을 이해해야 한다.

만약 학생들이 하는 말을 충분히 이해하지 못한다면, 다음과 같은 진술을 통해 학생의 말을 정확하게 이해 또는 해석하려고 해야 한다. 다음과 같이 이야기할 수 있다. “네가 한 말을 우리가 정말로 이해하는지 보자. 내가 생각하기에 너는…”

### 효과적이었던 전략

- 다음과 같이 질문하자. “내가 생각할 때 네가 말한 것은 …이다. 이게 네가 한 말이니?” 학생들에게 실제로 들은 말로 표현하도록 주의해야 한다.
- 다음과 같이 질문하자. “네가 의미하는 바를 이해하고 있는지 확인하고 싶어. 마지막 부분을 다시 말해줄 수 있을까?”
- 다음과 같이 학생들에게 질문하자. “____ 말한 것을 누가 자신의 말로 설명할 수 있나요?”

마지막으로 이 전략들이 도움이 되지 않았다면 다음과 같이 이야기할 수 있다. “너의 전략에 대해 생각할 시간이 좀 더 필요해. 너의 전략에 대해 나중에 다시 이야기해 보자.” 그러고 나서 학생의 전략에 대해 생각해보고 다시 이야기해보자. 이러한 전략은 교사에게 학생의 아이디어에 대해 생각할 시간을 주기도 하지만, 학생에게 자신의 생각을 어떻게 더 효과적으로 설명할 수 있는지 생각할 시간을 주기도 한다. 이 전략으로 교사는 학생들이 한 설명을 이해하지 못한 것에 대해 긴장할 필요가 없다. 복잡한 또는 정확하게 표현되지 않은 개념이나 절차를 이해하지 못하는 다른 학생들을 잃을 염려가 없다.

**교사가 피해야 할 유혹**

**말해야 할 것을 학생에게 가르치거나 학생이 하려고 하는 말을 안다고 가정하는 것.**

이러한 유혹은 교사가 특히 시간에 쫓길 때 행하기 쉽다. 학생들의 생각을 계속 조사하라. 그리고 학생이 설명을 제대로 못해서가 아니라 이해하지 못한 사람은 교사라는 것을 분명히 하라. 이러한 태도는 학생들에게 자신감과 그들의 생각이 중요하다는 것을 인식시킬 수 있다.

## ▌Q: 문제를 풀 때 어떻게 학생들이 기존 알고리즘을 뛰어넘을 수 있게 도울 수 있나요?

A 미국에서는 수학문제를 해결하는 데 최고의 방법이 하나 있다는 신념이 전통적으로 받아들여왔다. 비록 수학적 실천의 규준Standards for Mathematical Practice에서는 학생들이 단순히 수를 계산하는 방법이 아니라 수의 의미를 이해하는 것을 강조하지만, 무엇을 해야 하는지를 아는 것과 '왜'를 이해하는 것은 시간이 걸린다. 이것이 왜 넘버토크가 고등학생에게도 중요한 학습 경험이 되는가에 대한 중요한 이유가 될 수 있다. 어느 문제를 풀더라도 많은 문제해결 방법이 있다는 것을 아는 것은 궁극적으로 학생뿐 아니라 어른들에게도 일상적인 문제해결 방법에서 자유롭게 사고하게 해준다. 수와 수가 연산에서 어떻게 작용하는지를 이해하는 것은 고등학생들이 수학을 하는 데 기초가 된다. 그러나 학생들에게 단순히 암기하도록 하는 것보다 수에 관해 논리적으로 사고하도록 하는 것은 시간과 인내, 투지가 필요하다.

**효과적이었던 전략**

- 넘버토크를 하던 도중, 전통적인 지필식 알고리즘이 하나의 전략으로 제안되면, 학생들에게 그러한 알고리즘이 무엇인지 간단히 설명하는 것이 좋다. 그후 그러한 '일반적'이고 전통적인 알고리즘이 전략으로 나타날 때마다 칠판에 전통적인

알고리즘으로 기록하도록 한다. 넘버토크에서 수가 커짐에 따라 이러한 전통적인 알고리즘을 고수하는 학생들은 점진적으로 그들 스스로 다른 방법들이 훨씬 쉽고, 보다 효율적이라는 것을 인식할 것이다.

- 또한 기존의 알고리즘으로는 쉽게 다루기 힘들지만 넘버토크에서 제시되는 다른 방법을 사용하여 더 쉽게 풀 수 있는 문제를 사용하도록 한다. 때때로 이러한 문제는 여러 번의 시도를 거쳐 발전할 수 있다. 예를 들어, 한 고등학교에서 교사가 학생들에게 새로운 방법으로 추론하도록 하는 넘버토크를 5번에 걸쳐 제시했다. 비록 각 넘버토크가 성공적이지는 않았지만, 학생들은 마침내 다음 문제가 제시되었을 때, 전통적 알고리즘 사용을 포기했다. "5개의 밀크셰이크를 사려고 합니다. 각 밀크셰이크가 $1.99일 때, 5개의 밀크셰이크를 사기 위해 얼마를 지불해야 합니까?"
- 때때로 다음과 같이 이야기해보자. "___의 수업에서 학생들이 이 방법으로 문제를 풀었다. 이 방법을 이해할 수 있는지 조사해보자." 그 다음 다른 문제를 선택하여 학생들이 새로운 전략을 시도할 기회를 제시하자. 먼저, 학생들에게 문제를 어떻게 풀었지 공유하도록 물어본다. 만약 아무도 새 전략을 공유하지 않으면, 질문을 한다. "앞에서 이야기한, 다른 수업에서 사용된 전략을 사용한 사람 없나요?" 만약 아무도 없으면, 다음을 질문한다. "이 전략을 사용해서 어떻게 이 문제를 해결할 수 있습니까?"
- 학생들이 다른 전략을 사용하여 추론하도록 격려하기 위해 다음과 같이 이야기한다. "오늘 많은 학생들이 전통적인 알고리즘을 사용하는 것을 보았어요. 그러나 암산으로 문제를 풀 때, 이해하기 훨씬 쉽고, 사용하기 쉬운 많은 전략들이 있습니다. 이 문제를 보세요. 어떻게 하면 전통적인 알고리즘 외에 다른 방법을 사용하여 더 쉽게 풀 수 있을까요? 그 밖에 다른 방법을 사용할 수 있나요? 그밖에 다른 방법은요?" 계속해서 '그 밖에'How else를 질문하는 것은 학생이 문제를 어떻게 풀었는지, 문제를 생각할 수 있는 다른 방법으로 강조점을 바꿀 수 있다. 이 미묘한 차이는 학생들이 다르게 생각하고, 창의적으로 사고할 수 있도록 한다.

## 교사가 피해야 할 유혹

**학생이 절차가 왜 적용되는지를 이해한다고 가정하거나 전통적인 알고리즘이 문제를 해결하는 가장 좋은 방법이라고 가정하는 것.** 대부분의 학생들은 수학을 절차로 배우고, 처음부터 이해하도록 요구되지 않았기 때문에 학생들에게 전통적인 알고리즘이 왜 적용되는지 설명하도록 하는 것은 생산적이지 않다. 이것은 이러한 알고리즘에 기초하는 논리나 수학적 원리를 이해하는 것이 중요하지 않다고 이야기하는 것이 아니다. 대신, 학생들이 그들 스스로의 추론을 통해 각 연산의 의미를 이해했을 때, 이러한 전통적인 알고리즘에서의 절차들이 학생들에게 보다 분명해지기 때문이다.

학생들이 전통적인 알고리즘을 사용할 때, '왜' 질문을 하는 것이 좋다. 그러나 앞에서 토론했던 것처럼 학생들이 '왜'를 설명하기 위해, '무엇'(What; 또는 절차)으로 되돌아간다면, '왜' 질문에 머무를 필요가 없다. 때때로 학생들에게 다음과 같은 질문으로 넘버토크의 목표에 대해 상기시킨다. "우리는 넘버토크를 통해 의미를 이해하고, 추론을 통해 문제를 해결하기 쉽게 만드는 전략을 사용하고자 한다는 것을 기억해야 합니다. 이 문제를 해결할 수 있는 더 쉬운 방법을 생각할 수 있을까요?

### ▮Q: 벌써 학기가 시작한 지 3주째입니다. 단지 소수의 학생만이 거의 매일 같이 발표하고, 대다수의 학생들은 전혀 발표하려 하지 않아요. 어떻게 하면 더 많은 학생들이 참여할 수 있도록 할 수 있을까요?

A 이 현상은 모든 교실에서 발생한다. 어떤 학생들은 선천적으로 생각을 공유하는 것을 즐기지만, 다른 학생들은 그렇지 않다. 왜 그럴까? 먼저, 전체 학급은 경험과 자신감을 필요로 한다. 그러나 많은 학생들은 그러한 경험과 자신감을 가지고 있지 않다. 학생들은 답을 가지고 있지 않거나, 자신의 답이 틀릴까 걱정하고, 어떤 학생들은 말하는 것에 자신감이 없을 수도 있다. 이런 학생들은 자신들이 답을 어떻게 구했는지 잘 설명할지 못할까봐 걱정하기도 한다. 학생들은 일반적으로 앞에서 발표하는 것을 부끄러워한다. 또한 어떤 학생들은 집에서 자기 생각을 설명하는 경험이 매우 적을 수 있는 반면, 어떤 학생들은 부모와 항상 이야기한다.

안전한 민주적인 의사소통이 가능한 교실 문화의 중요성에 대해 많은 이야기가 있고, 우리도 당연히 그러한 교실 문화를 넘버토크에서 중요하게 생각한다. 넘버토크 시 학생들은 교실에서 교사와 다른 학생과 신뢰를 가져야 하며, 교사는 학생들의 덜 성숙되고, 불완전한 생각도 존중해야 한다. 안전한 문화가 필수적이지만 모든 학생들의 참여를 보장하는 것만으로는 충분하지 않다.

그러나 딜레마는 넘버토크 시 설명하는 것과 정당화하는 것을 모든 학생에게 필수적으로 요구해야 하는 것이다. 학생들이 어느 순간에나 본인들의 아이디어를 공유하도록 요구될 수 있다는 것을 아는 것은 학생들이 생각할 수 있는 것의 본질을 바꾼다. 학생들이 어느 시점에든 발표하라고 요구할 수 있는 것은 학생들의 준비도에 따라 다양한 수준의 불안감을 유도시키며, 논의 중인 주제에 대해 깊이 생각하기보다는 그들이 언제 선택될 것인지에 더 관심을 쏟을 수 있다.

우리는 과묵한 학생들이 아이디어를 공유하도록 격려하기 위해 뒤에서 열심히 노력하지만, 100퍼센트 성공하기란 어렵다. 넘버토크 시, 모든 학생들이 교실 담론에 기여할 것인지의 여부는 스스로 결정해야 한다는 전제하에 노력해야 한다.

## 효과적이었던 전략

- 우리는 가끔 다음과 같이 이야기한다. "아직까지 발표하지 않은 학생의 의견을 듣고 싶습니다." 그 다음 기다리고 기다리며, 좀 더 기다리자. 조용히 10에서 20까지 세는 것은 무척이나 길게 느껴지는 긴 시간을 참을 수 있도록 도와준다. 만약 긴 기다림에도 아무도 지원자가 없으며, 다른 방법을 시도해야 한다. 그러나 그 다음의 넘버토크에 다시 이 전략을 사용한다.
- 넘버토크에서 때때로 소그룹 활동을 통해 학생들에게 생각을 발표하게 하는 것은 학생들에게 설명하는 능력과 자신감을 개발시켜주는 효과적인 전략이 될 수 있다. 소그룹에서 학생들이 전략을 공유하도록 하자. 이는 학생들이 그들의 생각을 다른 사람과 공유하는 것을 배우는 보다 안전한 방법이 될 수 있다. 또 이 전략은 학생들에게 각각의 생각이 가치 있다는 것을 깨닫게 한다. 이 전략은 중학교나 고등학교 수학 교실보다 학생들이 한 교실에 머무는 초등학교 교실이 훨씬 쉽다. 이는 150명의 학생들이 매 시간 오고 가는 상황에서 누가 발표하고, 누가 발표하지 않았는지 추적하는 것은 쉽지 않기 때문이다. 그래서 교사 스스로 인내심을 갖고, 자신의 의견을 발표하지 않은 학생들에게 점진적으로 짧고 개인적인 소규모 형태의 넘버토크를 통해 공유하도록 격려해야 한다. 때때로 그것은 학생들이 전체 그룹 토론에 보다 적극적으로 참여하도록 도와준다.
- 고통스럽도록 과묵한 학생들과의 수업에서는 전체 학생 토론에 참여시키기 전에 주변 학생들과 그들의 전략을 공유하게 하는 방법들을 통해 보다 많은 학생의 참여를 유도할 수 있다. 어떤 학생들의 경우 아주 두려운 상황이 될 수 있다는 것을 주의해야 한다. 어떤 학생들의 경우 단지 한 두 명과 생각을 공유하도록 했을 때도 그런 상황을 싫어할 수 있고, 넘버토크 활동시 모든 학생들은 생각을 공유해야 하는 상황을 두려워할 수 있다. 다른 주의할 점은 만약 학생들이 전체 그룹에

서 답을 공유하라고 요구되기 전에 정답을 말한다면, 다른 답을 토론함으로써 제공되는 다양한 학습 기회를 박탈하게 된다는 것이다.

- 때때로 짧은 형성 평가를 하자. 먼저 학생들에게 카드를 주고 양면에 그들의 전략에 대해 기록하게 한다. 모든 학생들이 마치면, 소그룹에서 전략을 공유하게 해 보자. 가끔 전체 그룹에 참여하지 않는 학생들도 소그룹이나 적은 수의 학생들과는 그들의 생각을 공유하려 할 것이다. 더 작은 그룹은 학생들에게 다른 방법에 대해 질문할 수 있는 편한 상황을 제시한다. 소그룹 토론이 서서히 줄어들기 시작하면 학생들에게 그들의 이름을 카드에 적게 하고 수집한다. 이 짧은 과정은 또한 학생들에게 다음의 넘버토크를 어떤 방향으로 전개해야 할까에 대한 가치 있는 정보를 제공한다.

우리의 결론은 모든 학생들에게 안전한 학습 환경을 제공해야 한다는 것이다. 루스Ruth는 다음과 같이 이야기하였다.

> 나는 수업 첫날에 학생들에게 그들의 생각을 공유할 기회를 많이 제공할 것이라고 말했다. 나는 이를 어기지 않기 위해 열심히 노력했다. 모든 학생들에게 안전한 민주적인 의사소통이 가능한 학습 환경을 제공하려 하고, 학생들에게 자기의 전략을 설명하는 것이 얼마나 중요한지 이야기했다. 조용한 학생들의 경우, 1대1로 문제에 대한 해결 방법을 공유하게 했다. 그 학생들이 나와 그들의 전략에 대해 이야기한 기회를 가진 후, 아이디어를 전체 그룹과 공유할 생각이 있는지 물어보고, 만약 그들이 공유하고 싶어 하지 않으면, 교사가 그들의 아이디어를 공유해도 되는지 물어봤다. 학생들이 자신들의 생각이 인식되고 가치 있게 여긴다고 알게 되면 그들은 그들의 생각을 공유하는 데 보다 자신감을 가질 수 있다.

교사가 최선을 다해 노력해도 어떤 학생들은 절대로 그들의 생각을 전체 그룹에 발표하기를 원하지 않기도 한다. 그러나 학생들이 학습하고 있다는 것을 알고 있는 한, 그것은 묵과되어야 하며, 넘버토크를 통해 가장 안전한 방법으로 학생을 참여시켜야 한다.

## 교사가 피해야 할 유혹

우리는 몇 년 동안 넘버토크를 방해하는 관행을 관찰했다. 이러한 관행을 피하여 보다 공평하고 사려 깊은 교실 대화를 조성해야 한다.

- 학생들이 제시한 답에 구두 또는 비구두로, 예를 들어 손 동작을 통해 동의를 나타내게 하는 것은 비효과적이다. 비록 의도가 다른 학생의 답을 지지하는 것일지라도 이러 관행은 문제해결 과정보다 답을 너무 강조하게 하여 새로운 아이디어를 테스트하는 데 비효과적이며 불안전한 학습 환경을 초래할 수 있다.
- 수에 대한 유창성 개발에 효율적인 전략을 찾게 하는 것은 중요한 기초가 된다. 그러나 학생들에게 '최고의' 또는 '가장 효과적인' 전략을 선택하게 하는 것은 학생들의 수 추론 능력과 새로운 방법을 탐구하고 이해하는 데 학생의 의지를 감소시킬 수 있다. 학생들이 수 추론에 유창성과 자신감을 개발했다면, 효율성에 주목하는 것은 중요한 목표가 될 수 있다.
- "잘했어!", "좋아"와 같이 학생들을 격려하는 말이나 어떤 전략은 다른 전략보다 선호하는 것은 교사를 넘버토크의 중심에 놓이게 한다. 넘버토크의 핵심목표는 학생들에게 수학 학습에서 주체가 되어야 한다는 행위주체적인 감각을 쌓고, 교사들이 학생들의 생각을 중심에 서도록 돕는 데 있다. 따라서 앞서 이야기한 교사의 말들이나 교사 반응을 갖지 않은 학생들은 그들의 생각이나 의견 참여가 존중되지 않거나 가치 있지 않다고 생각할 수 있다.
- 공평성Equity sticks은 구미가 당기지만, 역효과를 불러일으킬 수 있다. 3장의 〈지도 원리 6〉를 참조하라.
- 너무 오랫동안 계속되는 넘버토크는 많은 학생들에게 불안을 조성하고, 참여를 방해하는 원인이 된다. 9장에서 제시한 예외를 제외하고, 넘버토크는 15분 이상 지속되어서는 안 된다. 이 말은 넘버토크에 참여하고자 학생들을 다 초대하지 못했더라고 짧게 줄여야 한다. 그러나 만약 넘버토크를 지속적으로 자주 한다면, 항상 학생들을 초대할 기회는 생긴다.
- 만약 넘버토크를 산발적으로 이따금씩 하면, 많은 학생들은 자신 있던 또는 다른 학생들에게 들었던 아이디어를 구축할 수 있는 능력을 상실한다. 새로운 아이디어는 시간이 지남에 따라 잊힌다. 산발적인 넘버토크를 통해 조용한 학생들은 새로운 전략을 생각하고, 그러한 전략들이 어떻게 작용하는지, 아이디어를 공개적으로 시험해볼 수 있는 자신감을 키울 수 있는 경험과 생각할 수 있는 기회를 갖지 못한다.
- 만약 넘버토크가 의도된 영향력을 갖게 된다면, 의도된 계획에 따라 문제를 선택해야 한다. 그렇지 않다면 넘버토크는 단지 또 다른 활동이 될 것이다. 한 문제에

서 다른 문제로 단순히 옮겨가거나 학생들에게 그들이 보았거나 들었던 새로운 아이디어를 검증할 수 있는 기회가 제공되지 않는다면, 유창성을 지니고 자신감 있게 수를 다룰 수 있는 학생을 키울 수 없을 것이다. 우리는 교사들이 넘버토크를 위한 문제를 선택하는 데 도움이 되도록 4장에서 8장까지 시사점을 제시했다.

## Q: 만약 교사인 내가 혼동스러워하거나 실수를 한다면 어떻게 해야 하나요?

A 이것은 수학 아이디어가 탐구될 때 누구에게나 일어날 수 있다. 오랫동안 단순히 수를 학습하는 것은 암기과정으로 간주되어, 연산이나 수학적 관련성을 이해하는 기회가 거의 주어지지 않았다. 그래서 부족한 이해와 오개념들이 많은 것은 자연스러울 수 있다. 넘버토크는 교사와 학생들에게 수학적 이해를 강화할 수 있는 기회를 제공한다. 그러나 교사로서의 일이 학생들에게 설명하고, 학생들의 지식의 근원이 되어야 한다고 생각하는 경우, 실수를 하거나 학생의 아이디어를 이해하지 못했을 때, 공황상태에 빠져 어찌해야 할지 모를 수 있다. 물론 이런 상황이 편하지는 않다. 그러나 인지적 부조화는 학생뿐 아니라 교사의 학습에도 필요하다(Hiebert et al., 1997). 그래서 숨을 크게 쉬고 우리의 실수를 받아들이고, 이러한 기회를 통해 학생들에게 궁금해하고, 호기심을 갖고, 무엇인가를 이해하려고 할 때 발생할 수 있는 실수를 받아들이고 탐구하려는 태도를 기르는 것에 대한 모델이 되어야 한다. 교사의 생각이나 생각을 기록한 것에서 무엇이 잘못되었는지 학생을 참여시키는 것이 좋다. 학년에 관계없이 모든 연령대의 학생들을 참여시키는 것이 좋다.

### 효과적이었던 전략

- "아이쿠, 여기에 뭔가가 잘못되었네. 누가 잘못을 발견하는 데 도와줄 수 있니?"
- "아하, 방금 내가 혼동하게 했다. 흠… 어디지? 누가 이것을 생각하는 데 도와줄 수 있니?"
- "나 방금 실수했다… 내 뇌가 열받았나봐!"
- "이 방법에 대해 오늘 밤에 생각해볼 것이야. 그리고 이것을 생각하는데 너희들이 도움을 주기 원해. 내일 이 방법에 대해 다시 이야기해보자."

### 교사가 피해야 할 유혹

실수에 대해 당황하고, 실수를 감추려고 하거나, '의도적인' 실수라고 변명하는 것은 학생들에게 잘못된 메시지를 전달할 수 있다. 교사는 학생들의 모델이어서, 만약 학생들이 그들의 실수에서 배우기를 원한다면, 교사 또한 실수를 통해 배워야 한다. 중요한 것은 학생들에게 개방적이고 정직해야 한다는 것이다.

## Q: 학생의 실수를 학습을 위한 기회로 사용해야 합니다. 그러나 학생의 대답이나 해결 방법이 잘못되었을 때는 어떻게 해야 하나요?

A 때때로 아주 많게 4개 또는 더 많은 오답이 넘버토크에서 생겨날 수 있다. 어떤 오류는 계산 실수에서 나오고, 어떤 경우는 수학적 성질이나 연산이 작동하는지에 대한 오개념에서 비롯될 수 있다. 전자보다는 후자의 경우가 학생들의 수학적 이해를 개발시킬 수 있는 중요한 기회가 된다. 여기서 목표는 학생들을 그들의 실수에 대해 당혹해 하기보다는 왜 그런 실수가 발생했는지에 대한 호기심을 이끌어내는 방법으로 학생을 유도해야 한다.

### 효과적이었던 전략

- 먼저, 답이 맞든 틀리든, 모든 답은 설명해야 한다는 수업 규범을 수립하는 것이 좋다. 전략을 설명하는 학생은 자신이 옹호하는 답을 나타내면서 시작해야 한다. "어떤 답을 옹호하니?"는 이러한 수업 규범을 알리기 위한 좋은 질문이 되며, 또한 넘버토크에서 수학의 논리가 전략의 타당성을 결정한다는 사실을 학생들에게 전달할 것이다.
- 대개 어느 답이 옳은지는 초기에 분명해진다. 만약 당신이 학생들의 잘못된 답일지라도 학습에 중요하다고 결정하면 여러 방법을 통해 학생들이 생각하도록 할 수 있다. 다음과 같이 질문할 수 있다. "_____를 대답한 학생 중 어느 누구 어떻게 이 답을 얻었는지 이야기할 수 있니?" 만약 아무도 지원하지 않으면, 그냥 그대로 두거나, 다음과 같이 질문할 수 있다. "어떻게 이 답을 얻었을까?" 만약 어느 답이 맞았는지 계속되는 질문이 있다면, 그 전략에 대해 다음과 같은 질문을 더 할 수 있다. "이 전략이 작동하는지 작은 수를 가지고 풀어보자."
- 또 다른 전략으로 학생의 실수를 전체 탐구활동으로 전환시킬 수 있다(9장 참조).

### 교사가 피해야 할 유혹

특히 학생이 답을 조사하고 방어할 기회를 갖기 전에 구두로든 비구두로든 답이 맞았는지 틀렸는지 인정하지 마라. 이 전략은 교사의 일은 학생들의 잘못이 무엇이고 그러한 잘못을 알게 하는 것이라고 생각하는 어떤 교사들에게 잘못된 교육지침처럼 보일지 모른다. 그러나 실제로 학생들이 옳은 답뿐 아니라 틀린 답을 듣는 것은 학생들 스스로 자신의 실수를 알게 되고, 그러한 넘버토크를 통해 그들의 생각을 고치려고 노력할 것이다. 학생들에게 이러한 기회는 중요하다. 다시 한 번 말하지만, 안정된 학습환경이 조성되었으면, 다음과 같이 질문할 수 있다. “자신의 답이 잘못되었다는 것을 알게 된 학생들 중 무엇이 잘못되었는지 공유할 수 있나요?” 아무도 자원하지 않는다고 개별 학생을 지목할 필요는 없다.

## Q: 학생의 사고를 기록하는 방법을 모른다면 어떻게 해야 하나요?

A 학생의 사고를 기록하는 것은 보기보다 힘들며 반드시 정확해야 하는 것은 아니다. 중요한 일은 학생의 사고 과정을 충분하게 기록하여 다른 학생들과 공유한 학생의 전략이 어떻게 작동하는지 분명하게 이해하도록 돕는 것이다. 너무 적게 쓰는 것은 아마도 학생들에게 왜 전략이 가능한지에 대해 충분치 않을 수 있다. 너무 많이 쓰면 복잡해질 수 있으며 다른 학생들이 이해하기 힘들 수 있다.

효과적으로 기록하는 여러 가지 방법이 있다. 각 연산에 따라 기록하는 방법은 약간씩 다르며, 이를 위해 4장에서 8장에 걸쳐 각 연산과 관련된 장에서 학생들의 생각을 기록하는 방법에 대한 구체적인 예를 제시하였다. 넘버토크 시 당신이 학생들에게 무엇이 작동하는지 실험하여 여러 예들을 유용하게 사용하기를 바란다.

### 효과적이었던 전략

학생 전략의 핵심을 파악하거나, 넘버토크에서 수학이 어디로 갈지를 이해하기 위해서는 기록하기 전에 시간을 들여 학생의 말을 듣는 것이 도움이 된다. 때때로 학생들이 이야기를 함에 따라 이전에 적었던 것을 지우고, 전부 다시 기록할 수 있다. 또 여전히 학생의 전략을 기록하기 곤란하면 학생들에게 문서카메라 또는 칠판에 와서 전략을 보여주도록 요구할 수 있다.

## Q: 고등학생들에게 지지를 얻으려면 어떻게 해야 하나요?

A 넘버토크는 모든 연령의 학생들에게 수학 문제를 해결하는 데 있어 스스로 추론하도록 한다. 그러나 고등학생들은 오랫동안 교사들의 말을 듣고, 교사가 제시한 해결 절차를 잘 따라함으로써 문제를 해결해왔다. 따라서 수학 수업 시, 그들의 역할이 교사 말을 듣고 절차를 따라하는 것으로 생각해왔다. 그러나 넘버토크는 수학 수업시 학생들에게 요구되는 것에 대한 원칙을 바꾼다. 교사가 "그게 왜 합리적이지?"와 같이 물었을 때, 학생들은 어리둥절해하고, '이해하는 것'과 '해야 하는 것'을 혼동할 수 있다. 때때로 학생들은 넘버토크를 하면서 갑자기 절차를 아는 것만으로 충분하지 않다는 것에 좌절하기도 한다.

불행하게도 수학을 이해하는 것이 그들에게 힘이 된다는 것을 도와주는 마술 방망이와 같은 특별한 방법은 없다. 학생이 넘버토크를 계속하기 위해 흥미를 유발하기 위해 기억해야 할 중요한 것은, 성공은 중요한 동기가 될 수 있고, 어떤 것도 '이해'하는 것보다 좋을 수 없다는 것을 강조하자. 다음은 넘버토크에서 학생들의 관심을 유도하고 그들의 생각을 변환시킬 수 있는 몇 가지의 전략을 발견했다.

### 효과적이었던 전략

- 먼저, 2장에서 본 것처럼 '점으로 수를 나타낸 카드'를 사용하는 '도트토크'dot talks로 시작하는 것은 초등학생부터 고등학생까지 모든 학생들에게 아주 중요하다. 도트토크는 수학 연산을 수반하지 않으면서 점들을 시각화한 것으로 위험도가 낮은 환경에서 학생들이 흥미를 가지고, 자신의 생각을 명확하게 설명하는 수학 경험을 제공할 것이다. 이것은 사람들이 다른 방식으로 보고 생각한다는 것을 이해하는 데 중요한 초기 경험이 될 수 있다. 말하자면 도트토크는 넘버토크의 기반을 마련하여 사람들은 다르게 보고 그들이 본 것에 대해 이야기할 수 있게 한다. 여러 번에 걸친 도트토크는 위험이 없는 환경에서 넘버토크와 관련된 수학적 관행을 사용하기 위한 확고한 기초를 세울 수 있다.
- 둘째, 교사들은 앞서 이야기한 밀크셰이크 수학 문제와 같이 학생들과 관련된 상황을 사용함으로써 나이 든 학생들의 넘버토크에 대한 관심을 유도할 수 있다. 교사들은 때때로 문제 상황을 가지고 넘버토크를 제시할 수 있다. 예를 들어 학생들이 보충각과 여각에 대해 학습한다면, 90도나 180도를 가지고 뺄셈을 하는 넘버토크를 사용할 수 있다. 그 반대로 상황 없이 계산 문제만을 제시하여 15분

을 사용할 수도 있다. 이 경우, 넘버토크의 초점은 순전히 어떻게 연산이 작용하고 왜 작용하는지에 초점을 두는 것이다. 상황을 가지고 넘버토크를 제시할 때, 문제 상황이 너무 복잡해서는 안 되며, 너무 복잡할 경우 학생의 관심을 다른 쪽으로 돌릴 수 있음을 기억하라.

- 마지막 전략으로 인내심을 가져라. 포기하지 마라. 넘버토크를 15분보다 짧게 하여, 학생들의 관심을 지속시켜라. 격려하자. 성공은 중요한 동기요인이다.

### 교사가 피해야 할 유혹

**넘버토크를 제공했다가 포기하는 것.** 넘버토크는 수학적 추론과 대수적인 추론에 대한 기반을 제공하므로 포기하기에는 학생들이나 교사에게 너무 많은 것을 제공한다.

넘버토크는 학생들이 자기 방식으로 수학을 이해하고, 수학적으로 아이디어를 옹호하고, 친구들의 생각을 듣고 발전하는 법을 배울 수 있는 수업 문화를 조성한다. 이러한 특성들은 수학 교실 수업의 본질이어야 하며, 이러한 특성과 성향은 학생들의 미래 수학 학습의 성공과 대학 및 직업을 준비하는 데 도움이 된다.

## Q: 넘버토크가 꽤 잘 진행되고 있어요. 그러나 여전히 교사와 학생 중심의 양방향 의사소통인 것 같습니다. 학생들이 서로 듣고 이야기할 수 있게 하려면 어떻게 해야 하나요?

A 이 질문은 넘버토크의 핵심이 되는 질문이다. 우리의 목적은 학생들이 학생들의 생각에 따라 서로의 아이디어를 잘 듣고 그에 기반을 두어 수학적으로 설득력 있는 논증을 배우도록 돕는 데 있다. 이것은 우리가 학생들과 그들의 상호 작용 패턴을 서로 바꾸기 위해 의도적으로 노력할 필요가 있음을 의미한다.

### 효과적이었던 전략

- 다음 질문을 사용하여 학생들을 다른 학생들의 사고방식으로 지향하게 유도하자. "시현이에 대해 어떤 질문을 갖고 있나요?", "수정이의 방식은 언제나 적용 가능합니까? 수정이에게 어떻게 생각하는지 이야기해보자." 손이 올라가면 교사가 학생을 부르지 말고, 다음과 같이 이야기한다. "(수정아), 여러 학생들이 너의 문제 해결 방식에 대해 이야기하고 싶어 한다." 그 다음, 전략을 공유한 학생이, 예를

들어 수정이나 시현이에게 다른 학생을 호출하게 해라.

- 학생들이 질문하는 것을 학습하게 할 수 있다. "아무도 질문 없나요?", "그것은 어떤 의미가 있습니까?" 만약 학생들이 잘 알지 못하는 것에 대해 공유하고 싶어 한다면, 이것은 축하할 일이다.
- 다음과 같이 말하면서 학생에게 반응할 수 있다. "(시현이)는 자신의 아이디어가 적용하는지 확신하지 못하고 있다. 그래서 도움을 요구하고 있다. 시현이의 전략에 주목하자." 넘버토크를 통해 학생들이 모두 함께 모여서 수와 연산을 이해하고, 효율적으로 계산하는 새로운 방법을 배우려고 노력하는 학습자 공동체를 형성하도록 하자.

### 교사가 피해야 할 유혹

**너무 빨리 반응하는 것.** 학생들은 교사가 학생의 질문이나 아이디어에 반응하기를 기다리는 데 익숙하고, 교사들은 반응하는 데 익숙하다. 그러나 반응하기 전에 학생들이 전략을 발표한 후, 다른 학생들에게 그 전략에 대해 생각할 기회와 질문할 기회를 주기 위해 기다리는 것은 중요하다. 이 기다림은 전략을 공유한 학생에게도 자신의 전략에 대해 다시 생각하고 그것을 수정하는 시간을 제공한다.

## ▮Q: 가장 힘든 일 중 하나는 어떤 질문을 해야 하는가이다! "누가 다른 방법으로 생각했니?"라는 질문 후 어떤 질문을 할 수 있을까요?

A 이것은 다른 중요한 질문이다. 넘버토크는 얼마나 많은 방법으로 문제를 푸는가에 대한 것은 아니다. 넘버토크는 교사가 제시한 문제를 학생들이 어떻게 이해하는가에 대해 이해하는 것이다. 학생들이 서로 질문을 하는 법을 배움에 따라 교사가 하는 질문들은 학생들이 넘버토크의 이러한 측면을 높이 평가하는 데 도움이 될 수 있다.

### 효과적이었던 전략

- 학생이 전략을 발표한 후, 학생들의 반응에 주목하며, 다른 누군가가 같은 방법으로 문제를 푼 학생이 있는지 물어보자. 또, 앞서 이야기했던 것처럼, "______에게 질문 있습니까?"라고 묻자. 질문을 하기보다는 먼저 학생들의 질문을 들으려고 노력하자. 학생들이 서로 어떤 질문도 하지 않는 경우, 다음과 같은 질문을 한

다. "그럼, 여러분들에게 질문이 있어요. 왜 여러분은 ______을 했나요? "여기를 어떻게 생각하는지 설명해보겠어요?" 비록 교사가 공유된 전략에 대해 완전히 이해했을지라도 일부 학생들은 이해하지 못했을 수 있다. 이 경우, 전략과 관련하여 혼란을 줄 수 있는 부분이나, 전략과 관련된 중요한 수학적 개념에 대해 생각하게 해야 한다. 예를 들어, 한 학생이 10의 배수를 뺀 뒤 다시 더할 때, 다음과 같은 의도된 질문을 할 수 있다. "왜 여기에 4를 더했나요?"

- 때때로 학생들에게 학생들에게서 공유된 전략 간에 비슷한 점과 차이점을 조사하게 요구하라.

캐시 리처드슨Kathy Richardson는 루스Ruth와 함께 넘버토크의 실제practice를 개발한 뒤, 이를 처음으로 넘버토크라 이름을 지었다. 그리고 다음과 같이 이야기하였다.

> 넘버토크의 힘은 각 학생에게 제시되는 수학에 대해 생각하고 이해하도록 격려하는 데 있다. 더 정확히 말하면, 넘버토크의 힘은 학생들이 자신의 개념 이해 과정에 참여하는 데 있다. 넘버토크는 학생들이 자신에게 맞는 방식으로 수학과 사물을 파악할 수 있다는 것을 배우는 기회이고, 이것은 평생 학습자의 진정한 의미이다. (www.mathperspectives.com)

일단 당신이 넘버토크를 시작하였다면, 넘버토크에서 당신이 가르치는 것보다 학생들이 당신과 다른 친구들을 더 많이 가르치고 있다는 것을 종종 발견할 것이다. 넘버토크를 통해 학생들에게 수학 사고자mathematical thinker로서 각자의 능력에 대해 놀랄 것이다.

아마도 교사를 위해서 가장 중요한 것은 이러한 여행을 착수하기 위해 협력하고 같이 이야기할 수 있는 동료를 찾는 것이다. 물론 이러한 여정은 오랜 시간이 걸리고, 어려움도 많겠지만, 넘버토크는 도전보다 교사, 학생들, 그리고 수학 수업을 위한 더 많은 혜택을 줄 것으로 기대한다.

알고리즘은 어떤 연산을 풀든지 "완전한 해결 방법으로 이어질 정확히 구체화된 단계의 순서"를 의미한다(Bass, 2003, 323). 문제는 전통 알고리즘의 단계가 간소화되어 학생들이 사용할 때 왜 작동하는지가 숨겨져 있다는 것이다. 계산과 알고리즘을 알기 위해 배스(Bass, 2003)를 참조하자.

CHAPTER

# 11 더 나아가서

이 책의 저자로서 우리는 교수-학습에 대한 깊은 신념을 공유하고 싶었고, 교사가 교수 관행을 바꾸고 변화를 유지할 수 있도록 충분한 실용적인 지침을 제공하고자 했다. 넘버토크Number Talks를 시작함에 기뻐하고 수학 수업에서 넘버토크를 계속 진행하는 데 자신감을 가지며, 그 다음 단계로 나아갈 수 있기를 바란다. 이는 수학 수업을 완전히 바꾸는 것이 아니라 단지 각 수업의 15분만을 바꾸는 것이다. 15분의 넘버토크를 일상적인 수학 수업에 자주 사용할수록 모든 학생들의 수학적 사고 발전에 도움이 될 것이다.

넘버토크는 학생들의 아이디어를 위한 전용 공간을 제공하며, 자신의 아이디어를 자유롭게 공유함에 따라 교사는 계속되는 놀라움과 기쁨을 느끼게 될 것이다. 교사가 '무엇을 해야 하는가'에 중점을 두었던 교수방법에서 학생들이 스스로 생각하게 하는 교수방법으로, 절차만을 강조하는 교수방법에서 문제를 제시하고 학생들이 그러한 문제를 이해하는 교수방법으로, 학생들이 말해야 하는 것을 아는 것보다 학생들이 말하고자 하는 것에 대해 진실된 호기심을 가지고 학생들의 목소리를 듣는 것에 중점을 둔 교수방법으로 전환한다면 교실에서의 가르침과 교사의 삶은 온전히 바뀔 것이다.

이 장에서는 많은 교사와 학생들이 공유한 그들의 넘버토크에 관한 경험에 대해 생각해보고자 한다.

> 어떤 전략을 만들어내고 실험하는 것은 절차를 암기하는 것보다 훨씬 더 생산적인 수학적 힘을 필요로 한다. 나는 넘버토크가 강력하고, 고통스럽지 않고, 위협적이지 않은 수학적 탐구 방법이며, 학생들이 수학에 관해 말하고, 수학적

으로 추론하며, 수학적으로 설득력 있는 수 감각을 개발한다고 믿는다. 나는 넘버토크를 수업에 항상 이용할 것이다.

–앨라배마 대학의 수학 강사인 도나

많은 학생들이 처음에는 초조하고 긴장하여 넘버토크를 마치기만 기다리지만 그들의 실력은 천천히 성장하고, 동료들의 전략을 익히기 시작하여 결국에는 가장 효율적인 방법을 채택한다. 넘버토크는 나의 수업과 학생들에게 수학이 무엇인지 토론하는 장을 제공하고, 어떻게 수학으로 의사소통을 하는지, 수학적 개념에 관한 이해를 서로 구축하는지를 제공한다.

–뉴멕시코 주의 고등학교 교사인 타라

고등학생 및 성인 학습자들과 함께 한 17년간, 나는 그들 중 대부분이 기본적인 연산 능력 및 이해 능력이 부족하다는 것을 거의 만장일치로 관찰했다. 심지어 표준 알고리즘에 능숙한 학생들도 그 알고리즘이 어떻게 작동하는지 또는 왜 그들이 타당한지를 거의 이해하지 못한다. 게다가 그들은 그런 것들을 주의 깊게 살피는 것이 왜 중요한지를 모른다. 이러한 그들에 대한 더 깊은 수준의 이해에 대한 기대의 실패는 그들의 하는 것의 모든 면과 심지어 가장 높은 수준의 수학 수업까지 이어진다. 넘버토크는 내가 생각했던 것보다 더 직접적이고 효율적인 방법으로 이 문제를 다루고 있다.

수학에 있어서 폭넓고 다양한 배경과 감정 수준을 지닌 학생들 모두 당면한 문제의 명백한 어려움과는 상관없이 넘버토크를 하는 동안 동등하게 참여하고 도전받는다. 수학 교육자로서 학생들의 배움의 장을 효율적으로 넘어서고 우리의 어려움의 핵심이 될 수 있는 것에 도전하는 적합한 수학 활동을 찾는 것은 극히 드물다. 널리 인정되는 학생들에 대한 믿음인, 수준 높은 수학 학습이란 알고리즘을 정확하고 효율적으로 반복하는 능력과 같다는 믿음(나는 많은 교육자들과 이야기를 해봐야 할 것이다)이 있다. 학생들과 교육자들은 이 믿음이 진실로 도전받고 바뀌게 될 때 엄청나게 성장한다.

–워싱턴 주 스포케인 폴 커뮤니티 칼리지Spokane Falls Community College의 수학 강사 데비

> 처음에는 전통적인 방식으로만 수학을 하고 있었는데, 이제는 다른 사람들이 그 문제에 대해 어떻게 생각하는지 이해할 수 있어요. 이것은 더 쉬울 수 있어요. 그 문제를 더 간단하게 만들고 이해함으로써 내가 더 똑똑해지는 것 같아요. 게다가 저는 더 빨리 할 수 있어요.
>
> –캘리포니아 주 산타 클라라 밸리Santa Clara Valley의 고등학교 1학년 학생인 재비어

> 나는 보충 수업에서 넘버토크를 시작했고, 넘버토크는 곧 학생들이 가장 좋아하는 수업 시간이 되었다. 학생들이 수업에 들어와서 제일 먼저 물어보는 것은 그날 넘버토크를 하느냐이다. 학생들이 문제에 대해 생각하는 다양한 방식을 듣는 것은 꽤 놀라운 일이며, 문제를 해결할 수 있는 방법이 얼마나 많은지에 대해서도 놀라게 된다.
>
> –워싱턴 주 7～8학년 수학교사 니샤

> 넘버토크는 제가 문제에 대해 생각하는 새로운 방법을 보여주었고, 문제를 푸는 동안 무엇을 하고 있었는지에 대해 깨닫게 도와주었어요. 그리고 저는 제 머릿속에 있는 아이디어와 내가 수학을 할 수 있다는 사실에 놀라웠어요. 처음에 저는 전통적인 알고리즘만 써서 문제를 풀었어요. 그런데 일단 문제를 다른 관점으로 보게 되면, 음, "100달러의 5%는 5달러이고, 200달러의 5%는 10달러이다"라고 생각할 수 있다는 것에 놀라웠지요.
>
> –샌프란시스코 지역의 고등학교 2학년 학생인 앤디

> 학교에 들어간 지 일주일 만에 영어를 제2외국어로 배우고 있는 학생 두 명이 자발적으로 발표하려고 하는데, 이것은 정말 대단한 일이었죠.
>
> –워싱턴 주의 6학년 교사 마크

> 학년 초에 학생들은 오직 말로만 자신의 생각을 표현해야 한다는 것에 고군분투한다. 많은 학생들이 칠판에 생각 과정을 적고 싶어 하지만, 오직 언어적인 의사소통을 하는 것으로 생각을 더 잘 형성할 수 있다. 시간이 지나면서, 학생들의 설명은 자신감과 함께 향상된다. 학생들은 또한 다른 사람의 말을 잘 듣게 되었다. 서로의 말을 들어주는 것이 의무적일 뿐만 아니라 다른 학생들의 방법에 관심이 있기 때문에 동기 부여를 받은 듯하다. 나는 항상 이전의 넘버

> 토크에서 나온 방법을 시도해보라고 권하는데, 학생들은 그렇게 하는데 아무런 문제가 없었다.
>
> 마지막으로 학생들의 수 감각은 향상되었다. 이는 넘버토크를 하지 않는 다른 시간에 관찰되었다. 특히, 수업 초반에 학생들은 전통적인 알고리즘을 이용하기보다는 넘버토크와 같은 방법으로 문제를 풀기 시작했다. 이는 암산에 매우 효과적이었고, 나는 이게 모두 넘버토크 덕분이라고 생각한다. 다양한 방법을 찾는 것이 습관이 되어서 기하 수업에도 영향을 받았다. 다른 학생들이 그들의 전략을 발표하는 것에 귀여운 질투를 보이기도 했다. 결국 넘버토크는 아이디어를 공유하고, 서로를 잘 들어주고, 더 유연한 수학적 사고자가 되도록 만드는 교실 문화를 창출하게 되었다.
>
> – 캘리포니아 LA의 고등학교 교사 멜리사

> 첫날보다 더 많은 학생들이 아이디어를 공유하고 싶어 하는 것을 보았다. 그리고 나는 지금 넘버토크를 한 지 4일째이다!
>
> – 워싱턴 주의 5학년 교사 수지

> 넘버토크의 가장 큰 가치는 안전한 교실 환경을 조성해주는 것이라고 생각한다. 첫째, 넘버토크의 활동을 물에 빠졌을 때와 같은 불안감을 겪게 하는 '오늘의 수업 내용'과 연관시키지 않으려고 하면서, 점점 더 많은 학생들이 아이디어를 발표하고 공유하는데 자신감을 느끼고 있다.
>
> – 샌프란시스코 지역의 고등학교 교사 데이비드

> 나의 첫 2년간의 교사 생활 동안 시간이 있을 때만 넘버토크를 일관성 없이 수업에 끼워 맞추었다. 하지만 올해는 넘버토크를 매일 하도록 스케줄을 짰고, 놀라운 결과를 보았다! 수 감각과 자릿값의 이해도가 매우 적은 우리반 학생들(이미 수학에 강한 학생들을 포함한)이 이제 쉽게 수를 조작하고, 이를 이용하여 다양한 방법으로 문제를 해결한다. 나는 넘버토크가 학생들의 수학적 성향에 상당한 영향을 주는 것을 보았다. 그들은 수학을 더 즐기고(심지어 더 많은 넘버토크를 요구하기조차 한다) 즉시 도움을 요청하기보다는 문제에 대해 생각하는 데 시간을 보내는 것에 더 적극적이다. 다른 과목에서도 학생들이 우리가 하고 있는 모든 것에서 패턴을 찾고자 하는 것을 발견했다. 그들은 책

> 을 읽을 때, 과학 실험을 할 때, 그리고 글을 쓸 때에도 넘버토크에서 요구되는 비판적 사고 기술을 사용하고 있다.
>
> – 앨라배마 주의 초등학교 3학년 교사 아만다

3학년 선생님의 마지막 말을 포함한 이 말들은 시간이 흐르면, 넘버토크를 경험한 더 많은 수의 학생들이 아만다 교사가 가르쳤던 수업을 거쳐서 올 수 있다는 것을 깨닫게 해준다. 그렇게 되면 학생들에게 문제에 관해 생각해볼 수 있는 다양한 방법들이 있고, 그 아이디어들을 공유하는 것이 정말로 안전하다고 설득하는 노력을 하지 않아도 되기에 넘버토크를 시작하는 것은 훨씬 더 쉬워질 것이다.

학생들과 함께 넘버토크를 하는 것은 꽤 즐거운 여정이 될 것이다. 물론 많은 어려움이 있을 테지만 포기하지 마라. 같이 협력할 동료를 찾아 계속해서 그들과 함께 하고 그 길을 서로 응원해주자. 이는 수학 교사들과 학생들에게 큰 변화가 될 것이다. 진실되고 지속적인 변화는 시간과 연습이 필요하다. 일단 시작했고 조금 습관이 들었다면, 결코 전통적인 방법으로 되돌아오지 않을 것이라고 확신한다. 그리고 그 일이 아주 보람 있다는 것을 알게 될 것이다. 그러니 꼭 여행을 즐기길 바란다!

Appendix

# A 넘버토크 계획하기

| 문제를 해결하기 위해 사용할 수 있는 다른 전략을 학생들에게 말해보세요(또는 도트 카드를 '보는' 방법). | 학생들의 방법과 사고를 이해하고 대변하기 위해 어떤 질문을 할 수 있을까요? |
| --- | --- |
| 각각의 전략을 어떻게 기록할 수 있나요? | 넘버토크를 하고 나서 당신은 다음에 무엇을 기억하고, 어떤 문제를 해결할 수 있나요? |

Appendix

# B 유리수 연산 특성

## 덧셈 특성

교환법칙: $a+b=b+a$

$$2+3=3+2$$

결합법칙: $(a+b)+c=a+(b+c)$

$$(2+3)+4=2+(3+4)$$

항등원의 존재: $a+0=a=0+a$

$$3+0=3=0+3$$

역원의 존재: $a$가 0이 아닌 유리수일 때 $a+(-a)=0$을 만족하는 $-a$가 존재한다.

$$2+(-2)=0$$

### 곱셈 특성

교환법칙: $a\times b=b\times a$

$$2\times 3=3\times 2$$

결합법칙: $(a\times b)\times c=a\times(b\times c)$

$$(2\times 3)\times 4=2\times(3\times 4)$$

항등원의 존재: $a\times 1=1\times a=a$

$$3\times 1=1\times 3=3$$

역원의 존재: $a$가 0이 아닌 유리수일 때 $a\times \frac{1}{a}+1$을 만족하는 $\frac{1}{a}$이 존재한다.

$$2\times \frac{1}{2}=\frac{1}{2}\times 2=1$$

### 곱셈과 덧셈의 연결 : 아홉 번째 특성

덧셈에 대한 곱셈의 분배법칙: $a\times(b+c)=(a\times b)+(a\times c)$

$$a(b+c)=ab+ac$$

$$3(2+5)=3(2)+3(5)$$

# Appendix C

### ≫ 도트 카드

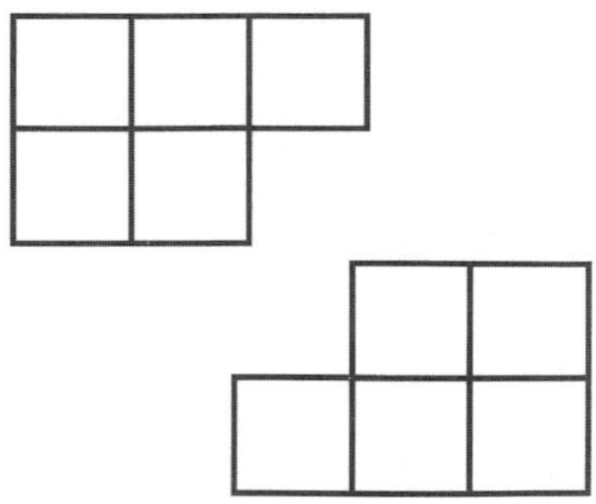

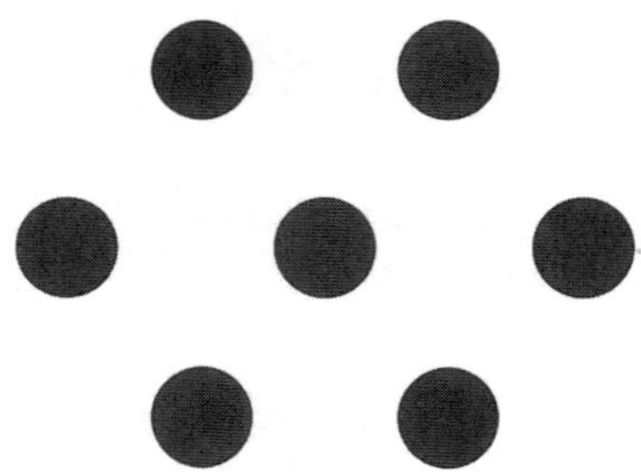

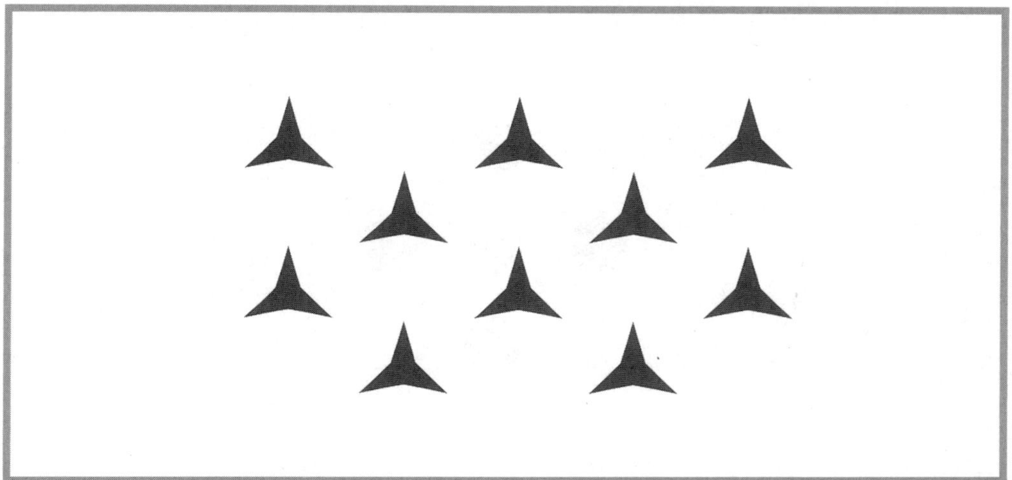

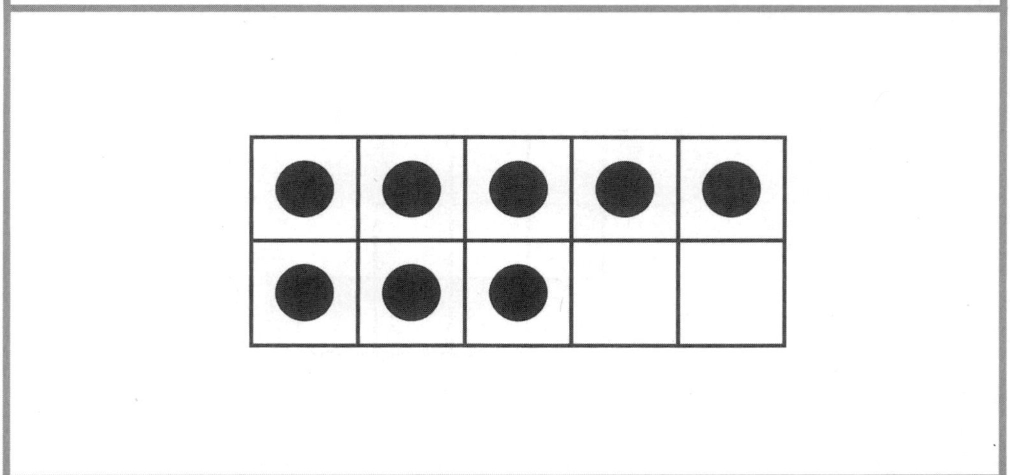

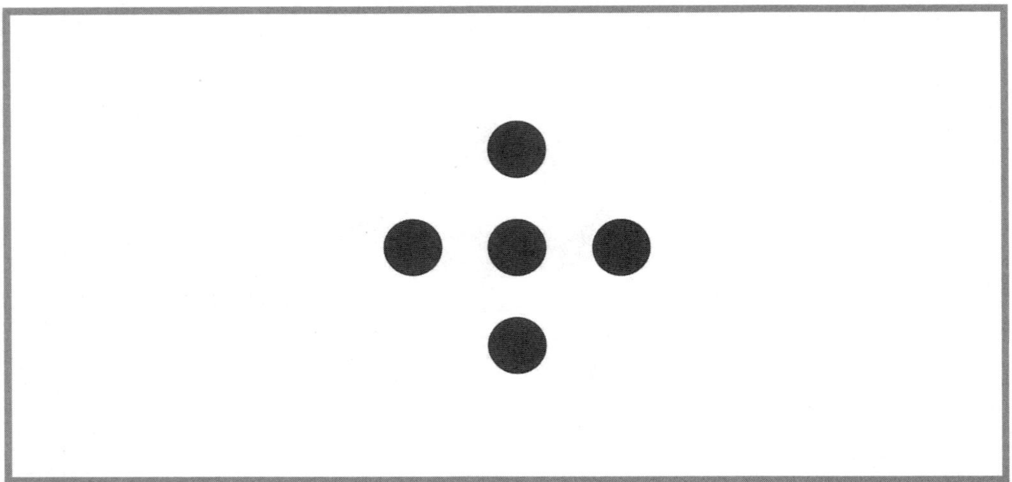

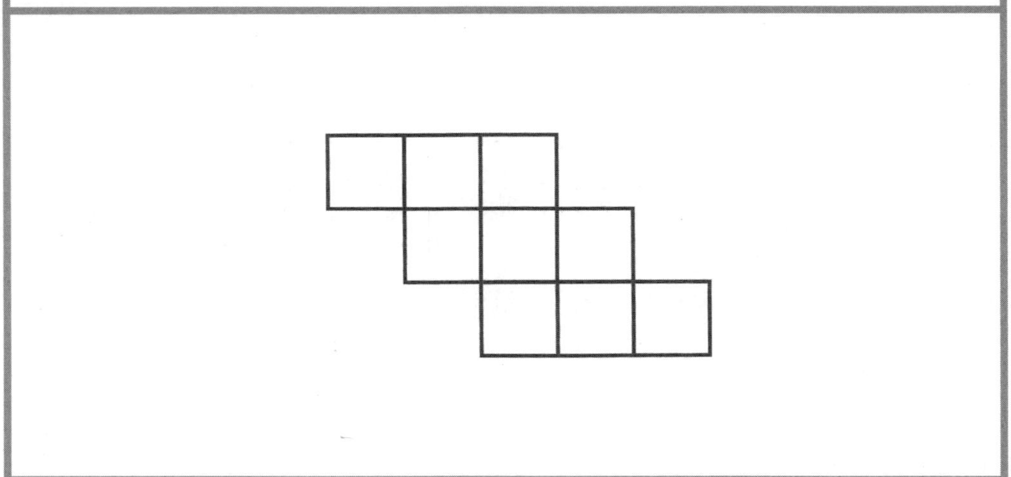

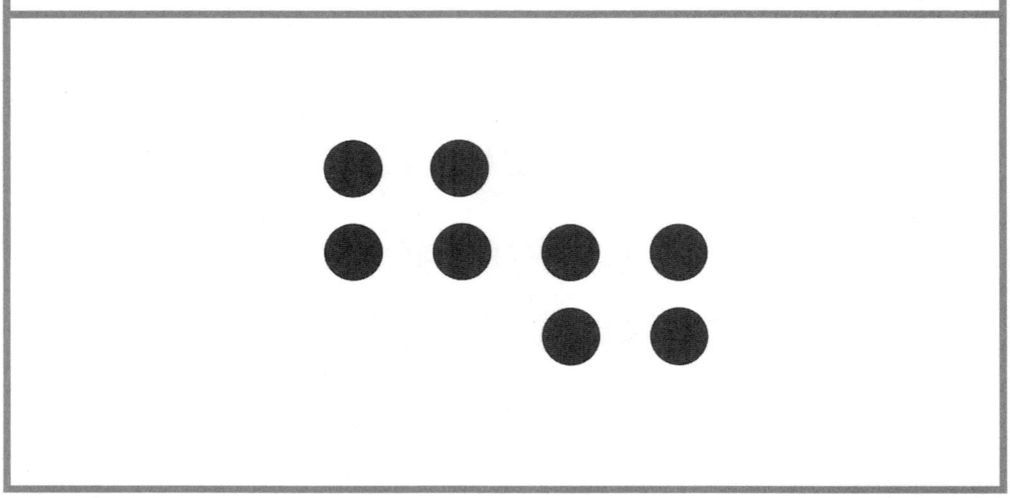

### >>> 뺄셈 전략

## 61 − 27

- 더하기 전략(열린 수직선과 함께, 열린 수직선 없이)
- 빼는 수(감수) 분리하기 전략(열린 수직선과 함께, 열린 수직선 없이)
- 감수와 빼지는 수(피감수)에 동일한 양을 더하는 전략(열린 수직선과 함께, 열린 수직선 없이)
- 감수를 10, 100, 100의 배수와 가까운 수로 어림하기 한 뒤 조정하는 전략
- 음수를 사용하는 전략

### >>> 탐구해봅시다

뺄셈을 위한 주요 전략을 이용해 탐구해보세요. 어떤 전략이 효율적인가요? 아는 '규칙'은 사용하지 마세요.

$7.46-6.85$ $\quad$ $60.12-0.2$

$8.2-0.97$ $\quad$ $3\frac{1}{4}-1\frac{5}{8}$

$3\frac{1}{5}-2\frac{4}{5}$ $\quad$ $-5-(-9)$

$-3-2$

# 참고문헌

Bass, Hyman. 2003. "Computational Fluency, Algorithms, and Mathematical Proficiency: One Mathematician's Perspective." *Teaching Children Mathematics* 9 (6): 322-327.

Beilock, Sian. 2011. *Choke: What the Secrets of the Brain Reveal About Getting It Right When You Have To*. New York: Simon and Schuster, Free Press.

Boaler, Jo. 2008. *What's Math Got to Do with It?* New York: Viking Penguin.

________. 2014. "Research Suggests That Timed Tests Cause Math Anxiety." *Teaching Children Mathematics* 20 (8): 469-474.

Boaler, Jo, and Cathy Humphreys. 2005. *Connecting Mathematical Ideas: Middle School Video Cases to Support Teaching and Learning*. Portsmouth, NH: Heinemann.

Bums, Marilyn. 1984. *The Math Solution: Teaching Mathematics Through Problem Solving*. Sausalito, CA: Marilyn Burns Education Associates.

________. 2007. *About Teaching Mathematics: A K-8 Resource*. 3rd ed. Sausalito, CA: Math Solutions.

California State Department of Education. 1988. *Mathematics Model Curriculum Guide: Kindergarten Through Grade Eight*. Sacramento, CA: California State Department of Education.

Carpenter, Thomas, Megan Franke, and Linda Levi. 2003. *Thinking Mathematically: Integrating Arithmetic and Algebra in Elementary School*. Portsmouth, NH: Heinemann.

Daro, Phil. 2010. "The Common Core State Standards: Make the Difference." National Council of Supervisors of Mathematics Annual Conference, San Diego, California, April 19-21.

________. 2014. "Teaching and Learning in the Era of the Common Core State Standards and Assessments" National Council of Supervisors of Mathematics Annual Conference, New Orleans, Louisiana, April 7-9.

Duckworth, Eleanor. 1987. "The Having of Wonderful Ideas." In *"The Having of Wonderful Ideas" and Other Essays on Teaching and Learning*. New York: Teachers College Press.

Dweck, Carol. 2006. *Mindset: The New Psychology of Success*. New York: Random House.

Fosnot, Catherine Twomey, and Martin Dolk. 2001. *Young Mathematicians at Work: Constructing Multiplication and Division*. Portsmouth, NH: Heinemann.

________. 2002. *Young Mathematicians at Work: Constructing Fractions, Decimals, and Percents*. Portsmouth, NH: Heinemann.

Harris, Pamela. 2011. *Building (Powerful) Numeracy for Middle and High School Students*. Portsmouth, NH: Heinemann.

Hiebert, James. 1999. "Relationships Between Research and the NCTM Standards." *Journal for Research in Mathematics Education* 30 (1): 3-19.

Hiebert, James, Thomas Carpenter, Elizabeth Fennema, Karen Fuson, Diana Wearne, Hanlie Murray, Alwyn Olivier, and Piet Human. 1997. *Making Sense: Teaching and Learning Mathematics with Understanding*. Portsmouth, NH: Heinemann.

Kamii, Constance. 2000. *Young Children Reinwent Arithmetic: Implications of Piaget's Theory*. New York: Teachers College Press.

Kazemi, Elham. 1998. "Discourse That Promotes Conceptual Understanding." *Teaching Children Mathematics* 4 (7): 410-414.

Kazemi, Elham, and Allison Hintz. 2014. *Intentional Talk: How to Structure and Lead Productive Mathematical Discussions*. Portland, ME: Stenhouse.

Kliman, Marlene, Susan Jo Russell, Cornelia Tierney, and Megan Murray. 1996. *Building on Numbers You Know: Computation and Estimation Strategies, Grade 5*. Palo Alto, CA: Dale Seymour Publications.

Labinowicz, Ed. 1980. *The Piaget Primer: Thinking, Learning, Teaching*. Palo Alto, CA: Dale Seymour Publications.

Lane County Mathematics Project. 1983a. *Problem Solving in Mathematics, Grade 7*. Palo Alto, CA: Dale Seymour Publications.

________. 1983b. *Problem Solving in Mathematics, Grade 8*. Palo Alto, CA: Dale Seymour Publications.

Ma, Liping. 1999. *Knowing and Teaching Elementary Mathematics*. Mahwah, NJ: Erlbaum.

Maier, Eugene. 1982. "Long Division Dead as a Dodo Bird." The Math Learning Center. http://www.mathlearningcenter.org/resources/gene/archive/long_division_dead.

Mathematics Education Collaborative. 2006. *Multiplication: Helping Your Children Know Their Basic Facts*. From the Supporting School Mathematics: How to Work with Parents and the Public series. Portsmouth, NH: Heinemann.

Moschkovich, Judit. 1999. "Supporting the Participation of English Language Leaners in Mathematical Discussions." *For the Learning of Mathematics* 19 (1): 11-19.

National Council of Teachers of Mathematics. 1989. *Curriculum and Evaluation Standards for School Mathematics*. Reston, VA: National Council of Teachers of Mathematics.

National Governors Association Center for Best Practices and Council of Chief State School Officers. 2010. *Common Core State Standards for Mathematics*. Washington, DC: National Governors Association Center for Best Practices and Council of Chief State School Officers.

Reys, Robert, Paul Trafton, Barbara Reys, and Judy Zawojewski. 1987. *Computational Estimation, Grade 7*. Palo Alto, CA: Dale Seymour Publications.

Richardson, Kathy. 2011. "What Is the Distinction Between a Lesson and a Number Talk?" Math Perspectives Teacher Development Center. http://www.mathperspectives.com/pdf_docs/mp_lesson_ntalks_distinction.pdf.

Rowe, Mary Budd. 1986. "Wait Time: Slowing Down May Be a Way of Speeding Up" *Journal of Teacher Education* 37: 43-50.

Sawyer, Walter Warwick. 1961. *A Mathematician's Delight*. London: Penguin.

Tobias, Sheila. 1978. *Overcoming Math Anxiety*. New York: W.W. Newton and Company.

Van de Walle, John, and Lou Ann H. Lovin. 2006. *Teaching Student-Centered Mathematics, Grades 5-8*. Boston, MA: Allyn and Bacon.

김희정, 한채린, 배미선, 권오남(2017). 수학교사의 주목하기와 반응적 교수의 관계: 모든 학생의 수학적 사고 계발을 지향하는 수업 상황에서. 수학교육. 56(3). 341-363.

# 찾아보기

Making Number Talks Matter :
Developing Mathematical Practices and Deepening Understanding, Grades 4-10
by Cathy Humphreys and Ruth Parker



# 15분의 기적

수학 수업이 즐거워진다

지은이 캐시 험프리 · 루스 파커
옮긴이 김희정 · 손지원
펴낸이 조경희
펴낸곳 경문사
펴낸날 2018년 9월 3일 1판 1쇄
등 록 1979년 11월 9일 제313–1979–23호
주 소 04057, 서울특별시 마포구 와우산로 174
전 화 (02)332–2004 팩스 (02)336–5193
이메일 kyungmoon@kyungmoon.com
facebook facebook.com/kyungmoonsa

값 14,000원

ISBN 979-11-6073-171-2

★ 경문사 홈페이지에 오시면 즐거운 일이 생깁니다.
http://www.kyungmoon.com

한국과학기술출판협회 회원사